机器视觉的开发实践

主　编　邢　萌　陈财森　毕建权
副主编　金丽亚　汪　熙　胡海荣　路　涛

哈尔滨工程大学出版社
Harbin Engineering University Press

内容简介

本书着力于介绍机器视觉的基本理论、架构和主要技术等，利用深度学习常见框架 TensorFlow 等，创建强大的图像处理应用程序，并给出了具体的开发实践。本书主要内容包括机器视觉基础，神经网络与机器视觉，机器学习开发实践环境，图像分类、分割、生成和目标检测等，给出了机器视觉高级概念和新前沿，为机器视觉研究领域提供了良好的理论指导和技术支撑。

本书可供从事机器视觉方面的工程技术人员参考阅读。

图书在版编目(CIP)数据

机器视觉的开发实践 / 邢萌，陈财森，毕建权主编
. —哈尔滨：哈尔滨工程大学出版社，2022.12
ISBN 978 - 7 - 5661 - 3755 - 5

Ⅰ. ①机… Ⅱ. ①邢… ②陈… ③毕… Ⅲ. ①计算机视觉 Ⅳ. ①TP302.7

中国版本图书馆 CIP 数据核字(2022)第 224274 号

机器视觉的开发实践
JIQI SHIJUE DE KAIFA SHIJIAN

选题策划 史大伟　薛　力
责任编辑 张　彦　秦　悦
封面设计 李海波

出版发行 哈尔滨工程大学出版社
社　　址 哈尔滨市南岗区南通大街 145 号
邮政编码 150001
发行电话 0451 - 82519328
传　　真 0451 - 82519699
经　　销 新华书店
印　　刷 哈尔滨市石桥印务有限公司
开　　本 787 mm × 1 092 mm　1/16
印　　张 12.5
字　　数 303 千字
版　　次 2022 年 12 月第 1 版
印　　次 2022 年 12 月第 1 次印刷
定　　价 59.00 元
http://www.hrbeupress.com
E-mail:heupress@hrbeu.edu.cn

前　言

本书从机器视觉和深度学习的基础概念入手，以流行的深度学习框架 PyTorch 为基础，展示深度学习在计算机视觉方面的应用。作为机器视觉的入门和实战教程，本书以简洁易懂的语言和示例介绍相关机器视觉和深度学习的理论知识，并介绍如何更好地使用 PyTorch 深度学习框架来处理机器视觉方面的问题。

本书共 7 章，主要内容如下：

第 1 章机器视觉基础。本章介绍了有关机器视觉的基础知识，包括机器视觉的概念、发展和应用，分析了机器视觉的任务，研究了机器视觉的构成及各组成部分的主要功能，并从图像噪声、图像滤波、几何变换和图像特征四个方面深入分析了机器视觉的原理，为后续相关内容的研究奠定了基础。

第 2 章神经网络与机器视觉。本章介绍了神经网络基础、卷积神经网络、典型 CNN 架构模型及常见深度学习框架。其中，典型 CNN 架构模型包括 LeNet－5、AlexNet、GoogleNet、VGGNet、ResNet 等；常见的深度学习框架包括 TensorFlow、PyTorch、Keras、Caffe、CNTK、MXNet 等。

第 3 章机器学习开发实践环境。本章首先介绍了机器学习开发所用到的实践环境，包括 Anaconda 开发平台的基础知识及其安装方法，以及嵌入式机器视觉开发平台及其相关技术；其次介绍了如何安装 Anaconda，以及在 Anaconda 环境下安装 TensorFlow 和 PyTorch 框架的方法；最后介绍了机器视觉开发常用的几种数据集，并给出了示例。

第 4 章图像分类开发实践。本章主要介绍了图像分类基本概念及原理、典型分类模型和图像分类的软硬件开发环境，并通过实战的方式对图像分类进行了介绍，包括数据预处理、模型搭建、训练及最后的验证。

第 5 章目标检测开发实践。本章首先从目标检测任务的需求出发，对目标检测的性能指标做了介绍；其次介绍了传统的基于特征的目标检测算法模型及利用卷积神经网络进行目标检测算法模型，着重介绍了 YOLO 模型及原理，特别是算法的训练与预测中的具体细节；最后给出了如何使用 PyTorch 实现 YOLOv5 算法。

第 6 章图像分割开发实践。本章首先介绍了图像分割的基本概念，包括图像分割的内容、类别及目的；其次介绍了基于阈值、区域、边缘检测等的常见传统图像分割方法，包括基本思想和具体程序实现；最后介绍了当前基于深度学习的核心思想和常用数据集，分析了经典分割框架 FCN 的基本原理，在此基础上介绍其改进后提出的 UNet 方法，并在介绍相关算法基本原理的基础上，给出了主要实验过程和关键代码以供参考。

第 7 章图像生成技术。图像生成领域内主流的图像生成技术有三类，分别是 Pixel CNN 像素卷积网络、VAE 变分自编码器和 GAN 生成对抗网络。本章选择了最近热门的 GAN 生成对抗网络作为主要内容，重点介绍了生成对抗网络思想及算法推导，利用 PyTorch 实现了 WGAN 算法，并利用不同的数据集来生成图像。

本书可为机器视觉研究领域提供良好的理论指导和技术支撑，进一步地，读者可结合典型应用场景，依据本书提供的经典案例和代码，开展具体实践验证。编者结合多年在机器视觉方面的科研与教学经验,参考国内外最新研究成果,总结并编写本书,希望对读者有所帮助。

本书由邢萌、陈财森、毕建权担任主编,由金丽亚、汪熙、胡海荣、路涛担任副主编,由邢萌、陈财森进行总体框架设计。其具体分工为:金丽亚、路涛负责第 1 章的编写;陈财森、胡海荣、李军旗负责第 2 章的编写;邢萌、张国辉、张彦豪负责第 3 章的编写;戴迪、王远、高晨旭负责第 4 章的编写;毕建权、杨朝红、冯剑红负责第 5 章的编写;张洋、闫宗群负责第 6 章的编写;汪熙、向阳霞负责第 7 章的编写。在本书编写过程中,参考并引用了国内外相关领域专家、学者的部分研究成果,在此向他们表示由衷的感谢!

由于编者水平所限,书中难免存在不妥甚至错误之处,恳请广大读者批评指正!

编　者
2022 年 9 月

目　　录

第1章　机器视觉基础

1.1　机器视觉概述

1.1.1　机器视觉简介

视觉使人类得以感知和理解周边的世界。据统计,人类有80%的信息是通过视觉从外部世界获取的。这不仅体现了视觉的信息量巨大,更体现了人类视觉功能的重要性。随着信息技术的发展,人类希望计算机、机器能够模拟人类等生物的高效、灵通的视觉功能。20世纪50年代以来,随着视觉理论和技术的快速发展,人类的梦想正在逐步变为现实。

1. 机器视觉的定义

机器视觉(machine vision)是计算机学科的一个重要分支。历经多年的发展,机器视觉的概念与含义不断丰富,已经形成了一个特定的行业。美国制造工程师协会(Society of Manufacturing Engineers,SME)机器视觉分会和美国机器人工业协会(Robotic Industries Association,RIA)的自动化视觉分会对机器视觉的定义为:“机器视觉是研究如何通过光学装置和非接触式传感器自动地接收、处理真实场景的图像,以获得所需信息或用于控制机器人运动的学科。”从这个意义来讲,机器视觉是利用加装视觉装置的机器(通常指数字计算机)对图像进行自动处理和分析,获得对目标的认知并做出相应决策的系统。给机器加装视觉装置是为了使机器具有类似人类的视觉功能,从而提高机器的自动化和智能化程度。由于机器视觉能够检测产品表面的信息,因此在检测被测物的缺陷方面具有不可估量的价值。

2. 机器视觉的性能优势

机器视觉采用非接触检验方式,对观测者、被观测者都不会产生任何损伤,系统的可靠性高;机器视觉具有较宽的光谱响应范围,从而扩展了人眼的视觉范围;机器视觉能够长时间稳定工作,完成目标物体的测量、分析和识别任务。

3. 机器视觉与计算机视觉的区别和联系

计算机视觉是用计算机实现人类的视觉功能,通常采用图像处理、模式识别、人工智能等手段,着重于对一幅或多幅图像的计算机进行分析。机器视觉则偏重计算机视觉技术工程化,能自动获取和分析特定的图像,以控制相应的行为。可以认为,计算机视觉为机器视觉提供图像和景物分析的理论及算法基础;机器视觉为计算机视觉的实现提供传感器模型、系统构造和实现手段。

4. 机器视觉系统的特点

机器视觉系统的特点是测量精确、稳定、快速,可大幅度提高生产的柔性及自动化程度,可以提高生产效率,且易于实现信息集成,是实现计算机集成制造的核心技术之一。例如,在一些不适合人工作业的危险环境;在当前大批量工业自动生产过程中,用人工检查产品质量,效率过低且精度不高;在其他一些人工视觉难以满足要求的场合,机器视觉正在迅速取代人工视觉。

1.1.2 机器视觉的发展

机器视觉属于交叉学科,其内容涉及数字信号处理技术、机械工程技术、自动控制与光源照明技术、传感器技术、计算机软件技术和人机接口技术等。随着信息技术和工业自动化的快速发展,机器视觉的应用领域在向更深、更广、更高层次发展。

1. 机器视觉的起源

机器视觉起源于20世纪60年代,它被视为模拟人类智能并赋予机器人智能行为的感知组成部分。1960年,美国学者Larry Roberts在他的博士论文中探讨了从2D视图中提取3D几何信息的可能性。Larry Roberts期望从图像中恢复出实物的三维结构,并以此得出完整的场景理解。他将环境限制在所谓的"积木世界",即周围的物体都是由多面体组成的,需要识别的物体可以用简单的点、直线、平面的组合来表示。通过计算机程序从数字图像中提取出立方体、模型体、棱柱体等多面体的三维结构,并对物体形状及物体的空间关系进行描述。当时还有一些学者提出了一些线条标注算法。可以说,Larry Roberts开创了以理解三维场景为目的的三维机器视觉技术研究。

2. 机器视觉的初步发展

20世纪70年代,麻省理工学院的人工智能实验室正式开设"机器视觉"课程,国际上许多知名学者参与了视觉理论、算法、系统设计的研究。其中,David Marr教授于1977年提出了不同于"积木世界"分析方法的视觉计算理论(vision computational theory)。该理论立足于计算机科学,系统地概括了心理生理学、神经生理学等方面的重要成果,使得机器视觉研究有了一个比较明确的体系,大大推动了对机器视觉的研究进展。1978年,David Marr教授取得了机器视觉研究的重大突破,创建了一种"自下而上"通过计算机视觉理解场景、捕捉物体影像的方法,该方法从计算机生成的2D轮廓素描草图开始,逐步完成3D图像。同时,业界出现了一些更定量化的机器视觉方法,恢复三维结构和相机运动的研究也开始出现。

3. 机器视觉的快速发展

20世纪80年代,图像金字塔和尺度空间开始广泛用于由粗到精的对应点搜索。80年代后期,在一些应用中小波变换开始取代图像金字塔。这段时期,探寻更准确的边缘和轮廓检测方法是一个活跃的研究领域,不仅出现了基于感知特征群的物体识别理论框架、主动视觉理论相架、视觉集成理论根架等概念,而且逐渐产生了很多新的研究方法和理论。无论对一般二维信息的处理水平,还是针对三维图的模型及算法研究水平都有了很大提高。机器视觉技术得到蓬勃发展,掀起了全球性的研究热潮,方法理论迭代更新,并逐步引发了机器视觉相关技术更为广泛的传播与应用。

4. 机器视觉行业的建立

20世纪90年代,新的固体图像传感技术相继出现,比较有代表性的是采用标准互补金属氧化物半导体(complementary metal-oxide-semiconductor,CMOS)工艺生产的图像传感器,即CMOS图像传感器。CMOS图像传感器技术凭借其卓越的性能和灵活性,快速应用在工业图像处理中。在先进的图像传感技术的推动下,机器视觉在制造环境中变得越来越普遍,机器视觉公司成立,并开发出第一代图像处理产品。上百家企业开始大量销售机器视觉系统,完整的机器视觉产业逐渐形成。在这一阶段,人类开发了用于机器视觉行业的LED灯,并在传感器功能和控制体系结构方面取得了进步,从而进一步提高了机器视觉系统的功能,并使得机器视觉行业的生产成本逐步降低。

5. 机器视觉的全面发展

21世纪初期至今,机器视觉作为机器人的"眼睛",在人工智能快速发展的同时,继续向前发展。高速3D视觉扫描系统正变得越来越成熟,并且可以轻松找到从热成像到斜率测量等所有功能的系统。机器视觉的软硬件产品蔓延至生产制造的各个阶段,应用领域也不断扩大。当下,机器视觉作为人工智能的底层产业及电子、汽车等行业的上游行业,仍处于高速发展的阶段,具有良好的发展前景。因此,机器视觉的应用市场仍然是一个增长的市场。

1.1.3　机器视觉的应用

随着深度学习、三维视觉技术、高精度成像技术和机器视觉互联技术的发展,机器视觉的性能优势得到进一步提升,其应用领域也向多维拓展。

1. 在工业检测和物体分拣中的应用

传统产品生产的缺陷是采用人工检测的方式,而人工检测速度慢,有时由于人工疲劳和注意力不集中会带来误判,从而影响整个生产效率和生产质量。机器视觉最大的优势是非接触检测,同时具有高精度和高速度的性能。机器视觉与计算机图像处理、模式识别相结合,综合计算机技术、软件工程等不同领域的相关知识,可快速、准确地检测产品质量,完成人工检测无法完成的任务。常见的工业检测应用包括齿轮、汽车零部件、硬币边缘字符、玻璃瓶缺陷、罗定螺纹检测等。

在以前的生产线中,材料通过人工方法放入注塑机,然后进行下一道工序。现在采用自动分料设备,利用机器视觉系统对产品图像进行采集、分析并输出结果,再由机器人将相应的物料放置在一个固定的位置,从而实现工业生产的智能化、自动化和现代化。常见的物体分拣应用包括食品分拣、零件表面瑕疵自动分拣、棉花纤维分拣等。

2. 在医学中的应用

在医学领域,机器视觉主要用于医学辅助诊断。机器视觉首先利用医学影像设备采集核磁共振、超声波、激光、X射线、γ射线等对人体检查记录的生物组织图像,再利用数字图像处理技术和信息融合技术对这些医学图像进行统计分析、描述和识别,最后得出相关信息，辅助医生诊断人体病灶的大小、形状和是否异常，在疾病治疗中发挥了重要作用。例如，利用数字图像的边缘检测与图像分割技术，可自动完成细胞个数的计数或统计，不但大大节省了人力、物力，准确率和效率也较高。

3. 在智能交通中的应用

机器视觉在智能交通中可以执行视觉导航任务。例如，机器视觉通过识别前方车辆、行人、障碍物、道路及交通信号灯和交通标识重塑交通体系。在无人驾驶领域，机器视觉根据摄像头捕获到的图像，通过雷达和激光设备的相互配合来获取汽车当前的速度、前方的交通标识、所在车道等信息，由此做出加速、减速、停车、左转、右转等决策，从而控制车头实现无人驾驶。

在智能交通监控领域，机器视觉利用重要十字路口摄像头的快速拍照功能，对违章车辆进行车牌识别、信息存储，以便相关的工作人员进行查看。

在智能交通车流量监测方面，机器视觉通过数字图像处理、计算机视觉技术分析交通图像序列，并对车辆、行人等交通目标的运动进行检测、定位、识别和跟踪，以及对目标的交通行为进行分析、理解和判断，从而完成对各种交通数据的采集、交通事件的检测，快速实现相应处理。

4. 在国防军事中的应用

早在 20 世纪 80 年代，美军就在战略防御计划（SDI）的每个不同阶段运用一个或多个机器视觉功能来达到实现防范弹道导弹的目的。随着技术的不断发展，机器视觉在国防军事中的应用从遥感测绘、航天航空、武器检测、武器制导、目标探测、敌我识别延伸到无人机和无人战车的驾驶等方面。其中的典型应用主要有巡航导弹地形识别、侧视雷达的地形侦察、遥控飞行器的引导、目标的识别与制导、警戒系统及自动火炮控制、侧视雷达的地形侦察等。例如，搭载了嵌入式机器视觉系统的攻击武器，可以通过图像采集环节获取目标物的准确信息，进行相应的图像处理，并控制指令信息修正攻击弹药的运行路线与爆破点。

1.2 机器视觉系统的任务

机器视觉就是机器的视觉。换句话说，机器视觉是将视觉感知赋予机器，使机器具有和生物视觉系统类似的场景感知能力。机器视觉系统的主要任务是通过分析图像，将图像中所涉及的场景或物体生成一组描述信息。这些描述必须包含关于成像物体的某些方面的信息，而这些信息将用于实现某些特殊的任务。因此，我们把机器视觉系统看作一个与周围环境进行交互的大实体中的一部分。

如图 1 - 1 所示，机器视觉系统的输入是图像或者图像序列，输出是对这些图像的感知描述。这组描述需要满足下面两个准则：

（1）这组描述必须和成像物体（或场景）有关。

（2）这组描述用来帮助机器来完成特定的后续任务，指导机器人系统与周围的环境进行交互。

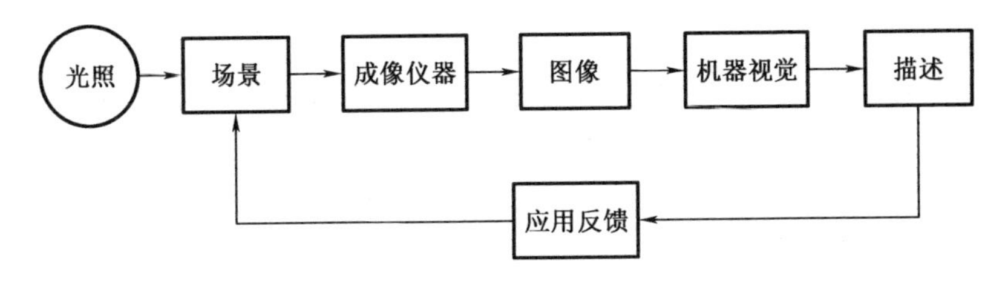

图 1 - 1　机器视觉系统

第一个准则保证了这组描述依赖于视觉输入，而第二个准则保证了视觉系统的输出信息是有用的。例如，指导机器手臂按要求抓取传送带上的零件。零件的种类、位置和朝向是任意的，那么当传送带上的零件经过上方摄像头时，通过机器视觉就可以生成零件的一组描述（种类、位置和朝向），从而指导机器手臂按要求进行抓取。

当然，对物体的描述并不总是唯一的。我们可以从不同的观点和不同的细节层次上构造出物体的不同描述。因此，我们无法对物体进行"完全的"描述。我们所需要的是那些有助于正确操作的描述。

1.3　机器视觉系统的构成

机器视觉系统一般以计算机为中心，主要由视觉传感器、高速图像采集系统及专用图像处理单元等模块构成，如图 1 - 2 所示。

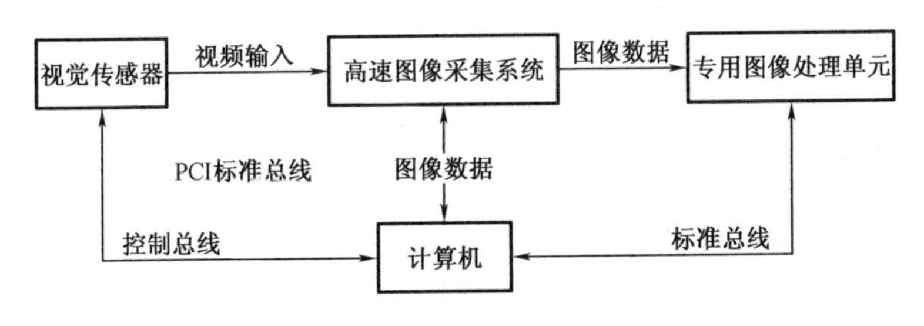

图 1 - 2　机器视觉系统的基本组成模块

视觉传感器是整个机器视觉系统中信息的直接来源，主要由一个或者两个图像传感器组成，有时还要配以光投射器及其他辅助设备。它的主要功能是获取足够的机器视觉系统要处理的最原始图像。图像传感器可以是激光扫描器、线阵和面阵 CCD 摄像机或者 TV 摄像机，也可以是最新的数字摄像机等。光投射器可以使用普通的照明光源、半导体激光器或者红外激光器等，它的功能主要是参与形成被分析物体图像的特征。其他辅助设备为传感器提供电源和控制接口等功能。

高速图像采集系统由专用视频解码器、图像缓冲器和控制接口电路组成。它的主要功能是实时地将由视觉传感器获取的模拟视频信号转换为数字图像信号，并将图像直接传送给计算机进行显示和处理，或者将数字图像传送给专用图像处理单元进行视觉信号的实时前端处理。

专用图像处理单元是机器视觉系统的核心，是主要采用专用集成电路（ASIC）、数字信号处理器（DSP）或现场可编程门阵列（FPGA）等设计的全硬件处理器。它可以实时且高速地完成各种低级的图像处理算法，以减轻计算机的处理负荷，提高整个视觉系统的速度。如何把存入存储单元的大量离散的数字化信息与模板库信息进行比较处理，并快速得出结论是专用图像处理系统软、硬件面对的问题。运算信息量大意味着处理结果的准确率高，但如果运算时间较长，机器视觉便失去了存在的意义。这种信息量与运算速度之间的矛盾已成为世界各国微处理器研制生产厂商必须面对的课题。目前，已有多种视觉专用硬件处理器芯片、DSP 芯片等不断涌现并被广泛应用，以实现高速图像计算，数据压缩、解压缩、存储与传输。除去硬件因素，选用适当的算法，可以提高图像处理的效率，减少存储容量、提高准确度。

计算机是整个机器视觉系统的核心。它除了控制整个系统中各个模块的正常运行外，还承担着视觉系统的最后结果运算和输出的任务。由图像采集系统输出的数字图像可以直接传送到计算机，由计算机采用纯软件方式完成所有的图像处理和其他运算。如果纯软件处理能够满足视觉系统的要求，专用硬件处理单元就不用出现在机器视觉系统中。一个实用的机器视觉系统的结构、性能、处理时间和价格等都可以根据具体应用而定，因此比较灵活。

此外，机器视觉系统的界面是开放的，用户可根据应用需要进行计算机编程，以改善系统的功能。机器视觉系统具有高度的智能化和普遍的适用性，并一直在不断完善中。目前，它已完全应用于工业现场，满足了现代生产过程的要求。

1.4 机器视觉原理

1.4.1 图像噪声

实际的图像经常受一些随机信号的干扰而退化，我们通常称这个退化为噪声（noise）。噪声最好的描述是数据中随机位置处增加的随机数值。噪声可能依赖于图像内容，也可能与其无关。

图像噪声的来源主要有两方面：一是在图像获取过程中产生噪声。两种常用类型的图像传感器 CCD 和 CMOS 采集图像过程中，由于受传感器材料属性、工作环境、电子元器件和电路结构等影响，会引入各种噪声，如电阻引起的热噪声、场效应管的沟道热噪声、光子噪声、暗电流噪声、光响应非均匀性噪声等。二是在图像信号传输过程中产生噪声。由于传输介质和记录设备等的不完善，数字图像在其传输记录过程中往往会受到多种噪声的污染。另外，在图像处理的某些环节中，当输入的对象并不如预想时也会在结果图像中引入噪声。

噪声表现为图像信息或者像素亮度的随机变化。一张图像通常会包含很多噪声，通常将图像噪声看作多维随机过程，一般用其概率特征来刻画。

1. 白噪声

白噪声（white noise）是一种理想的噪声，经常会被用到。白噪声的强度并不随着频率的增加而衰减,它的特性是在所有频率上出现且强度相同。白噪声是常用的模型,作为退化的最坏估计。使用白噪声的优点是可以使计算简化。

2. 高斯噪声

高斯噪声(Gaussian noise)是白噪声的一个特例,是一种常见的噪声。高斯噪声又称为正态噪声,对原图像的影响是随机的,图 1 -3 列出了原图像和高斯加噪图像。高斯噪声服从高斯(正态)分布,有均值和方差两个参数,均值反映了对称轴的方位,方差表示了正态分布曲线的胖瘦。高斯噪声的随机变量具有高斯曲线型的概率密度,在一维情况下,其密度函数为

$$p(x)=\frac{1}{\sigma\sqrt{2\pi}}e^{\frac{-(x-\mu)^2}{2\sigma^2}}$$

式中,μ 和 σ 分别为随机变量的均值和标准差,当它们的值确定时,$p(x)$ 的值也就确定了。当 $\mu=0,\sigma^2=11$ 时,x 的分布为标准正态分布。在很多实际情况下,噪声可以很好地用高斯噪声来近似。

(a)原图像

(b)高斯加噪图像

图 1 -3　高斯噪声图像示例

高斯噪声产生的原因主要有图像在拍摄时不够明亮、亮度不够均匀,电路各元器件自身噪声相互影响,传感器长期工作温度过高等。

由于高斯函数在数学上比较容易处理,高斯噪声模型经常被用于实践中,处理起来非常方便。一般的软件库中都能找到相应的处理函数(高斯模糊),如 OpenCV、Java 等提供的一些库函数。

3. 椒盐噪声

椒盐噪声(salt & pepper noise)又称脉冲噪声。所谓椒盐,“椒”是黑色,“盐”是白色。椒盐噪声是在图像上随机出现黑色或白色的像素(图 1 -4),黑色像素是高灰度噪声,白色像素是低灰度噪声,通常图像中亮的区域有黑色像素,而暗的区域有白色像素(或是两者皆有),一般两者同时出现在图像中。

正常情况下,在图像中不太可能出现最大值/最小值的灰度像素,因此这样的像素点可以被当成噪点。

我们用“盐”表示亮点、“椒”表示暗点,椒盐噪声模型可表示为

$$p(z)=\begin{cases}P_a, & z=a\\ P_b, & z=b\\ 1-P_a-P_b, & \text{其他}\end{cases}$$

(a)原图像　　(b)椒盐加噪图像

图 1-4　椒盐噪声图像示例

椒盐噪声往往由图像切割引起,会使二值图像退化。产生椒盐噪声的原因可能是影像信号受到突如其来的强电磁干扰、传感器内部时序发生错误、类比数位转换器或位元传输错误等。例如,相机中传感器的一些像素点可能失效,这些位置或者完全不让光线通过,或者完全让光线通过,从而分别形成常黑或者常白的像素。

中值滤波器或其他顺序统计滤波器能较好地处理椒盐噪声中的异常值,后面章节会详细介绍相关处理案例。

4. 泊松噪声

泊松噪声(poisson noise)就是符合泊松分布的噪声模型。泊松噪声又称散粒噪声(shot noise),是由于光源发出的光子打在 CMOS 上,会形成一个可见的光点而产生的。光源每秒发射的光子到达 CMOS 的越多,则该像素的灰度值越大。但光源发射和 CMOS 接收之间有可能存在一些因素使单个光子没有被 CMOS 接收到或者某一时间段内发射的光子特别多,所以灰度值会有所波动。图 1-5 列出了原图像和泊松加噪图像。

(a)原图像

(b)泊松加噪图像

图 1-5　泊松噪声图像示例

泊松噪声中,由于光具有量子特效,到达光电检测器表面的量子数目存在统计涨落。因此,图像监测具有颗粒性,这种颗粒性造成了图像对比度的变小及对图像细节信息的遮盖,我们把这种因为光量子而造成的测量不确定性称为图像的泊松噪声。泊松噪声一般在亮度很小或者高倍电子放大线路中出现。

5. 信噪比

我们通常使用信噪比 SNR(signal-to-noise ratio)来衡量图像噪声。图像的信噪比应该等于信号与噪声的功率谱之比,但通常功率谱难以计算,有一种方法可以近似估计图像信噪比,即信号与噪声的平方和之比。

首先计算噪声贡献的所有平方和

$$E = \sum_{(x,y)} v^2(x,y)$$

观察到的信号的所有平方和为

$$F = \sum_{(x,y)} f^2(x,y)$$

则信噪比为

$$\mathrm{SNR} = \frac{F}{E}$$

SNR 是图像品质的一个度量,值越大图像品质越好。

信噪比常用对数尺度来表示,单位为 dB,即

$$\mathrm{SNR}_{\mathrm{dB}} = 10\log_{10}\mathrm{SNR}$$

一些噪声在空域中看起来是随机的,但是在频域中却可以隔离为少数几个频率,这样的噪声可以用频域中的滤波器去除,我们将在后面章节具体介绍。

1.4.2 图像滤波

图像滤波的目的是在尽量保留图像细节特征的条件下,对目标图像中的噪声进行抑制图像滤波,是图像预处理中不可缺少的操作,其处理效果的好坏将直接影响后续图像处理、分析的有效性和可靠性。常用的图像滤波方法有均值滤波、中值滤波、高斯滤波、BM3D 滤波(block matching and 3D filtering,三维块匹配滤波)和双边滤波等。

1. 均值滤波

均值滤波是线性滤波中最简单的一种,处理之后的图像像素值是根据要处理的像素邻域的像素值来决定的,即每一个像素值用该像素邻域中所有像素的灰度平均值来代替。

均值滤波可以表示为

$$b(x,y) = \frac{1}{mn}\sum_{(r,c)\in T_{xy}} a(r,c)$$

式中,$b(x,y)$是均值滤波之后图像上的像素灰度值;$a(r,c)$是输入图像的像素灰度值,即要进行均值滤波的图像;m、n 为所用模板的大小;T_{xy}为所使用的均值滤波模板;(r,c)为均值滤波模板中的像素坐标。

常用的均值滤波模板有两种,第一种是计算模板内像素灰度值的平均值,具体为

$$\omega=\frac{1}{9}\times\begin{pmatrix}1&1&1\\1&1&1\\1&1&1\end{pmatrix}$$

第二种是对模板所覆盖的像素灰度值加上了权重，即每个像素值对结果的影响不一样，权重大的像素对结果的影响比较大，具体为

$$\omega=\frac{1}{16}\times\begin{pmatrix}1&2&1\\2&4&2\\1&2&1\end{pmatrix}$$

均值滤波在对图像进行平滑的同时，会把阶跃变化的灰度值平滑为渐进变化，这就造成了图像细节信息的严重丢失，将导致边缘提取定位精确度的下降。均值滤波器对具有白噪声的图像滤波效果最佳。

2. 中值滤波

中值滤波是一种非线性平滑技术，它将每个像素的灰度值设置为该点邻域内的所有像素灰度值的中值。中值滤波的基本原理是在图像上平移模板，并对模板内的像素灰度值按照大小进行排序，然后选取排在中间位置的数值，将它赋值给图像的待处理像素。如果模板有奇数个元素，中值就取排序之后中间位置元素的灰度值；如果模板有偶数个元素，中值就取排序之后灰度值的平均值。中值滤波的模板通常采用奇数个元素，以便于计算和编程实现。对于边界的处理，可以将原图像的像素直接复制到处理之后图像的对应位置，或者将处理之后的图像边界像素灰度值直接改为0。

中值滤波可以表示为

$$b(x,y)=\underset{(r,c)\in T_{xy}}{\mathrm{median}}(a(r,c))$$

中值滤波在去除椒盐噪声方面很有效，同时又能保留图像的细节特征，如边缘信息等。此外，中值滤波在实际运算过程中不需要图像的统计特性，这也带来不少方便。但一些细节多，特别是点、线、尖顶细节较多的图像不宜采用中值滤波。

3. 高斯滤波

高斯滤波属于频域滤波，它是由高斯函数的形状来选择权值的。

高斯滤波对一维的高斯分布函数可表示为

$$G(x)=\frac{1}{\sqrt{2\pi}\sigma}\mathrm{e}^{-\frac{x^2}{2\sigma^2}}$$

式中，σ 是标准差。

二维的高斯分布函数表示为

$$G(x,y)=\frac{1}{\sqrt{2\pi}\sigma^2}\mathrm{e}^{-\frac{x^2+y^2}{2\sigma^2}}$$

一般情况下，图像进行高斯滤波之后的平滑程度和标准差有很大的关系：标准差越大，高斯滤波器的频带就越宽，图像就被平滑得越好。通过调节标准差可以很好地处理图像中噪声所引起的欠平滑。由于二维高斯函数的旋转对称性，高斯滤波在每个方向上的平滑程度是相同的。对于一幅图像，计算机无法事先知道图像的边缘方向信息，因此高斯滤波是

无法确定在哪个方向上需要做更多平滑的。

高斯函数具有可分离性，使得高斯函数卷积可以分为两步来实现：首先用一维高斯函数和图像进行卷积，然后将卷积的结果与另一个方向的一维高斯函数卷积，这样可以将算法的时间复杂度从 $O(n^2)$ 降低到 $O(n)$，从而大大提高计算效率。在实际应用中，高斯模板的构建只要满足取值在均值的 3 倍标准差之内就可以。

4. BM3D 滤波

BM3D 滤波是一种性能优越的图像滤波算法，它包含了非局部和变换域两种思想。该法通过与相邻图像块进行匹配，将若干相似的块整合为一个三维矩阵后在三维空间进行滤波，再将结果反变换融合到二维，得到滤波后的图像。此外，BM3D 滤波扩展到了图像处理的其他领域，如图像去模糊、压缩传感和超分辨率重构等。

BM3D 滤波算法的实现分为两个步骤。

(1)第一步：基础估计

将图像窗口化，设定若干参考块，计算图像参考块与其他图像块之间的距离，再根据这些距离寻找若干差异最小的块作为相似块，将相似块归入对应组，形成一个三维矩阵。得到若干个参考块的三维矩阵后，将每个矩阵中的二维块进行二维变换编码。二维变换结束后，在矩阵的第三个维度进行一维变换。通过分组和滤波得到的每一个块的估计可能是重叠的，所以需要对这些重叠的块进行加权平均，这一过程称为聚集。

(2)第二步：最终估计

第二步与第一步类似，但在块匹配时是用第一步的结果图即基础估计进行匹配的。通过块匹配，每个参考块形成两个三维矩阵：一个是通过基础估计形成的，另一个是通过本次匹配的坐标在噪声图上整合出来的。然后两个三维矩阵都进行二维、一维变换。为了获得更好的结果，通常最终估计的二维变换采用离散余弦变换。用维纳滤波对噪声图形成的三维矩阵进行缩放，缩放系数通过基础估计的三维矩阵值及噪声强度得出。滤波后再通过反变换将噪声图的三维矩阵变换回图像估计，之后通过与第一步类似的聚集操作复原出二维图像而形成最终估计，这样就得到了 BM3D 滤波后的图像。

5. 双边滤波

二维图像的双边滤波算法是指利用当前待处理像素邻域内各个像素灰度值的加权平均值来代替当前像素的灰度值。加权平均过程中采用的权重因子不仅与两像素间的欧式距离有关，也与两像素的灰度值差异有关。双边滤波算法的优点是既可以对图像噪声进行抑制，又可以有效保留图像的边缘细节特征。

假设 p 是数字图像 I 中的当前待处理像素，则二维图像的双边滤波算法为

$$I_{\mathrm{b}}(p) = \frac{\sum_{q \in S} G_{\mathrm{S}}(p,q) G_{\mathrm{r}}(p,q) I(q)}{\sum_{q \in S} G_{\mathrm{S}}(p,q) G_{\mathrm{r}}(p,q)}$$

式中，$I_{\mathrm{b}}(p)$ 是 p 经过双边滤波后的像素灰度值；q 表示 p 的邻域像素点；$I(q)$ 是点 q 的像素灰度值；S 为邻域像素的集合；$G_{\mathrm{S}}(p,q)$ 为空间邻近度因子；$G_{\mathrm{r}}(p,q)$ 为灰度相似度因子。

$G_{\mathrm{S}}(p,q)$ 和 $G_{\mathrm{r}}(p,q)$ 的表达式分别为

$$G_S(p,q) = e^{-\frac{(x-u)^2+(y-v)^2}{2\sigma_S^2}}$$

$$G_r(p,q) = e^{-\frac{[I(x,y)-I(u,v)]^2}{2\sigma_r^2}}$$

式中 (x,y)——图像像素坐标；

(u,v)——中心点像素坐标；

σ_S——基于高斯函数的空间距离标准差；

σ_r——基于高斯函数的灰度标准差。

可见，双边滤波算法同时考虑了当前像素与周围像素的欧式距离和灰度相似性，因此邻域中与中心点距离更近、灰度更相似的像素被赋予较大的权重，反之则赋予较小的权重，这使得双边滤波算法具有距离各向异性和灰度各向异性，可以较好地保留细节特征。

1.4.3 几何变换

几何变换又称空间变换，是将一幅图像中的坐标位置映射到另一幅图像中的新坐标位置。几何变换不改变图像的像素值，只是在图像平面上进行像素的重新安排。几何变换可以在任何维度上进行，适当的几何变换可以最大限度地消除由于成像角度、透视关系及镜头自身原因所造成的几何失真所产生的负面影响。几何变换常作为图像处理应用的预处理步骤，是图像归一化的核心工作之一。

一个几何变换通常需要两部分运算。第一部分是空间几何变换所需的运算，即将输入图像像素映射到输出图像像素所需的算法，如平移、缩放、旋转等；第二部分是插值运算，即找到与像素坐标变换后的点匹配最佳的数字光栅中的点，并确定其亮度数值。该数值通常用邻域中的几个点的插值计算来获取。

1. 空间几何变换

(1)平移

平移就是将图像中所有的点按照指定的平移量水平或者垂直移动。

二维平移比较简单。我们考虑将二维点 $P=(x,y)$ 平移到 $P'=(x',y')$，且满足

$$x' = x + t_x$$
$$y' = y + t_y$$

用 3×1 的齐次坐标表示二维点 P 时，它的平移变换关系可以写成

$$P' = \begin{bmatrix} x' \\ y' \\ 1 \end{bmatrix} = \begin{bmatrix} x+t_x \\ y+t_y \\ 1 \end{bmatrix} = \begin{bmatrix} 1 & 0 & t_x \\ 0 & 1 & t_y \\ 0 & 0 & 1 \end{bmatrix} \begin{bmatrix} x \\ y \\ 1 \end{bmatrix} = \boldsymbol{T}(t_x,t_y)P$$

其中，$\boldsymbol{T}(t_x,t_y)$是平移矩阵，最后一列是平移参数。

相应地，三维平移的变换矩阵可表示为

$$\boldsymbol{T}(t_x,t_y,t_z) = \begin{bmatrix} 1 & 0 & 0 & t_x \\ 0 & 1 & 0 & t_y \\ 0 & 0 & 1 & t_z \\ 0 & 0 & 0 & 1 \end{bmatrix}$$

(2)旋转

旋转一般是指将图像围绕某一指定点旋转一定的角度。旋转通常也会改变图像的大小,可以把转出显示区域的图像截去,也可以改变输出图像的大小以扩展显示范围。

首先看二维旋转,我们将图像绕原点进行旋转,设二维点 $P=(x,y)$ 旋转 θ 角度至点 $P'=(x',y')$。

首先,用极坐标表示长度为 r、角度为 φ 的点 P,则

$$x = r\cos\varphi$$

$$y = r\sin\varphi$$

相应的旋转可表示为

$$\begin{aligned} x' &= r\cos(\theta+\varphi) \\ &= r\cos\theta\cos\varphi - r\sin\theta\sin\varphi \\ &= x\cos\theta - y\sin\theta \\ y' &= r\sin(\theta+\varphi) \\ &= r\sin\theta\cos\varphi + r\cos\theta\sin\varphi \\ &= x\sin\theta + y\cos\theta \end{aligned}$$

由此,可以将旋转矩阵 $\boldsymbol{R}$ 写成

$$P' = \begin{bmatrix} x' \\ y' \\ 1 \end{bmatrix} = \begin{bmatrix} \cos\theta & -\sin\theta & 0 \\ \sin\theta & \cos\theta & 0 \\ 0 & 0 & 1 \end{bmatrix} \begin{bmatrix} x \\ y \\ 1 \end{bmatrix} = \boldsymbol{R}(\theta)P$$

我们将这一概念推广到三维旋转,平面上的旋转可以围绕点进行,而三维旋转是围绕轴进行的。对于三维图像变换,可将其看成分别以 x、y、z 轴为旋转轴的三次旋转组成,依照三种变换关系顺序合成。假定在右手坐标系中,物体旋转的正方向为右手螺旋方向,那么:

①围绕 z 轴正向旋转 θ 角度

围绕 z 轴旋转时,z 坐标保持不变,旋转发生在 xy 平面上,其三维旋转矩阵可表示为

$$\boldsymbol{R}_z(\theta) = \begin{bmatrix} \cos\theta & -\sin\theta & 0 & 0 \\ \sin\theta & \cos\theta & 0 & 0 \\ 0 & 0 & 1 & 0 \\ 0 & 0 & 0 & 1 \end{bmatrix}$$

②围绕 y 轴正向旋转 θ 角度

围绕 y 轴旋转时,y 坐标保持不变,旋转发生在 xz 平面上,其三维旋转矩阵可表示为

$$\boldsymbol{R}_y(\theta) = \begin{bmatrix} \cos\theta & 0 & -\sin\theta & 0 \\ 0 & 1 & 0 & 0 \\ \sin\theta & 0 & \cos\theta & 0 \\ 0 & 0 & 0 & 1 \end{bmatrix}$$

③围绕 x 轴正向旋转 θ 角度

围绕 x 轴旋转时,x 坐标保持不变,旋转发生在 yz 平面上,其三维旋转矩阵可表示为

$$\boldsymbol{R}_x(\theta)=\begin{bmatrix}1&0&0&0\\0&\cos\theta&-\sin\theta&0\\0&\sin\theta&\cos\theta&0\\0&0&0&1\end{bmatrix}$$

(3)缩放

缩放是指将图像沿着坐标轴方向按照指定的比率放大或者缩小。我们直接介绍三维缩放。将 P 沿着 x、y 和 z 轴方向分别按照因子 s_x、s_y、s_z 缩放为 P'的方程为

$$x'=s_x x$$

$$y'=s_y y$$

$$z'=s_z z$$

相应的矩阵形式为

$$P'=\begin{bmatrix}x'\\y'\\z'\\1\end{bmatrix}=\begin{bmatrix}s_x&0&0&0\\0&s_y&0&0\\0&0&s_z&0\\0&0&0&1\end{bmatrix}\begin{bmatrix}x\\y\\z\\1\end{bmatrix}=\boldsymbol{S}(s_x,s_y,s_z)P$$

显然,缩放因子构成了缩放矩阵的参数。如果 $s_x=s_y=s_z$,我们称为均匀缩放。

事实上,直接根据缩放公式计算得到的目标图像中,某些映射源坐标可能不是整数,从而找不到对应的像素位置。例如,把某一图像放大 2 倍,放大后图像中的像素点(0, 1, 2)对应于原图中的像素点(0, 0.5, 1),这显然不是整数坐标位置,自然也就无法提取其灰度值。因此,我们必须进行某种近似处理,即应用插值运算进行处理。

对于复杂的几何变换如扭曲(distortion)等,可通过将图像分解为更小的矩形子图像来近似,对每个子图像用对应的像素对来估计一个简单的几何变换。这样,几何变换(扭曲)就可以在每个子图像中分别修复了。

2. 插值运算

对于数字图像,像素的坐标是离散型非负整数,但是在进行几何变换的过程中有可能产生浮点坐标值。插值算法就是用来处理这些浮点坐标的。插值越简单,在几何和光度测量方面精度的损失就越大。但是,考虑到计算机的负担,插值邻域一般都相当小。常见的插值算法有最邻近插值、线性插值、双三次插值等。

插值运算一般用对偶的方法来表示,即确定对应于输出图像离散光栅点在输入图像中原来点的亮度。记亮度插值的结果为 $f_n(x,y)$,其中用 n 区分不同的插值方法。亮度可以用卷积公式表示为

$$f_n(x,y)=\sum_{l=-\infty}^{\infty}\sum_{k=-\infty}^{\infty}g_s(l\Delta x,k\Delta y)h_n(x-l\Delta x,y-k\Delta y)$$

函数 h_n 为插值核(interpolation kernel)。一般只使用小的邻域,在它之外 h_n 是0。

下面主要介绍最邻近插值和线性插值,为简单起见,不妨设 $\Delta x=\Delta y=1$。

最邻近插值(nearest interpolation)是一种最简单的插值算法,赋予点(x,y)为在离散光

栅中离它最近点 g 的亮度数值,即输出像素的值为输入图像中与其最邻近的采样点的像素值。最邻近插值可表示为

$$f_1(x,y)=g_s[\mathrm{round}(x),\mathrm{round}(y)]$$

最邻近插值算法计算简单,且在很多情况下的输出效果较好。但是,由于最邻近插值的最大定位误差是半个像素,因此其在物体具有直线边界时呈现出来,在变换后可能出现阶梯状,会在图像中产生人为加工的痕迹。

线性插值(linear interpolation)考虑点(x,y)的 4 个相邻点,即用原图像中最近邻的 4 个点计算新图像中的 1 个点。线性插值由下列公式给出:

$$f_2(x,y)=(1-a)(1-b)g_s(l,k)+a(1-b)g_s(l+1,k)+$$
$$b(1-a)g_s(l,k+1)+abg_s(l+1,k+1)$$
$$l=\mathrm{floor}(x),a=x-l$$
$$k=\mathrm{floor}(y),b=y-k$$

线性插值具有平均化的特性,可能会引起分辨率降低和图像模糊。因此,线性插值减少了在最邻近插值中出现的阶梯状直边界问题,在很多框架中属于默认算法。

1.4.4　图像特征

在模式识别问题中,图像特征提取具有重要作用。好的图像特征对目标姿态的变化和光线的影响具有鲁棒性,并且包含大量的有用信息。在实际应用中,图像不可避免地会受到复杂背景、光线和噪声的干扰,以及目标姿态变化的影响,这给图像特征提取带来了极大的挑战。

图像局部特征往往对尺度、旋转和光线等具有鲁棒性。图像局部特征主要由特征关键点和特征表示两部分组成,特征关键点检测是为了确定特征点区域的位置,特征表示是用来描述特征区域的信息。局部特征是常用的一种特征,其思想是在含有丰富内容信息的区域周围提取大量带有颜色和结构信息的特征关键点。

1. 颜色特征

颜色特征包括颜色直方图特征和颜色上下文特征。

颜色直方图特征就是统计图像颜色的分布信息。在实际应用中,颜色直方图常常从分割出的部位和区域中提取,而从不同的颜色空间中提取的颜色直方图包含的信息也不一样,颜色空间包括 RGB 颜色空间、HSV 颜色空间和 LAB 颜色空间等。在这些颜色空间中,HSV 颜色空间对光照变化具有鲁棒性,LAB 颜色空间能够很好地区分色频通道和亮度通道,因此可以很好地抑制不同帧中的光照变化影响。颜色直方图特征的显著缺陷是丢失了图像的空间和几何信息。在行人重识别中,为了使颜色直方图特征包含空间信息,人体轮廓常被划分为不重叠的水平条纹,之后在每个水平条纹中统计颜色直方图特征。

颜色上下文特征是由 Khan 等提出来的,起源于形状上下文结构(shape context structure)思想。在实际应用中,最好先进行前景和背景分割,这样获得的颜色上下文描述子更具有判别性。

2. 纹理特征

纹理特征常用于图像分类任务中,单一的纹理特征用于图像分类往往效果并不好,需要

和其他特征相结合。由 Farenzena 等提出的循环高结构块(recurrent high-structured Patches,RHSP)描述子是最常用的纹理特征之一。

近几年,在目标识别研究中,特征一直是一个重要环节,无论是传统的图像特征还是新提出的特征,目的都是使特征可以应对姿态、光照、角度等方面变化带来的影响。然而,在真实应用中是否存在一种特征能够恒定地表示图像信息,仍值得探索。

3. 协方差描述子

协方差描述子对噪声不敏感且对颜色的恒等漂移具有不变性,比较适合应用于行人重识别技术。R 表示图像 I 中的一块区域,则其协方差描述子表示为

$$C_R = \frac{1}{N-1}\sum_{j=1}^{N}(\boldsymbol{x}_j - \boldsymbol{u})(\boldsymbol{x}_j - \boldsymbol{u})^{\mathrm{T}}$$

式中,N 表示区域 R 中的特征数目;$\boldsymbol{x}_j$ 表示区域 R 中第 j 个特征向量;$\boldsymbol{u}$ 是特征的均值向量。

协方差描述子中采用的特征包含颜色、梯度或空间信息。

4. 特征编码

图像分类和识别是机器视觉和模式分析中最基本的任务之一,涉及目标分类、场景识别和人体动作识别等研究领域。然而,图像分类和识别问题仍具有很大的挑战性,会受到光照、尺度、旋转、变形和杂波所带来的干扰,以及背景复杂性和多样性的影响。在相关解决方案中,特征编码技术吸引了研究者的关注。

特征编码的核心思想是利用学习到的码本对原始特征进行编码,每个特征会获得对应的编码响应系数。基于图像特征编码是图像分类和识别研究领域的主要方法,即从一幅图像中提取局部特征,然后利用局部编码的方法得到整幅图像的向量表示。在图像分类和识别应用中,特征编码就是把从图像中提取的局部特征进行编码,编码之后的系数通常对应一个预定义长度的向量。

基于局部特征编码的图像分类和识别流程如图 1-6 所示。

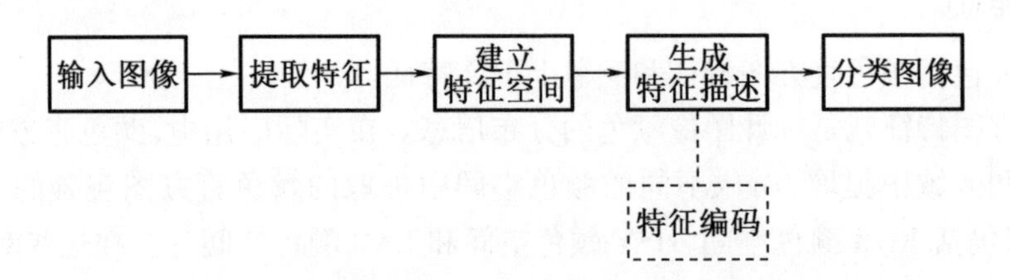

图 1-6　基于局部特征编码的图像分类和识别流程

第 2 章　神经网络与机器视觉

2.1　神经网络基础

2.1.1　发展

机器学习是人工智能领域较为年轻的分支，它的发展过程可分为 4 个阶段。第一个阶段是从 20 世纪 50 年代中期到 20 世纪 60 年代中期，是机器学习的热烈时期。第二个阶段是从 20 世纪 60 年代中期到 20 世纪 70 年代中期，是机器学习的冷静时期。第三个阶段是从 20 世纪 70 年代中期到 20 世纪 80 年代中期，是机器学习的复兴时期。

1986 年，机器学习进入新的阶段。机器学习已经成为新的边缘学科并在高校形成一门课程，结合各种学习方法，多种形式的集成学习系统研究正在兴起，机器学习与人工智能各种基础问题的统一性观点正在形成，各种学习方法的应用范围不断扩大，与机器学习有关的学术活动空前活跃。

神经网络作为机器学习的一个重要分支，在机器视觉上也受到了极大关注。其中，深度学习是机器学习的重要组成部分。深度学习算法是基于神经网络的，有几种功能不同的神经网络架构，最适合特定的应用场景。本书主要介绍几种深度学习方面的知名架构。

2.1.2　原理

人工神经网络是由大量处理单元经广泛连接而组成的，用来模拟脑神经系统的结构和功能。而这些处理单元就是人工神经元。人工神经网络可以看作以人工神经元为节点，用有向加权弧连接起来的有向图。在此有向图中，人工神经元就是对生物神经元的模拟，而有向弧则是对轴突 - 突触 - 树突对的模拟。有向弧的权值表示相互连接的两个人工神经元相互作用的强弱。

1. 神经元

神经元（neuron）是神经网络的基本计算单元，也被称作节点（node）或者单元（unit）。它可以接受来自其他神经元的输入或外部的数据，然后计算一个输出。每个输入值都有一个权重（weight），权重的大小取决于这个输入相比于其他输入值的重要性。然后在神经元上执行一个特定的函数 f，定义如图 2 - 1 所示。这个函数会对该神经元的所有输入值及其权重进行一个计算操作。

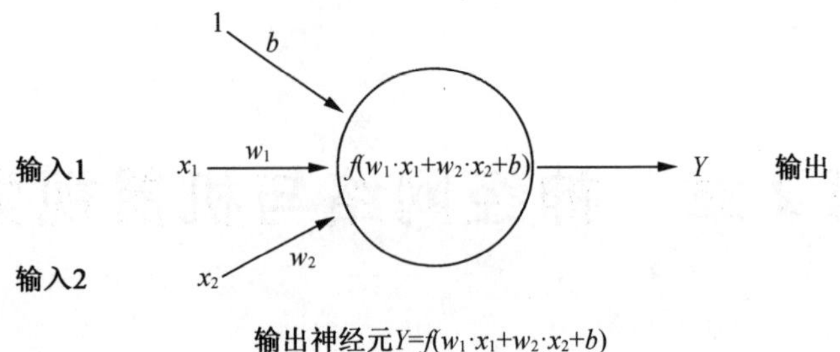

图 2－1　神经元函数示意图

由图 2－1 可以看出，除了权重外，还有一个输入值是 1 的偏置值(bias)。这里的函数f就是一个被称为激活函数的非线性函数。它的作用是给神经元的输出引入非线性。因为现实世界中的数据都是非线性的，因此我们希望神经元可以学习到这些非线性的表示。

下面是一些比较常见的激活函数。

sigmoid：输出范围是[0,1]。

$$\sigma(x)=\frac{1}{1+\mathrm{e}^{-x}}$$

tanh：输出范围是[－1,1]。

$$\tanh x=\frac{\mathrm{e}^{x}-\mathrm{e}^{-x}}{\mathrm{e}^{x}+\mathrm{e}^{-x}}=2\sigma(2x)-1$$

ReLU：

$$f(x)=\max(0,x)$$

图 2－2 给出了上述激活函数的图像。

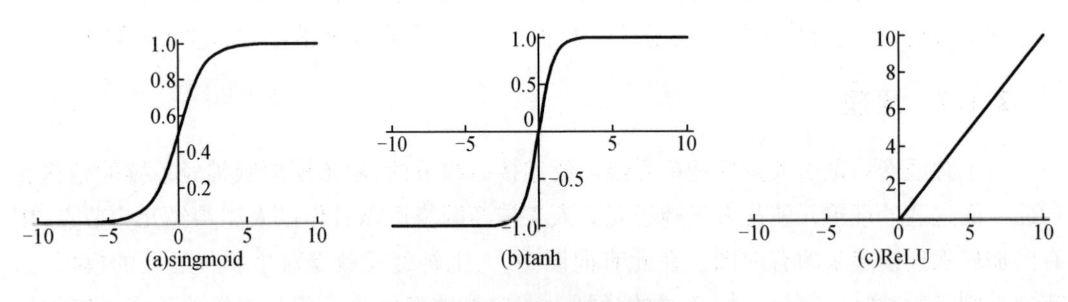

图 2－2　激活函数的图像

偏置值的作用是可以提供给每个神经元一个可训练的常量值。

2. 前向神经网络

前向神经网络是第一个也是最简单的人工神经网络。图 2－3 给出了一个简单的前向神经网络的示意图。这个神经网络分为 3 个网络层，分别是输入层(input layer)、隐藏层(hidden layer)和输出层(output layer)，每个网络层都包含有多个神经元，每个神经元都会跟相邻的前一个层的神经元有连接，这些连接其实也是该神经元的输入。根据神经元所在层的不同，前向神经网络的神经元也分为 3 种，分别为：

(1)输入神经元:位于输入层,主要是将来自外界的信息传入神经网络,比如图片信息、文本信息等。这些神经元不需要执行任何计算,只是作为传递信息,或者说是数据进入隐藏层。

(2)隐藏神经元:位于隐藏层,隐藏层的神经元不与外界有直接的连接,它都是通过前面的输入层和后面的输出层与外界有间接的联系。图 2-3 只有一个网络层,但实际上隐藏层的数量是可以有很多的,当然也可以没有,那就是只有输入层和输出层的情况了。隐藏层的神经元会执行计算,将输入层的输入信息通过计算进行转换,然后输出到输出层。

(3)输出神经元:位于输出层,输出神经元就是将来自隐藏层的信息输出到外界,也就是输出最终的结果,如分类结果等。

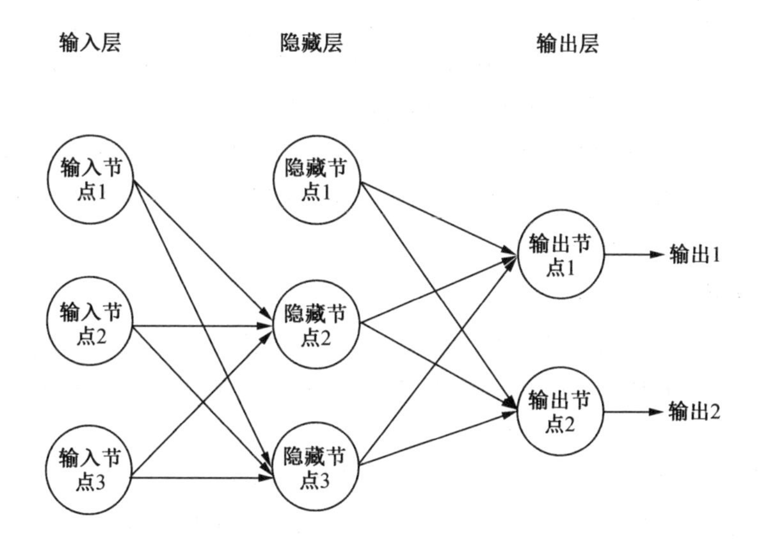

图 2-3 简单的前向神经网络示意图

前向神经网络中,信息是从输入层传递到输出层,只有前向这一个方向,没有反向传播,也不会循环。

下面是两个前向神经网络的例子:

(1)单层感知器——最简单的前向神经网络,并且不含任何隐藏层。

(2)多层感知器(MLP)——拥有一个或多个隐藏层。

2.1.3 分类

1. 多层感知器

多层感知器是一类前馈人工神经网络。感知器这个术语是指单个神经元模型,它是大型神经网络的前体。

MLP 包括节点的 3 个主要层:输入层、隐藏层和输出层。在隐藏层和输出层中,每个节点都被视为使用非线性激活函数的神经元。MLP 使用一种称为反向传播的监督式学习技术进行训练。初始化神经网络时,其为每个神经元设置权重。反向传播有助于调整神经元权重,以获得更接近预期的输出。

对于涉及表格数据集、分类预测问题和回归预测问题的项目,使用 MLP 最理想。

2. 卷积神经网络

卷积神经网络(CNN)模型处理具有网格图案(如图像)的数据。它旨在自动学习特征的空间层次结构。CNN 通常包括 3 种类型的层:卷积层、池化层和完全连接的层。

卷积层和池化层执行特征提取任务,这些提取的特征由完全连接的层映射到最终输出中。CNN 最适合图像处理,如图像识别、图像分类、对象检测和人脸识别均是 CNN 的应用场景。

3. 递归神经网络

在递归神经网络(RNN)中,前一步的输出将作为输入被反馈回到当前步骤。RNN 中的隐藏层实现这种反馈。该隐藏状态可以存储有关序列中之前步骤的一些信息。

RNN 中的"内存"可帮助模型记住已计算的所有信息。

RNN 是使用较广泛的神经网络类型之一,主要是由于 RNN 具有很强的学习能力,而且能够执行诸如学习手写或语言识别之类的复杂任务。RNN 适用的其他领域包括预测问题、机器翻译、视频标记、文本摘要,甚至音乐创作。

4. 深度信念网络

深度信念网络(DBN)使用概率和无监督学习来生成输出。DBN 由二进制潜在变量、无向层和有向层组成。DBN 有别于其他模型,原因是每一层都按顺序进行调节,每一层都学习整个输入。

在 DBN 中,每个子网的隐藏层都是下一个子网的可见层。这种组合可以实现快速的逐层无监督训练过程:对比差异应用于每个子网,从最低可见层开始。贪婪算法用于训练 DBN。学习系统每次取一层,因此每一层收到不同版本的数据,每一层都将前一层的输出作为其输入。

DBN 主要应用于图像识别、视频识别和运动捕获数据。

5. 受限玻尔兹曼机

玻尔兹曼机(RBM)是一种生成式非确定性(也称为随机)神经网络,可学习其输入集的概率分布。RBM 是组成深度信念网络构建模块的浅度两层神经网络。RBM 中的第一层名为可见层或输入层,第二层名为隐藏层。它由名为节点的类似神经元的单元组成,节点跨层相互连接,但不在同一层内。

RBM 通常用于降维、推荐系统和主题建模等应用场景。不过,近年来生成式对抗网络(GAN)在渐渐取代 RBM。

2.2　卷积神经网络

卷积神经网络是专为计算机视觉领域设计的架构,适用于处理诸如图像分类、图像识别之类的任务。

卷积神经网络由 Yann LeCun 在 1998 年提出,然而那时候公众和业界对人工智能相关领域的关注度很低,他的研究在当时无人问津。直到 2012 年,在 ImageNet 比赛中获胜团队使用了这一架构拔得头筹,这才引起人们广泛关注。随后 CNN 一飞冲天,迅速流行起来,并被应用到大量计算机视觉领域研究中。如今,使用最先进的卷积神经网络算法进行图像识别时,甚至可以超过人类肉眼识别的准确率。

2.2.1　理论背景

卷积神经网络的出现源于对视神经感受野的研究,远早于相关计算模型的发展。其中,前馈全连接人工神经网络的思路来源于对生物细胞的生理连接规律的研究。类似地,卷积网络则是从动物大脑的学习方式获得灵感。20 世纪 50 年代至 60 年代,Hubel 和 Wiesel 的研究揭示了猫与猴子的大脑皮层中负责视觉的部分包含了能响应极小视野的神经元。如果眼睛不动,视觉刺激影响单个神经元放电的视觉空间区域称为感受野(receptive field)。相邻的细胞有相似和重叠的接收区。感受野的大小和位置在整个大脑皮层上有系统的变化,从而形成完整的视觉空间图。

在 Hubel 等的论文中,描述了大脑中两种基本类型的视觉神经细胞、简单细胞和复杂细胞,每种的行为方式都不同。例如,当识别到某个固定区域里呈某一角度的线条时,简单细胞就会被激活。复杂细胞的感受野更大,其输出对其中的特定位置不敏感。这些细胞即便在视网膜的位置发生了变化也会继续对某种刺激做出反应。

1984 年,日本学者 Fukushima 基于感受野的概念提出了一种层次化的神经网络模型,命名为新认知机(neocongnitron)。神经认知机可以看作卷积神经网络的第一个实现网络,在研发初期用于手写字母的识别,这标志着生物视觉系统感受野的概念在人工神经网络领域得到首次应用。受简单和复杂细胞概念的启发,新认知者能够通过学习物体的形状来识别模式。

1998 年,Yann LeCun 等引入了卷积神经网络。第一版的 CNN 叫作 LeNet - 5,能够分类手写数字。

本节我们阐述神经认知机的大致思路。在神经认知机中包含两类神经元:一类是承担特征抽取的 S - cells 元,另一类是抗变形的 C - cells 元。S - cells 元中有两个重要参数,分别是感受野和阈值。其中,感受野用于确定输入连接的数目,阈值则用于控制对子特征的反应程度。神经认知机试图将视觉系统模型化,它将一种视觉模式分解为许多子模式(子特征),而 S - cells 元就是负责子特征提取的神经元,其功能类比于现代卷积神经网络中的卷积核滤波操作。

在传统的神经认知机中,C - cells 元会对每个 S - cells 元的感光区施加正态分布的视觉模糊量。类比于现代的卷积神经网络,相当于 C - cells 元激活函数、最大池化等操作。之后,为了提高神经认知机的一些功能,Fukushima 还提出了带双 C - cells 元层的改进型神经认知机。

CNN 在一些设计思路上受到了早期延时神经网络的影响。在使用反向传播进行训练的 TDNN 取得成功之后,Yann LeCun 教授在 1989 年将相同的训练算法应用于图像的二维卷积,这才促成了现代卷积神经网络的发展。以 Yann LeCun 教授的 LeNet - 5 网络为代表的早期卷积神经网络模型开创了现代卷积神经网络的先河。

CNN 的成功之处在于,它利用二维空间关系(尤其是图像的二维空间关系)达到了减少需要学习的参数数目的目的。作为第一批能够使用反向传播进行训练的深度网络之一,它还在一定程度上提高了 BP 算法的训练性能。在 CNN 中,图像的一小部分(局部感受区域)作为神经网络结构的最原始输入,图像信息会在网络中逐层前向传递(卷积神经网络也属于前馈网络),每层通过一个数字滤波器对测到的数据进行特征提取。

2.2.2 卷积网络的架构

人工神经网络的许多概念可以作为单独的实体来实现,用于执行推理和训练阶段的计算。

1. 卷积层

卷积层是卷积神经网络的核心部分。它假定输入是具有一定宽度、高度和深度的三维形状。对于第一个卷积层,它通常是一个图像,最常见的深度是 1(灰度图像)或 3(带 RGB 通道的彩色图像)。前一层生成一组特征映射(这里的深度是输入特征映射的数量)输入到后一层。这里假设需要处理深度为 1 的输入,然后转换为二维结构。

所以,卷积层所做的,本质上是一个具有核的图像卷积,一种非常常见的图像处理操作,例如可以用来模糊或者锐化图像,但讨论卷积网络时并不关心这些。根据使用的核,图像卷积可以用来寻找图像中的某些特征,如垂直、水平边缘,角或圆等更复杂的特征。

计算一下卷积,假设有 $n \times m$ 阶矩阵 $\boldsymbol{K}$(核)和 $\boldsymbol{I}$(图像),那么卷积可以写成这些矩阵的点积形式为

$$\boldsymbol{K} * \boldsymbol{I} = \sum_{i=1}^{n} \sum_{j=1}^{m} K_{n-i+1,m-j+1} * I_{i,j} \tag{2-1}$$

例如,对于 3×3 的矩阵,计算它们的卷积如下:

$$\begin{bmatrix} a & b & c \\ d & e & f \\ g & h & i \end{bmatrix} * \begin{bmatrix} 1 & 2 & 3 \\ 4 & 5 & 6 \\ 7 & 8 & 9 \end{bmatrix} = i*1 + h*2 + g*3 + f*4 + e*5 + d*6 + c*7 + b*8 + a*9$$

式(2-1)的卷积定义是从信号处理领域借鉴过来的,核经过了垂直和水平翻转。更直接的计算方法是 $\boldsymbol{K}$ 和 $\boldsymbol{I}$ 不进行翻转,直接进行正常点积。这种操作称为互相关,定义为

$$\boldsymbol{K} * \boldsymbol{I} = \sum_{i=1}^{n} \sum_{j=1}^{m} K_{i,j} * I_{i,j}$$

在信号处理中,卷积和互相关具有不同的性质,并且用于不同的目的。但是在图像处理和神经网络里,这些差异变得很细微,通常使用互相关来计算。对于神经网络来说,这点差异并不重要。可以看到,这些“卷积”核实际上是神经网络需要学习的权重。所以,由网

络决定哪个核需要学习,翻转还是不翻转。

上述内容了解了如何计算两个相同大小矩阵的卷积。但是,在实际图像处理中,通常以 3 ×3、5 ×5 或 7 ×7 等大小的正方形矩阵作为核,图像可以是任意大小的。为了计算图像卷积,在整个图像上移动核,并在每个可能的位置计算加权和。在图像处理中,这个概念被称为滑动窗口。从图像的左上角开始,计算这一小区域(大小和核相同)的卷积,然后将核右移一个像素,计算出另一个卷积。不断重复,完成第一行每个位置的计算,然后从第二行开始,继续重复前面的计算。这样,处理完整个图像处理,就能得到一个特征图,其中包含了原图每个位置的卷积值。

图 2 -4 给出了图像卷积的计算过程。对于 8 ×8 的输入图像和 3 ×3 的核,计算得到 6 ×6 的特征图。

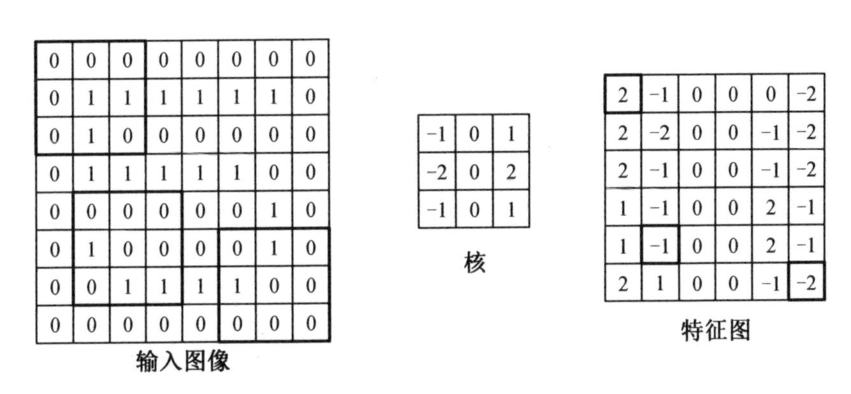

图 2 -4　图像卷积演示

图 2 -4 的 3 ×3 卷积核是设计用来查找对象的左边缘的(从滑动窗口的中心看,右侧有一条垂直直线)。特征图中的高正值表示存在要查找的特征,零表示没有特征。对于这个例子,负值表示存在“反转”特征,也就是对象的右边缘。

当计算卷积时,特征图比原图小。使用的核越大,得到的特征图就越小。对于 $n \times m$ 的核,输入图像的大小将丢失 $(n-1)\times(m-1)$。因此,上面的例子如果用 5 ×5 的核,那特征图将只有 4 ×4。多数情况下,需要特征图和原图等大,这时就要填充特征图,一般用 0 填充。假设原图大小为 8 ×8,而核为 5 ×5,那么需要先把原图填充到 12 ×12,添加 4 个额外的行和列,每侧各 2 行/列。

接下来要研究怎样将这些内容运用到前面定义的卷积层中。为了保持简单,继续使用图 2 -4 的例子。在这种情况下,输入层有 64 个节点,卷积层有 36 个神经元。与全连接层不同的是,卷积层的神经元只与前一层的一小部分神经元相连,卷积层中的每个神经元的连接数与它所实现的卷积核中的权重数相同,在上面的例子中是 9 个连接(核大小为 3 × 3)。因为假定卷积层的输入具有二维形状(一般是三维的),所以这些连接是对先前神经元的矩形组进行的,该组神经元的形状与使用中的内核相同。以前连接的神经元组对于卷积层的每个神经元是不同的,但是它确实与相邻的神经元重叠。使用滑动窗口法计算图像卷积时,这些连接的方式与选择原图像素的方式相同。

忽略全连接层和卷积层的神经元与前一层的连接数不同,并且这些连接具有一定的结构这样的事实后,这两个层可以看作基本相同,即计算输入的加权和已产生输出。它们的区别是卷积层的神经元共享权重。因此,如果一个层做一个 3×3 的卷积,那么它只有一组权重,即 9。每个神经元都共享这个权重,用于计算加权和。而且,尽管没有提到,卷积层也为加权和增加了偏差值,这也是共享的。表 2-1 总结了全连接层和卷积层之间的区别。

表 2-1　全连接层和卷积层对比

全连接层	卷积层
不假设输入结构	假设输入为 2D 形状(通常是 3D)
每个神经元都连接到前一层所有神经元	每个神经元连接到前一层的矩形组,连接数等于卷积核的权重数
每神经元 64 个连接	每神经元 9 个连接
每个神经元有自身的权重和偏差值	共享权重和偏差值
共 2 304 个权重,36 个偏差值	共 9 个权重,1 个偏差值

前面的思考均基于卷积层的输入和输出,都是二维假设。但是,通常实际的输入和输出都具有三维形状。首先,从输出开始,每个卷积层计算不止一个卷积。设计人工神经网络时,可以对它所能做的卷积数量进行配置,每个卷积使用自己的一组权重(核)和偏差值,从而生成不同的特征图。前面提到过,不同的核可以用来寻找不同的特征直线、曲线、角等。因此,通常会求得一些特征图,以突出不同特征。这些图的计算方法很简单,只要在卷积层中添加额外的神经元群,这些神经元以单核的方式连接到输入端,就可以完成卷积的计算。尽管这些神经元具有相同的连接模式,但它们共享不同的权重和偏差值。还是用上面的例子,假设将卷积层配置为执行 5 个卷积,每个执行 3×3 的卷积,这种情况下输出数量(神经元数量)是 36×5=180。5 组神经元组织成二维形状并重复相同的连接模式,每组都有自己的权重/偏差集,于是可得 45 个权重和 5 个偏差值。

接下来讨论输入的三维性质。对于第一层卷积层,多半都是图像,要么是灰度图(2D),要么是 RGB 彩图(3D)。对于后续的卷积层,输入的深度等于前一层计算的特征图的数量(卷积的数量)。输入深度越大,与前一层连接的数量越多,卷积层中的神经元数量就越少。此时使用的实际上是 3D 的卷积核,大小为 $n \times m \times d$,其中 d 是输入深度。可以认为每个神经元都从各自的输入特征图增加了额外的连接。2D 输入的情况下,每个神经元连接到输入特征图的 $n \times m$ 矩形区域。3D 输入的情况下,每个神经元连接的是这些区域同样的位置,只是它们具有来自不同输入特征图的数字 d。

现在已经将卷积层推广到了三维上,也提到了偏差值。针对卷积核中每个 (x,y),式(2-1)可以表示为

$$K^{(f)} * I_{y,x} = \sum_{l=1}^{d}\sum_{i=1}^{n}\sum_{j=1}^{m}\left[K_{l,i,j}^{(f)} * I_{l,y+i-1,x+j-1} + b^{(f)}\right], \quad f = 1,2,\cdots,z \tag{2-2}$$

总结卷积层的参数:在生成全连接层时,只用到输入神经元数量和输出神经元数量两个参数。生成卷积层时,不需要指定输出的数量,只用指定输入的形状 $h \times w \times d$,以及核的

形状 $n \times m$ 和数量 z。因此,有 6 个量,即

(1)h:输入特征图的高度;

(2)w:输入特征图的宽度;

(3)d:输入深度(特征图的数量);

(4)n:卷积核高度;

(5)m:卷积核宽度;

(6)z:卷积核数量(输出特征图的数量)。

卷积核的实际大小取决于指定的输入,因此可以得到 z 个 $n \times m \times d$ 大小的卷积核,假设没有填充输入,这时输出的大小应为 $(h-n+1) \times (w-m+1) \times z$。

2. ReLU 激活函数

ReLU 激活函数也就是 rectifier 激活函数,对卷积神经网络来说,它不是新概念。随着更深层次的神经网络的兴起,ReLU 激活函数得到了广泛的推广,该函数的曲线图如图 2-5(a)所示。

深度神经网络遇到的另一个问题是消失梯度问题。当使用基于梯度的学习算法和反向传播算法训练人工神经网络时,每个神经网络的权重都与当前权重相关的误差函数偏导数成比例变化。问题是在某些情况下,梯度值可能小到不会改变权重值。这一问题的原因之一是使用了传统的激活函数,如 sigmoid 和 tanh。这些函数的梯度在 $(0,1)$ 范围内,大部分的值接近 0。由于误差的偏导数是用链式法则计算出来的,对于一个 n 层网络,这些小数字会乘上 n 次,梯度将呈指数递减。结果就是,深度神经网络在训练"前面的"层时非常缓慢,sigmoid 函数的曲线图如图 2-5(b)所示。

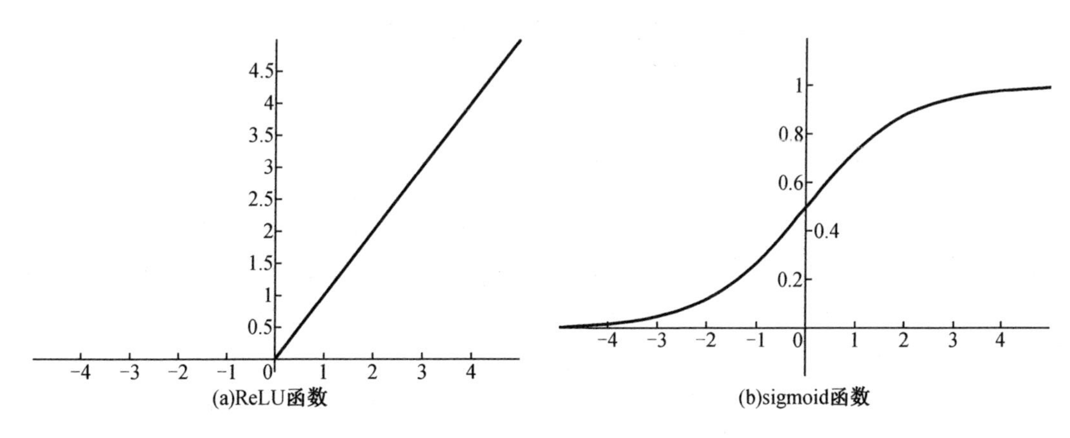

图 2-5　两个激活函数

ReLU 函数的定义为 $f(x) = \max(0,x)$。它最大的优点是对于 $x>0$ 的值导数总是 1,所以它允许更好的梯度传播,从而加快深度人工神经网络的训练速度。与 sigmoid 和 tanh 函数相比,它的计算效率更高,速度更快。

虽然 ReLU 函数存在一些潜在的问题,但目前为止,它依然是深度神经网络中使用最成功、最广泛的激活函数之一。

3. 池化层

实践中经常会为卷积层生成一个池化层(pool layer)。池化的目的是减少输入的空间尺寸,减少神经网络中的参数和计算量。这也有助于控制过拟合(over - fitting)。

最常见的池化技术是平均池化和最大池化。以最大池化为例,使用 2×2 过滤器,跨距为 2 的最大池化。对于 $n \times m$ 的输入,通过将输入中的每个 2×2 区域替换为单个值(该区域中 4 个值的最大值),得到 $2n \times 2m$ 的结果。通过设置与池化区域大小相等的跨距,可以保证这些区域相邻而不重叠。图 2 - 6 演示了用于 6×6 输入图的过程。

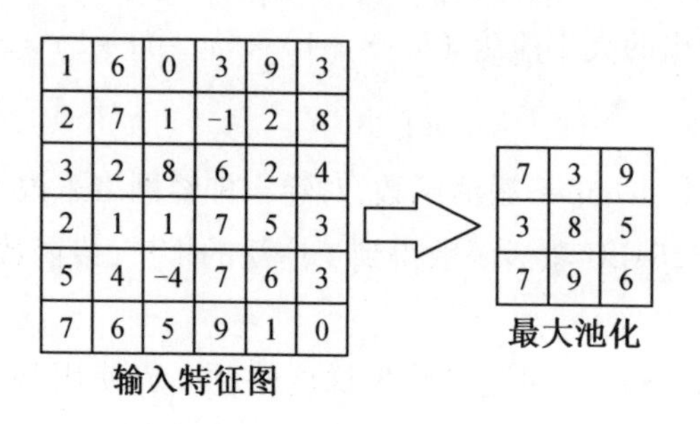

图 2 - 6 池化

池化层使用二维特征图,并且不影响输入深度。如果输入包含由前一个卷积层生成的 10 个特征图,那么池化将分别应用于每个图。所以,通过池化能生成相同数量的特征图,但特征图的尺寸会更小。

2.3 典型 CNN 架构模型

2.3.1 LeNet - 5 卷积网络模型

LeNet - 5 卷积神经网络是一个专为手写数字识别而设计的经典卷积神经网络,是早期卷积神经网络中最具代表性的实验系统之一。它源于 Yann LeCun 于 1998 年发表的论文 *Gradient-based learning applied to document recognition*,对于现代卷积神经网络的研究仍具有指导意义。

如果是在 MNIST 数据集上,LeNet - 5 模型可以达到约 99.4% 的准确率。20 世纪 90 年代,基于此神经网络模型而设计出的手写数字识别系统被广泛应用于美国的多家银行,进行支票手写数字识别。

根据 Yann LeCun 教授发表的论文的内容,LeNet - 5 模型共有 8 层(包括输入层和输出层)。图 2 - 7 展示了 LeNet - 5 模型的整体框架结构。

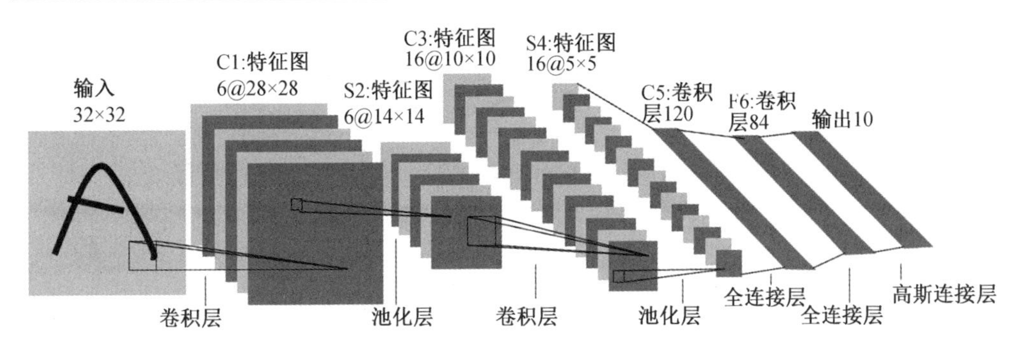

图 2－7　LeNet－5 模型的整体框架结构

LeNet－5 包含了卷积网络的基本组成部分，即卷积层、池化层及全连接层。LeNet－5 为 5 层的卷积神经网络，由 3 层卷积层和 2 层全连接层组成，如其模型相关参数如表 2－2 所示。

表 2－2　LeNet－5 卷积网络模型相关参数

网络层	类型	特征图	尺寸	核大小	步长	激活函数
输出层	全连接层	10	None	None	None	RBF
F6	全连接层	None	84	None	None	tanh
C5	卷积层	120	1×1	5×5	1	tanh
S4	池化层	16	5×5	2×2	2	tanh
C3	卷积层	16	10×10	5×5	1	tanh
S2	池化层	6	14×14	2×2	2	tanh
C1	卷积层	6	28×28	5×5	1	tanh
输入层	输入	1	32×32	None	None	None

1. 输入层

输入层为 32×32 大小的灰色图像。通常输入层不计入神经网络层数。

MNIST 数据集图像大小为 28×28，因此在输入网络前对图像四周进行 0 填充，使得大小变为 32×32，并且对像素值进行归一化处理。

2. 卷积层 1

输入：1 个 32×32 的图像。

卷积：卷积层 1 选取 6 个 5×5 的卷积核，步长为 1，非全 0 填充，因此输出图像宽度为 $(32-5+1)/1=28$。

参数：$6\times5\times5+6\times1=156$。

连接数：$(5\times5+1)\times6\times28\times28=122\ 304$。

输出：6 个 28×28 的特征图。

3. 降采样层 2

输入：6 个 28×28 的特征图。

参数:6 ×1 +6 ×1 =12。

连接数:(2 ×2 +1) ×6 ×14 ×14 =5 880。

输出:6 个 14 ×14 的特征图。

该层在 LeNet -5 中称作降采样层(sub-sampling layer),使用了 6 个 2 ×2 的卷积核,具体运算过程为:2 ×2 的视野中 4 个数求和后乘上一个可训练的权重并加上一个偏置值。

注意:目前卷积神经网络普遍的做法是平均池化或最大池化,最大池化更常用。因此这一层池化层改进为平均池化或最大池化即可,不用再乘以权重和加上偏置值。

4. 卷积层 3

输入:6 个 14 ×14 的特征图。

卷积:卷积层 2 选取 16 个 5 ×5 的卷积核,步长为 1,非全 0 填充,因此输出图像宽度为(14 -5 +1)/1 =10。

参数:6 ×(3 ×5 ×5 +1) +6 ×(4 ×5 ×5 +1) +3 ×(4 ×5 ×5 +1) +1 ×(6 ×5 ×5 +1) =1 516。

连接数:(3 ×5 ×5 +1) ×6 ×10 ×10 +(4 ×5 ×5 +1) ×6 ×10 ×10 +(4 ×5 ×5 +1) ×3 ×10 ×10 +(6 ×5 ×5 +1) ×1 ×10 ×10 =151 600。

输出:16 个 10 ×10 的特征图。

注意:按如下要求对图 2 -8 中的特征图进行分类。

(1)3 个相连数分成一类,6 个特征图可以数出来 6 个不一样的;

(2)4 个相连数分成一类,6 个特征图可以数出来 6 个不一样的;

(3)4 个相连数不超过两个的分为一类,6 个特征图可以数出来 3 个不一样的;

(4)6 个相连数分成一类,6 个特征图可以数出来 1 个。

这样,输出特征图深度为 6 +6 +3 +1 =16,卷积核大小依然为 5 ×5,因此总共有 1 516 个参数,而图像大小为 10 ×10,所以共有 151 600 个连接。

	0	1	2	3	4	5	6	7	8	9	10	11	12	13	14	15
0	X				X	X	X			X	X	X	X		X	X
1	X	X				X	X	X			X	X	X	X		X
2	X	X	X				X	X	X			X		X	X	X
3		X	X	X			X	X	X	X			X		X	X
4			X	X	X			X	X	X	X		X	X		X
5				X	X	X			X	X	X	X		X	X	X

图 2 -8　特征图

5. 降采样层 4

输入:16 个 10 ×10 的特征图。

参数:16 ×(1 +1) =32。

连接数:(2 ×2 +1) ×16 ×5 ×5 =2 000。

输出:16 个 5 ×5 的特征图。

6. 卷积层 5

输入:16 个 5 ×5 的特征图。

卷积:卷积层 5 选取 120 个 5 ×5 的卷积核,步长为 1,非全 0 填充,因此输出图像宽度为(5 -5 +1)/1 =1。

参数:120 ×(25 ×16 +1) =48 120。

连接数:120 ×(25 ×16 +1) =48 120。

输出:120 个 1 ×1 的特征图。

注意:总共生成 120 个特征图,每个特征图与上一层所有的特征图相连接,卷积核大小为 5 ×5,因此共有 120 ×(25 ×16 +1) =48 120 个连接。

7. 全连接层 6

输入:120 维的向量。

神经元:84 个。

参数:120 ×84 +84 =10 164。

连接:120 ×84 +84 =10 164。

输出:84 维的向量。

8. 输出层 7

输入:84 维的向量。

神经元:10 个。

参数:0(由于输出层采用的是径向基函数,所以参数个数为 0)。

连接数:84 ×10 =840。

输出:10(对应 10 个分类结果)。

输出层由欧式径向基函数(euclidean radial basis function)单元组成,每类一个单元,每个单元有 84 个输入,每个输出的 RBF 单元计算输入向量和参数向量之间的欧式距离,输入离参数向量越远,RBF 输出的越大。用概率术语来说,RBF 输出可以被理解为 F6 层配置空间的高斯分布的负 log – likelihood。给定一个输出,损失函数应能使 F6 的配置与 RBF 参数向量(即模式的期望分类)足够接近。

模型特点:

(1)每个卷积层包含三个部分:卷积、池化和非线性激活函数。

(2)使用卷积提取空间特征。

(3)降采样的平均池化层。

(4)双曲正切或 S 型的激活函数 MLP 为最后的分类器。

(5)层与层之间的稀疏连接减少了计算复杂度。

2.3.2　AlexNet 卷积网络模型

LeNet –5 经典卷积神经网络模型在实现过程中缺乏对更大、更多的图片进行分类的能力。2012 年,Hinton 的学生 Alex Krizhevsky 借助深度学习的相关理论提出了深度卷积神经网络模型 AlexNet。在2012年的ILSVRC竞赛中,AlexNet 模型取得了 Top-5 错误率为15.3%的好成绩,相较于 Top-5 错误率为16.2%的第二名,以明显优势胜出。从此,AlexNet 成为 CNN 领域比较有标志性的网络模型。

AlexNet 网络共有卷积层5个、池化层3个、全连接层3个(包含输出层)。其模型如图2-9所示。

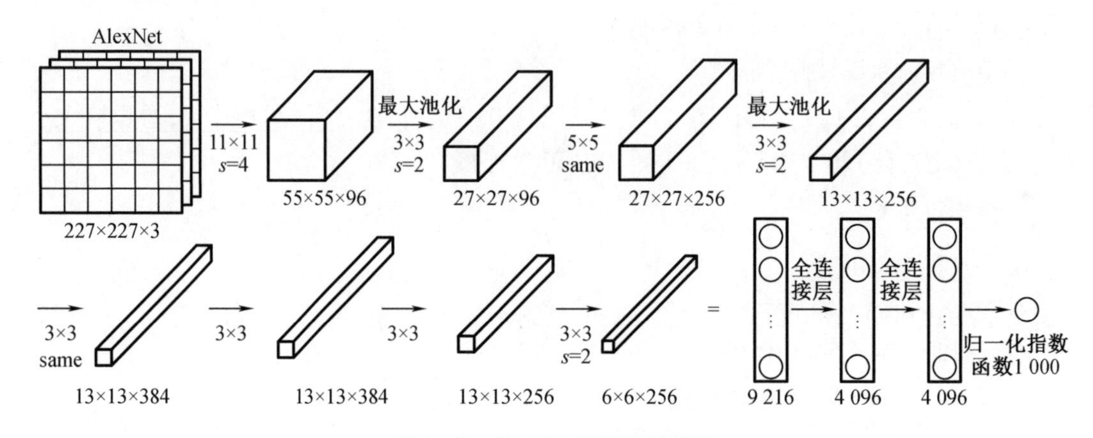

图2-9 AlexNet 卷积网络模型

图2-9下边是连续卷积层,same 的意思是通过设置步幅(s)和填充,使得特征图的尺寸不变。一般卷积层后面会跟着 ReLU 层,只是图中没有展示。

AlexNet 网络结构图如图2-10所示,由并行的两部分组成。

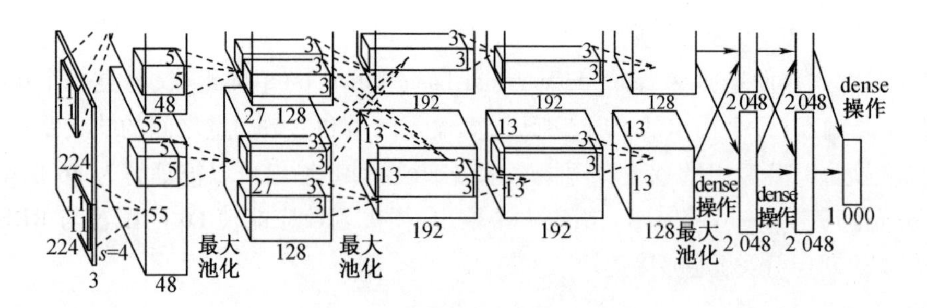

图2-10 AlexNet 网络结构图

注:图中只展示了5个卷积层和全连接层,没有展示池化层。

1. 具体模块组成及介绍

卷积神经网络的结构并不是各层的简单组合,它是由一个个模块有机组成的。在模块内部,各个层的排列是有讲究的,如 AlexNet 的结构图是由八个模块组成的。

(1)AlexNet 模块一和模块二

结构类型:卷积-激活函数-降采样(池化)-标准化,如图2-11所示。

前两个模块是 CNN 的前面部分,构成了一个计算模块,是一个卷积过程的标配。从宏观角度来看,就是一层卷积一层降采样的循环,中间适当地插入一些函数来控制数值的范围,以便后续的循环计算。AlexNet 模块一和模块二的结构图分别如图 2 - 11、图 2 - 12 所示。

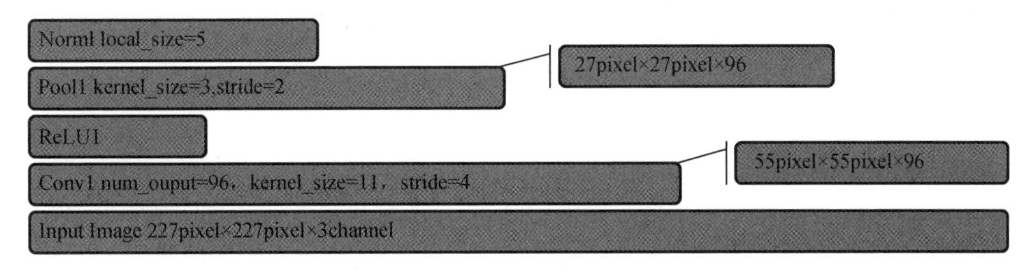

图 2 - 11　AlexNet 模块一的结构图

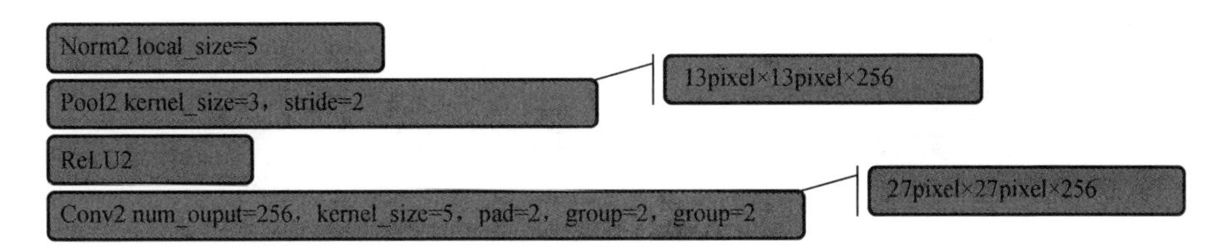

图 2 - 12　AlexNet 模块二的结构图

(2) AlexNet 模块三和模块四

模块三和模块四也是两个 same 卷积过程,与模块一、模块二的差别是少了降采样(池化层),这跟输入的尺寸有关,特征的数据量已经比较小了,所以没有降采样。AlexNet 模块三和模块四的结构图如图 2 - 13 所示。

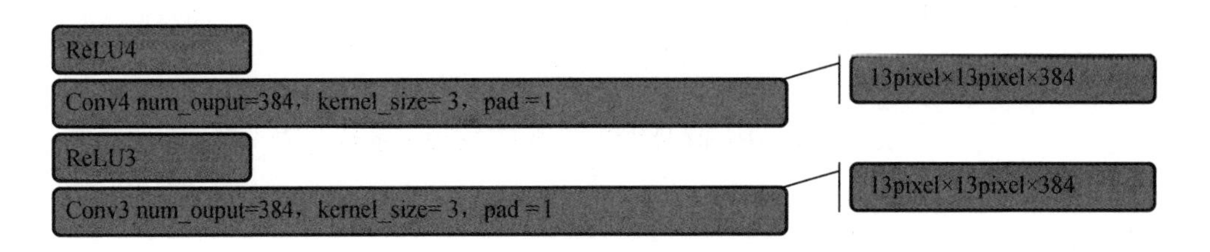

图 2 - 13　AlexNet 模块三和模块四的结构图

(3) AlexNet 模块五

模块五与模块一和模块二一样,也是一个卷积和池化过程。其输出是 6 ×6 的小块(一般设计可以到 1 ×1 的小块,由于 ImageNet 的图像大,所以 6 ×6 也是正常的)。原来输入 227 ×227 的图像变成 6 ×6 的图像,其主要原因归功于降采样(池化层)。当然,卷积层也会使图像变小,一层层地下去,图像变得越来越小。AlexNet 模块五的结构图如图 2 - 14 所示。

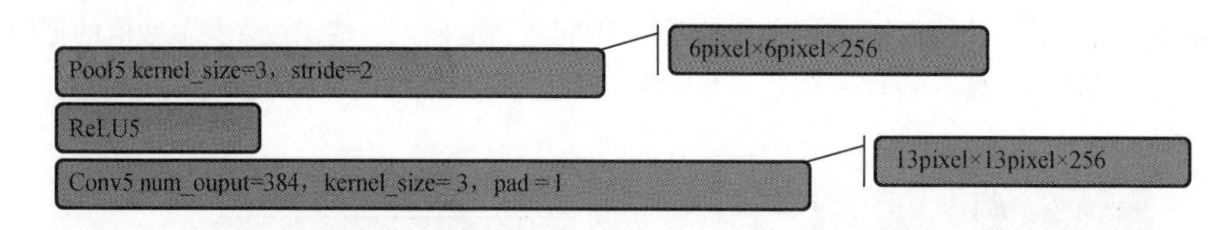

图 2-14 AlexNet 模块五的结构图

(4) AlexNet 模块六、模块七和模块八

模块六和模块七是全连接层。全连接层与人工神经网络的结构是一样的,结点数很多,连接线也很多,所以可以引出一个扔掉(dropout)层,来去除部分没有足够激活的层。

模块八是输出的结果,结合 softmax 做出分类。有几类,输出几个结点,每个结点保存的是属于该类别的概率值。AlexNet 模块六、模块七和模块八的结构图如图 2-15 所示。

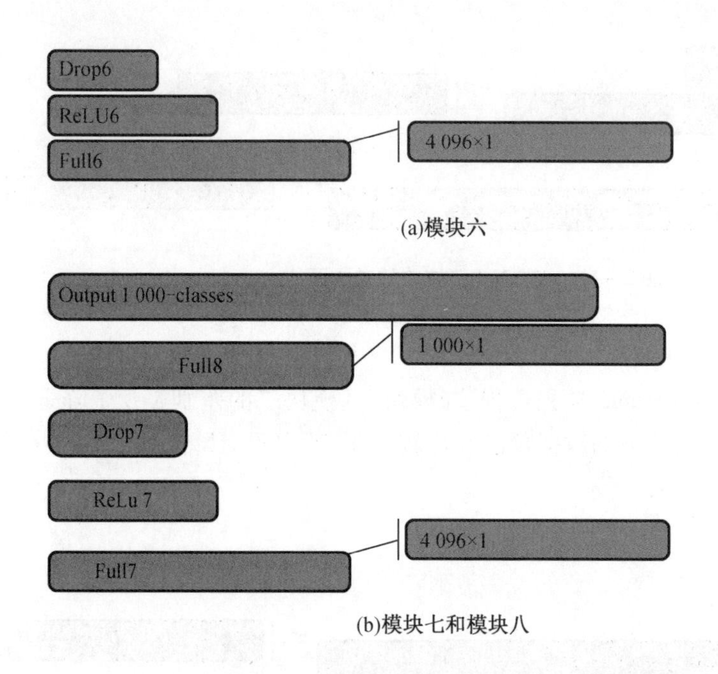

图 2-15 AlexNet 模块六、模块七和模块八的结构图

2. AlexNet 卷积网络模型总结

(1)输入尺寸:227 ×227 ×3。

(2)卷积层:5 个。

(3)降采样层(池化层):3 个。

(4)全连接层:2 个。

(5)输出层:1 个。1 000 个类别。

2.3.3 GoogLeNet 卷积网络模型

GoogLeNet 是非常具有代表性的卷积神经网络之一,由谷歌公司的 Christian Szegedy 等设计提出,并在 2014 年 ImageNet 挑战赛中获得第一名。GoogLeNet 不同于之前的经典网络,(如 AlexNet、LeNet 或 VGG),它的设计更加颠覆传统。比如,它引入了 1×1 卷积核,使得整个网络虽然更深(22 层 Inception 网络层),但只需要训练很少的参数(500 万),约为 AlexNet 的十分之一。

1. 1×1 卷积核的意义

卷积神经网络的卷积核大小通常是“奇数×奇数”的模式,以 3×3, 5×5, 7×7 为常见大小,这些卷积核能够识别出固定像素区域内的特征。试想一下,当我们使用 1×1 大小的卷积核时,其实就意味着后续的输出尺寸与原输出尺寸相同,只不过在深度上有所改变,这与过滤器的个数相关。图 2-16 所示为 1×1 卷积核的运行结果。

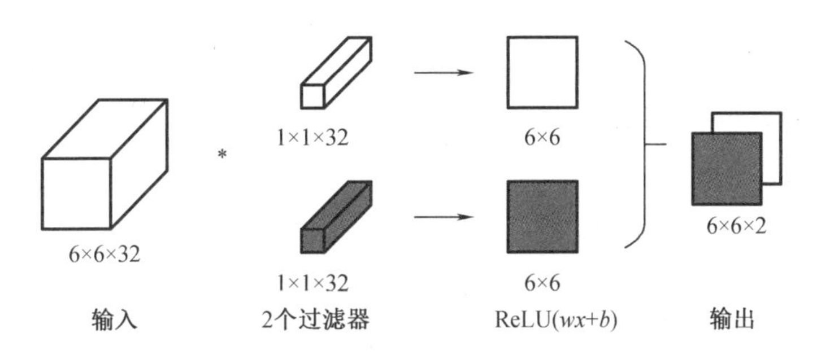

图 2-16　1×1 卷积核的运行结果

因此,人们一般在网络中设置 1×1 的过滤器用来改变前一层神经网络的深度(即输入的 32)。在 Inception 网络层中,人们使用 1×1 的网络主要是为了减少所需的运算次数。也有观点认为,使用 1×1 卷积核使得感受野能堆叠更多的卷积,从而获得更多的特征。

2. 朴素版 Inception 网络层

Inception 的朴素版网络结构如图 2-17 所示,图 2-17(a)描述了 Inception 的具体连接方式,图 2-17(b)是 Inception 的概要结构。假设输入是一个 28×28×192 的立方体,Inception 会进行并行的点乘操作,对象分别是 3 种不同尺寸的过滤器,依次是 1×1×192, 3×3×192 和 5×5×192,它们的个数依次是 64,128 和 32。其中,3×3 和 5×5 的过滤器均使用了 same 卷积的填充方式保证其输出结果也是 28×28 的大小。此外,Inception 还增加了一个最大池化操作,该池化得到的结果是 28×28×192 的立方体。

最终,将 4 种类型的立方体“连接”起来,构成了 Inception 网络的最终输出,其大小为 28×28×416。

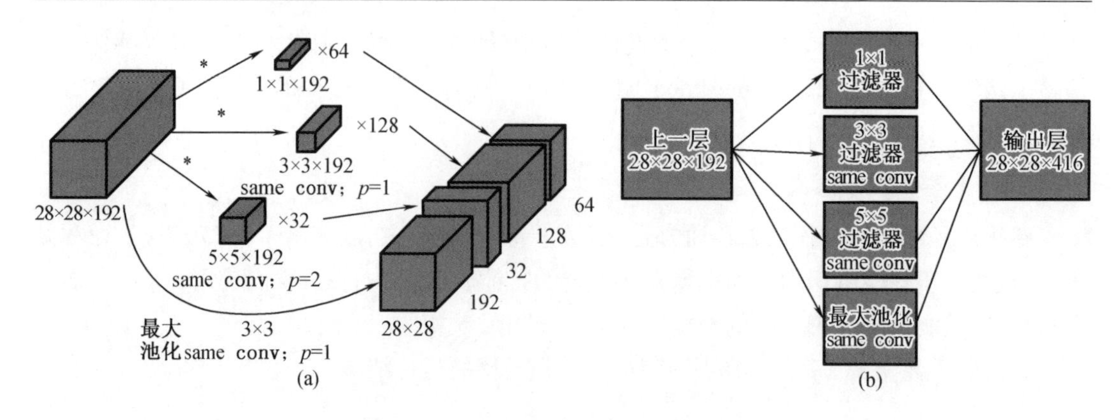

图 2-17　Inception 的朴素版网络结构

3. 改进版 Inception 网络层

朴素版 Inception 网络层存在一个很大的缺陷，即其在 5×5 卷积层上的计算量过大。如图 2-18(a)所示，一个 28×28×192 的输入层，点乘 32 个 5×5×192 尺寸的过滤器，最终得到 28×28×32 的输出立方体，其所需要的乘法计算量为

$$(28\times28\times32)\times(5\times5\times192)=120\ 422\ 400$$

研究人员于是通过添加 1×1 的过滤器来巧妙地在不降低质量的情况下降低计算量，如图 2-18(b)所示。先输入连接 16 个 1×1×192 的卷积核降低信道个数，再连接 32 个 5×5×16 的卷积核得到最终输出，其所需要的计算量为

$$(28\times28\times32)\times(5\times5\times16)+(28\times28\times16)\times(1\times1\times192)=12\ 443\ 648$$

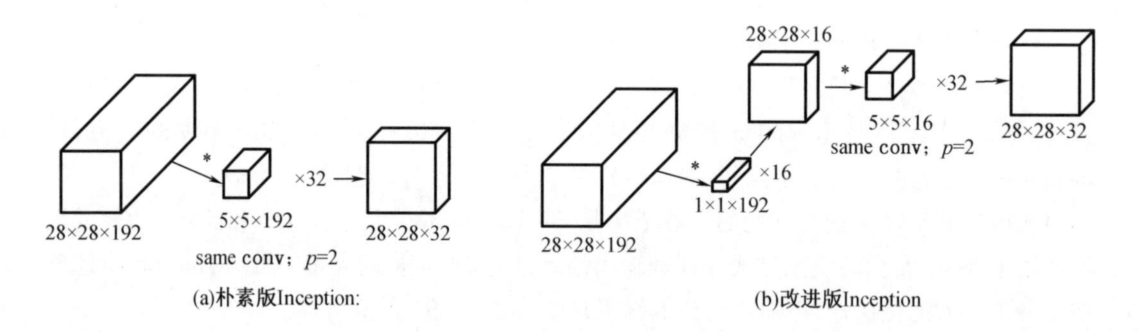

图 2-18　Inception 的改进版网络结构

由这个例子可知，可以通过 1×1 的卷积核降低信道个数，后面再连接 5×5 或 3×3 的卷积核，这样会极大地减少网络的计算量。这就是改进版 Inception 的灵感来源。

改进版 Inception 网络层的整体结构如图 2-19 所示。它在 3×3，5×5 的卷积核之前还连接了 1×1 的卷积核。此外，在最大池化层的后面添加了 1×1 的卷积核，最终得到 28×28×256 的输出立方体。

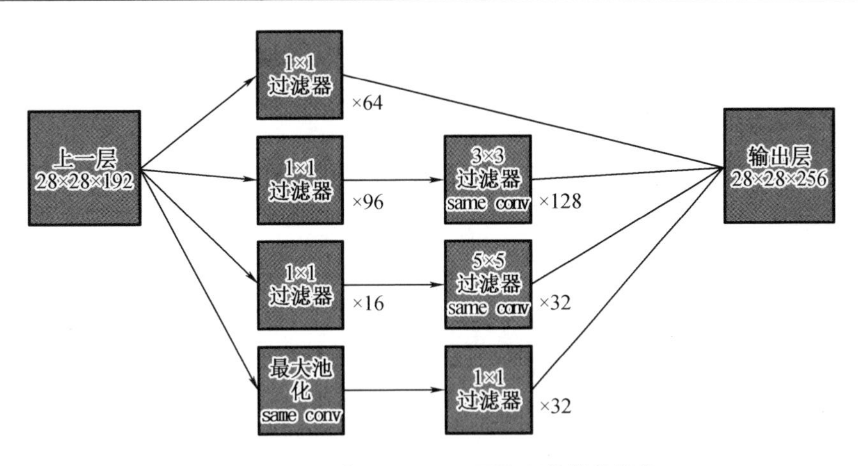

图 2－19　再版 Inception 网络层的整体结构

4. GoogLeNet 网络基本结构

有了 Inception 网络层的基础，理解 GoogLeNet 会更加容易。总的来说，GoogLeNet 其实就是一层层 Inception 网络层的循环连接，一环套一环，如图 2－20 所示。

输入部分：在 GoogLeNet 的最左侧是其输入部分，通过放大可以发现，输入之后连接有 2 个卷积层，第一层使用 7×7 的卷积核及 3×3 的最大池化层，第二层使用 1×1，3×3 的卷积层。图中 LocalRespNorm 指的是一种归一化的操作，现在较少应用。

输出层：输出层其实就是之前的 Inception 的堆叠。值得注意的是，此处 GoogLeNet 的输出有 3 处，每次都会套用一个 softmax 回归进行输出或辅助输出。

综上所述，GoogLeNet 的灵感就在于 Inception 模块的设计。后续的 GoogLeNet 也有很多改进的版本，如 v2、v3、v4，涉及了更深层次的技术（卷积分解、残差网络等）。1×1 矩阵在 GoogLeNet（尤其在 v1 版本）中起到了很重要的作用，这也使得神经网络的设计不再一味地追求深度，而是同时注重改进。

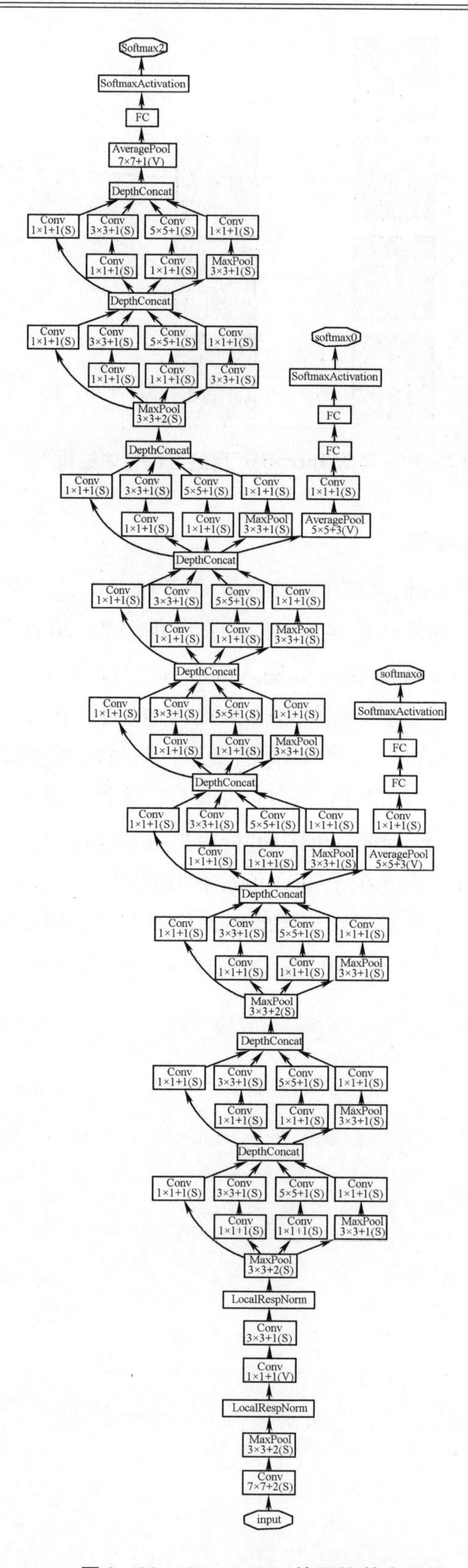

图 2－20　GoogLeNet 的网络基本结构

2.3.4　VGGNet 卷积网络模型

1. 简介

VGGNet 卷积网络是由牛津大学计算机视觉几何组(visual geometry group,VGG)和谷歌旗下 DeepMind 公司的研究员合作研发的深度卷积神经网络,VGG 的组员 Karen Simonyan 和 Andrew Zisserman 在 2014 年撰写的论文 *Very deep convolutional networks for large-scale image recognition* 中正式提出了该深度卷积神经网络的结构。

VGGNet 卷积网络是在 ILSVRC 2014 上的相关工作,由 ILSVRC 2014 比赛分类项目的第二名(第一名是 GoogLeNet)于 2015 年发表在 ICLR 上。其主要贡献是使用很小的卷积核(3×3)构建各种深度的卷积神经网络结构,16~19 层的网络深度能够取得较好的识别精度。这就是常用的 VGG-16 和 VGG-19。

2. 网络结构

输入是大小为 224×224 的 RGB 图像,预处理时计算出三个通道的平均值,在每个像素上减去平均值。全连接层后是 softmax,用来分类。所有隐藏层的卷积层中间都使用 ReLU 作为激活函数。连续的卷积后面接最大池化。在全连接层中间采用 dropout 层,防止过拟合。

VGG 在训练的时候先训练 A 的简单网络,再复用 A 网络的权重来初始化后面的几个复杂模型,可加快训练。

表 2-3 中,D 和 E 即 VGG-16 和 VGG-19。可以看到 VGG-16 网络需要训练的参数数量达到了 1.38 亿个。

表 2-3　VGGNet 卷积网络结构

卷积网络配置表					
A	A-LRN	B	C	D	E
11 weight layers	11 weight layers	13 weight layers	16 weight layers	16 weight layers	19 weight layers
输入(224×224 RGB 图像)					
conv3-64	conv3-64 LRN	conv3-64 conv3-64	conv3-64 conv3-64	conv3-64 conv3-64	conv3-64 conv3-64
conv3-128	conv3-128	conv3-128 conv3-128	conv3-128 conv3-128	conv3-128 conv3-128	conv3-128 conv3-128
最大池化					
conv3-256 conv3-256	conv3-256 conv3-256	conv3-256 conv3-256	conv3-256 conv3-256 conv1-256	conv3-256 conv3-256 conv3-256	conv3-256 conv3-256 conv3-256 conv3-256

表 2－3(续)

最大池化					
conv3－512 conv3－512	conv3－512 conv3－512	conv3－512 conv3－512	conv3－512 conv3－512 conv1－512	conv3－512 conv3－512 conv3－512	conv3－512 conv3－512 conv3－512 conv3－512
最大池化					
conv3－512 conv3－512	conv3－512 conv3－512	conv3－512 conv3－512	conv3－512 conv3－512 conv1－512	conv3－512 conv3－512 conv3－512	conv3－512 conv3－512 conv3－512 conv3－512
最大池化					
FC－4096					
FC－4096					
FC－1000					
softmax					

参数数量/百万

网络	A,A－LRN	B	C	D	E
参数数量	133	133	134	138	144

VGG－16 各层的结构和参数如下：

C1－1 层是一个卷积层，其输入输出结构如下：

输入：224×224×3。

滤波器大小：3×3×3。

滤波器个数:64。

输出：224×224×64。

C1－2 层是一个卷积层，其输入输出结构如下：

输入：224×224×3。

滤波器大小：3×3×3。

滤波器个数:64。

输出：224×224×64。

P1 层是 C1－2 后面的池化层，其输入输出结构如下：

输入：224×224×64。

滤波器大小：2×2。

滤波器个数:64。

输出：112×112×64。

C2－1 层是一个卷积层，其输入输出结构如下：

输入：112 ×112 ×64。

滤波器大小：3 ×3 ×64。

滤波器个数:128。

输出：112 ×112 ×128。

C2 –2 层是一个卷积层,其输入输出结构如下：

输入：112 ×112 ×64。

滤波器大小：3 ×3 ×64。

滤波器个数:128。

输出：112 ×112 ×128。

P2 层是 C2 –2 后面的池化层,其输入输出结构如下：

输入：112 ×112 ×128。

滤波器大小：2 ×2。

滤波器个数:128。

输出：56 ×56 ×128。

C3 –1 层是一个卷积层,其输入输出结构如下：

输入：56 ×56 ×128。

滤波器大小：3 ×3 ×128。

滤波器个数:256。

输出：56 ×56 ×256。

C3 –2 层是一个卷积层,其输入输出结构如下：

输入：56 ×56 ×256。

滤波器大小：3 ×3 ×256。

滤波器个数:256。

输出：56 ×56 ×256。

C3 –3 层是一个卷积层,其输入输出结构如下：

输入：56 ×56 ×256。

滤波器大小：3 ×3 ×256。

滤波器个数:256。

输出：56 ×56 ×256。

P3 层是 C3 –3 后面的池化层,其输入输出结构如下：

输入：56 ×56 ×256。

滤波器大小：2 ×2。

滤波器个数:256。

输出：28 ×28 ×256。

C4 –1 层是一个卷积层,其输入输出结构如下：

输入：28 ×28 ×256。

滤波器大小：3 ×3 ×256。

滤波器个数:512。

输出：28×28×512。

C4-2 层是一个卷积层，其输入输出结构如下：

输入：28×28×512。

滤波器大小：3×3×256。

滤波器个数:512。

输出：28×28×512。

C4-3 层是一个卷积层，其输入输出结构如下：

输入：28×28×512。

滤波器大小：3×3×256。

滤波器个数:512。

输出：28×28×512。

P4 层是 C4-3 后面的池化层，其输入输出结构如下：

输入：28×28×512。

滤波器大小：2×2。

滤波器个数:512。

输出：14×14×512。

C5-1 层是一个卷积层，其输入输出结构如下：

输入：14×14×512。

滤波器大小：3×3×512。

滤波器个数:512。

输出：14×14×512。

C5-2 层是一个卷积层，其输入输出结构如下：

输入：14×14×512。

滤波器大小：3×3×512。

滤波器个数:512。

输出：14×14×512。

C5-3 层是一个卷积层，其输入输出结构如下：

输入：14×14×512。

滤波器大小：3×3×512。

滤波器个数:512。

输出：14×14×512。

P5 层是 C5-3 后面的池化层，其输入输出结构如下：

输入：14×14×512。

滤波器大小：2×2。

滤波器个数:512。

输出：7×7×512。

F6 层是一个全连接层，其输入输出结构如下：

输入:4 096。

输出:4 096。

F7 层是一个全连接层,其输入输出结构如下:

输入:4 096。

输出:4 096。

F8 层是一个全连接层,其输入输出结构如下:

输入:4 096。

输出:1 000。

2.3.5　ResNet 卷积网络模型

ResNet 卷积网络模型是由微软研究院的何恺明等提出的,卷积神经网络的深度达到了惊人的 152 层,并以 Top－5 错误率为 3.57% 的好成绩在 ILSVRC 2015 比赛中获得了冠军。尽管 ResNet 的深度远远高于 VGGNet,但是参数量却比 VGGNet 低,计算效果更为突出。

ResNet 最初的灵感源于一个问题:在不断增加神经网络的深度(即增加迭代次数)时,会出现一个退化(degradation),即准确率会先上升,然后达到饱和,再持续增加深度则会导致准确率下降,如图 2－21 所示。这并不是过拟合的问题,因为不光在测试集上误差增大,训练集本身误差也会增大。ResNet 中最具创新性的一点就是残差学习单元(residual unit)的引入,而 residual unit 的设计则参考了 Schmidhuber 教授在其 2015 年发表的论文 *Training very deep networks* 中提出的高速神经网络(highway network)。

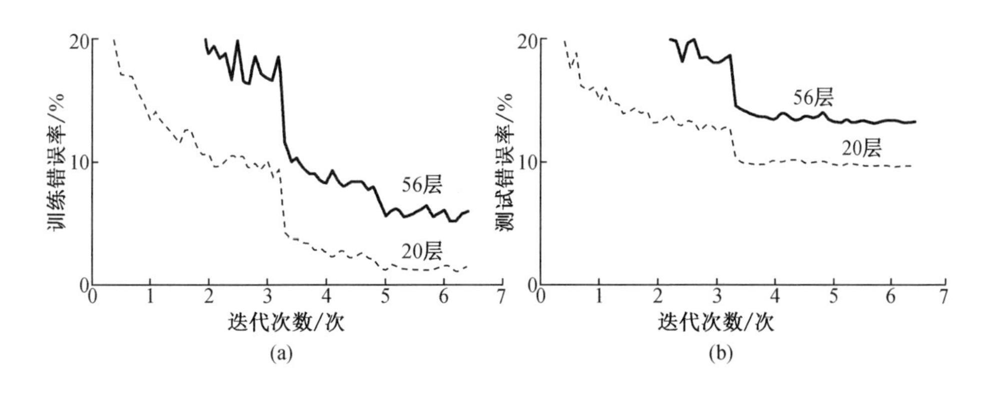

图 2－21　准确率对应神经网络深度的变化曲线

假设有一个比较浅的网络达到了饱和的准确率,那么后面再加上几个 $y=x$ 的全等映射层,误差不会增加,即更深的网络不应该带来训练集上误差的上升。而这里提到的使用全等映射直接将前一层输出传到后面的思想,就是 ResNet 的灵感来源。假定某段神经网络的输入是 x,期望输出是 $H(x)$,如果我们直接把输入 x 传到输出作为初始结果,那么此时我们需要学习的目标就是 $F(x)=H(x)-x$。图 2－22 所示为 ResNet 的残差学习单元,ResNet 相当于将学习目标改变了,不再是学习一个完整的输出 $H(x)$,而是输出和输入的差别 $H(x)-x$,即残差。

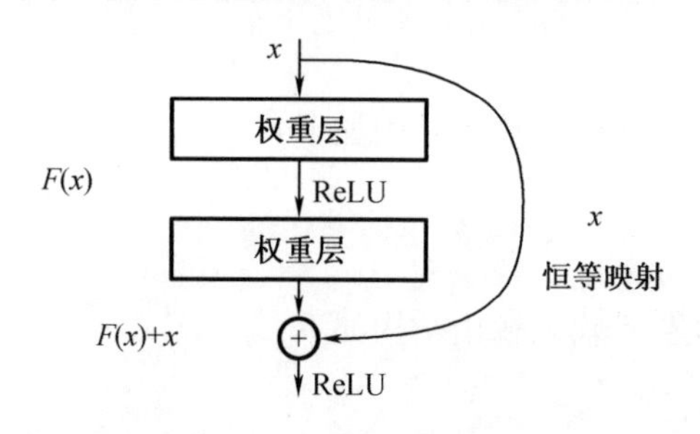

图 2-22　ResNet 的残差学习单元

残差块通过直连实现，通过直连将块的输入和输出进行元素的加叠，这个简单的加法并不会给网络增加额外的参数和计算量，却可以大大增加模型的训练速度，提高训练效果，并且当模型的层数加深时，这个简单的结构能够很好地解决退化问题。

图 2-23 为 VGGNet-19、34 层深的普通(plain)卷积神经网络和 34 层深的 ResNet 网络的对比图。可以看到，普通卷积神经网络和 ResNet 的最大区别在于 ResNet 有很多旁路的支线将输入直接连到后面的层，使得后面的层直接学习残差，这种结构也被称为直连或跳接。

传统的卷积层或全连接层在信息传递时，或多或少会存在信息丢失、损耗等问题。ResNet 在某种程度上解决了这个问题，将输入信息绕道传到输出，保护信息的完整性，整个网络则只需要学习输入、输出差别的那一部分，简化了学习目标和难度。

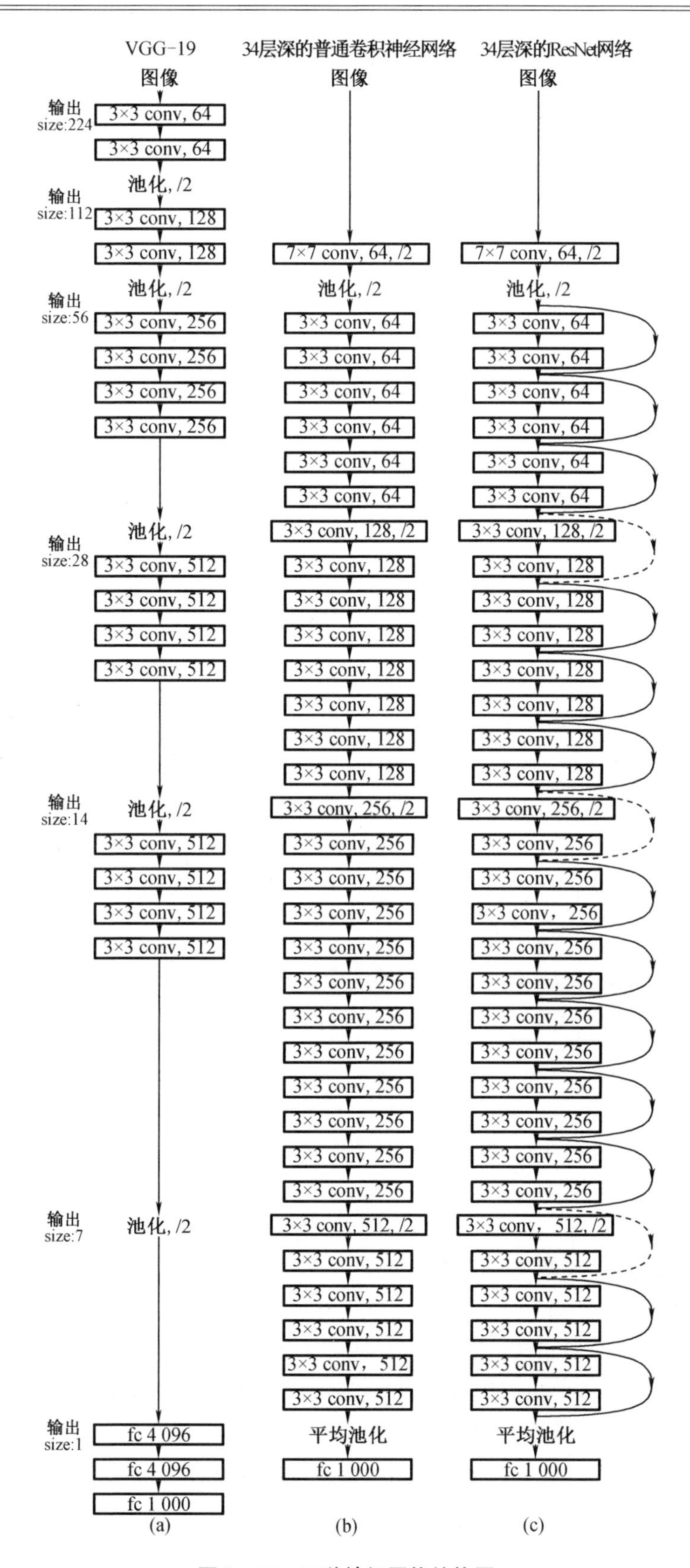

图 2－23　三种神经网络结构图

构建好模型后进行实验，在普通神经网络上观察到了明显的退化现象，而 ResNet 网络上不仅没有退化，34 层网络的效果反而比 18 层的更好，而且收敛速度更快，如图 2-24 所示。

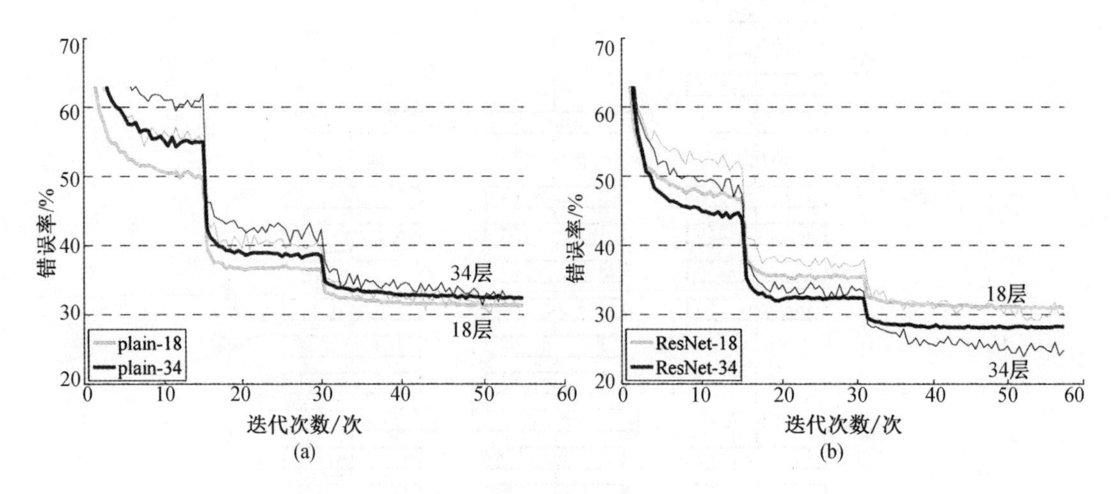

图 2-24 训练结果对比

对于直连的方式，我们提出了以下三个选项：

(1)使用恒等映射，如果残差块的输入输出维度不一致，对增加的维度用 0 来填充；

(2)在块输入输出维度一致时，使用恒等映射，不一致时使用线性投影以保证维度一致；

(3)对于所有的块均使用线性投影。

我们对这三个选项都进行了实验，发现虽然(3)的效果优于(2)的效果，(2)的效果优于(1)的效果，但是差距很小，因此线性投影并不是必需的，而使用 0 填充时，可以保证模型的复杂度最低，这对于更深的网络是有利的。

模型结构图中，我们有实线和虚线两种连接方式。

(1)实线的连接部分都是 $3\times3\times64$ 的特征图，它们的通道个数一致，所以采用以下计算方式：

$$y=F(x)+x$$

(2)虚线的连接部分分别是 $3\times3\times64$ 和 $3\times3\times128$ 的特征图，它们的通道个数不同(64 和 128)，所以采用以下计算方式：

$$y=F(x)+Wx$$

式中，W 是卷积操作，用来调整 x 的通道维度。

在 ResNet 的文章中，除了两层的残差学习单元，还有三层的残差学习单元。两层的残差学习单元中包含两个相同输出通道数(因为残差等于目标输出减去输入，即 $H(x)-x$，因此输入、输出维度需保持一致)的 3×3 卷积；而三层的残差网络则使用了 1×1 的卷积，并且是在中间 3×3 的卷积前后都使用了 1×1 的卷积，有先降维再升维的操作。另外，如果有输入、输出维度不同的情况，我们可以对 x 做一个线性映射变换维度，再连接到后面的层。

两层和三层的 ResNet 残差学习模块如图 2-25 所示。

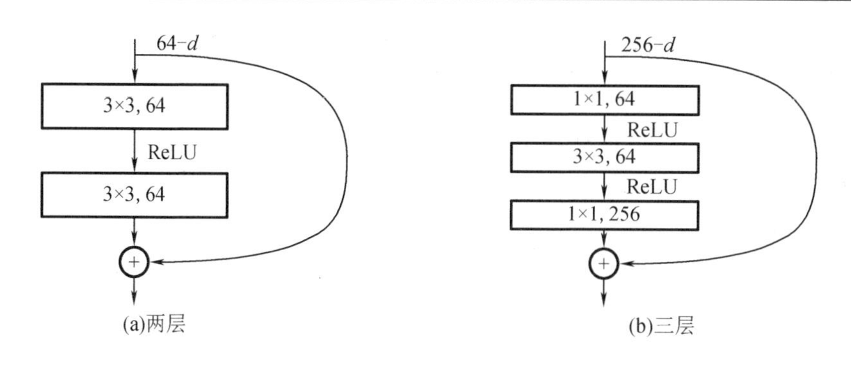

图 2-25　两层和三层的 ResNet 残差学习模块

三层结构拥有相同数量的层又减少了参数量，因此可以拓展成更深的模型。于是有作者提出了 50 层、101 层、152 层的 ResNet，不仅没有出现退化问题，而且错误率也大大降低，同时计算复杂度也保持在很低的程度。

ResNet 在不同层数时的网络配置的基础结构很类似，都是前面提到的两层和三层的残差学习单元的堆叠，如表 2-4 所示。

表 2-4　不同网络层数对应的配置结果

卷积层名称	输出大小	18 层	34 层	50 层	101 层	152 层
conv1	112×112	7×7,64,步幅 2				
conv2_x	56×56	3×3 最大池化，步幅 2				
		$\begin{bmatrix}3\times3,64\\3\times3,64\end{bmatrix}\times2$	$\begin{bmatrix}3\times3,64\\3\times3,64\end{bmatrix}\times3$	$\begin{bmatrix}1\times1,64\\3\times3,64\\1\times1,256\end{bmatrix}\times3$	$\begin{bmatrix}1\times1,64\\3\times3,64\\1\times1,256\end{bmatrix}\times3$	$\begin{bmatrix}1\times1,64\\3\times3,64\\1\times1,256\end{bmatrix}\times3$
conv3_x	28×28	$\begin{bmatrix}3\times3,128\\3\times3,128\end{bmatrix}\times2$	$\begin{bmatrix}3\times3,128\\3\times3,128\end{bmatrix}\times4$	$\begin{bmatrix}1\times1,128\\3\times3,128\\1\times1,512\end{bmatrix}\times4$	$\begin{bmatrix}1\times1,128\\3\times3,128\\1\times1,512\end{bmatrix}\times4$	$\begin{bmatrix}1\times1,128\\3\times3,128\\1\times1,512\end{bmatrix}\times8$
conv4_x	14×14	$\begin{bmatrix}3\times3,256\\3\times3,256\end{bmatrix}\times2$	$\begin{bmatrix}3\times3,256\\3\times3,256\end{bmatrix}\times6$	$\begin{bmatrix}1\times1,256\\3\times3,256\\1\times1,1024\end{bmatrix}\times6$	$\begin{bmatrix}1\times1,256\\3\times3,256\\1\times1,1024\end{bmatrix}\times23$	$\begin{bmatrix}1\times1,256\\3\times3,256\\1\times1,1024\end{bmatrix}\times36$
conv5_x	7×7	$\begin{bmatrix}3\times3,512\\3\times3,512\end{bmatrix}\times2$	$\begin{bmatrix}3\times3,512\\3\times3,512\end{bmatrix}\times3$	$\begin{bmatrix}1\times1,512\\3\times3,512\\1\times1,2048\end{bmatrix}\times3$	$\begin{bmatrix}1\times1,512\\3\times3,512\\1\times1,2048\end{bmatrix}\times3$	$\begin{bmatrix}1\times1,512\\3\times3,512\\1\times1,2048\end{bmatrix}\times3$
	1×1	平均池化，1000-d 全连接层，softmax				
FLOPs		1.8×10^9	3.6×10^9	3.8×10^9	7.6×10^9	11.3×10^9

ResNet 在 ImageNet 上的运行结果如表 2-5 所示。

表 2-5 ResNet 在 ImageNet 上的运行结果

方法	Top-1 错误率/%	Top-5 错误率/%
VGG [41] (ILSVRC'14)	—	8.43†
GoogLeNet [44] (ILSVRC'14)	—	7.89
VGG [41] (v5)	24.4	7.1
PReLU-Net[13]	21.59	5.71
BN-inception [16]	21.99	5.81
ResNet-34 B	21.84	5.71
ResNet-34 C	21.53	5.60
ResNet-50	20.74	5.25
ResNet-101	19.87	4.60
ResNet-152	19.38	4.49

在使用了 ResNet 的结构后，可以发现层数不断加深导致的测试集上误差增大的现象被消除了。ResNet 网络的训练误差会随着层数增加而逐渐减少，并且在测试集上的表现也会变好。在 ResNet 推出后不久，Google 就借鉴了 ResNet 的精髓，提出了 Inception V4 和 Inception ResNet V2，并通过融合这两个模型，在 ILSVRC 数据集上取得了惊人的 3.08% 的错误率。可见，ResNet 及其思想对卷积神经网络研究的贡献非常显著，值得推广。

2.4 常见深度学习框架

2.4.1 TensorFlow

谷歌的 TensorFlow 可以说是当今最受欢迎的开源深度学习框架，可用于各类深度学习相关的任务中。TensorFlow = Tensor + Flow，Tensor 就是张量，代表 N 维数组；Flow 即流，代表基于数据流图的计算。

TensorFlow 的主要特性如下：

(1) TensorFlow 支持 Python、JavaScript、C++、Java、Go、C#、Julia 和 R 等多种编程语言。

(2) TensorFlow 不仅拥有强大的计算集群，还可以在 iOS 和 Android 等移动平台上运行。

(3) TensorFlow 编程入门难度较大。初学者需要仔细考虑神经网络的架构，正确评估输入和输出数据的维度与数量。

(4) TensorFlow 使用静态计算图进行操作。也就是说，需要先定义图形，然后运行计算，如果对架构进行更改，则需要重新训练模型。选择这样的方法是为了提高效率，但是许多现代神经网络工具已经能够在学习过程中改进，并且不会显著降低学习速度。在这方面，TensorFlow 的主要竞争对手是 PyTorch。

RStudio 提供了 R 语言与 TensorFlow 的 API 接口，RStudio 官网及 GitHub 上也提供了 TensorFlow 扩展包的学习资料。

2.4.2　Pytorch

PyTorch 是 Facebook 团队于 2017 年 1 月发布的一个深度学习框架,虽然晚于 TensorFlow、Keras 等框架,但自发布之日起,其受到的关注度就在不断上升,目前在 GitHub 上的热度已经超过 Theano、Caffe、MXNet 等框架。

PyTroch 主要提供以下两种核心功能:

(1)支持 GPU 加速的张量计算;

(2)方便优化模型的自动微分机制。

PyTorch 的主要优点如下:

(1)简单易懂:PyTorch 的 API 设计相当简单,基本上是 tensor、autograd、nn 三级封装,学习起来非常容易。

(2)便于调试:PyTorch 采用动态图,可以像普通 Python 代码一样进行调试。其与 TensorFlow、PyTorch 不同的是报错说明通常很容易看懂。

(3)强大高效:PyTorch 提供了非常丰富的模型组件,可以快速实现想法。

2.4.3　Keras

Keras 是一个对小白用户非常友好且简单的深度学习框架。如果想快速入门深度学习, Keras 将是不错的选择。

Keras 是 TensorFlow 高级集成 API,可以非常方便地和 TensorFlow 进行融合。Keras 在高层可以调用 TensorFlow、CNTK、Theano,还有更多优秀的库也在陆续被支持。Keras 的特点是能够快速搭建模型,是高效地进行科学研究的关键。

Keras 的基本特性如下:

(1)高度模块化,搭建网络非常简洁;

(2)API 简单,具有统一的风格;

(3)易扩展,易于添加新模块,只需要仿照现有模块编写新的类或函数即可。

RStudio 提供了 R 与 Keras 的 API 接口,RStudio 的官网及 GitHub 上也提供了 Keras 扩展包的学习资料。

2.4.4　Caffe

Caffe 是由 AI 科学家贾扬清在加利福尼亚大学伯克利分校读博期间主导开发的,是以 C++/CUDA 代码为主的早期深度学习框架之一,比 TensorFlow、MXNet、PyTorch 等都要早。Caffe 需要进行编译安装,支持命令行、Python 和 Matlab 接口,单机多卡、多机多卡等都可以很方便地使用。

Caffe 的基本特性如下:

(1)以 C++/CUDA/Python 代码为主,速度快,性能高。

(2)工厂设计模式,代码结构清晰,可读性和可拓展性强。

(3)支持命令行、Python 和 Matlab 接口,使用方便。

(4)CPU 和 GPU 之间切换方便,训练方便。

(5)工具丰富,社区活跃。

同时,Caffe 的缺点也比较明显,主要包括如下几点:

(1)源代码修改门槛较高,需要实现正向/反向传播。

(2)不支持自动求导。

(3)不支持模型级并行,只支持数据级并行。

(4)不适合非图像任务。

虽然 Caffe 已经提供了 Matlab 和 Python 接口,但目前不支持 R 语言。caffeR 为 Caffe 提供了一系列封装功能,允许用户在 R 语言上运行 Caffe,包括数据预处理和网络设置,以及监控和评估训练过程。该包暂时没有 CRAN 版本,可以在 GitHub 上找到 caffeR 的安装包及使用的相关内容。

2.4.5 CNTK

CNTK 是微软开发的深度学习工具包,它通过有向图将神经网络描述为一系列计算步骤。在有向图中,叶节点表示输入值或网络参数,其他节点表示其输入上的矩阵运算。

CNTK 允许用户非常轻松地实现和组合流行的模型,包括前馈神经网络、卷积神经网络和循环神经网络。与目前大部分框架一样,CNTK 实现了自动求导,利用随机梯度下降方法进行优化。

CNTK 的基本特性如下:

(1)CNTK 性能较好,按照其官方的说法,它比其他的开源框架性能都要好。

(2)适合做语音任务,CNTK 本就是微软语音团队开源的,自然更适合做语音任务,便于在使用 RNN 等模型及时空尺度时进行卷积。

微软开发的 CNTK - R 包提供了 R 与 CNTK 的 API 接口。

2.4.6 MXNet

MXNet 框架允许混合符号和命令式编程,以最大限度提高效率和生产力。MXNet 的核心是一个动态依赖调度程序,可以动态地自动并行化符号和命令操作。其图形优化层使符号执行更快,内存效率更高。

MXNet 的基本特性如下:

(1)灵活的编程模型:支持命令式和符号式编程模型。

(2)多语言支持:支持 C++、Python、R、Julia、JavaScript、Scala、Go、Perl 等。事实上,它是唯一支持所有 R 函数的构架。

(3)本地分布式训练:支持在多 CPU/GPU 设备上的分布式训练,使其可以充分利用云计算的规模优势。

(4)性能优化:使用一个优化的 C++后端引擎实现并行 I/O 和计算,无论使用哪种语言都能达到最佳性能。

(5)云端友好:可直接与 S3、HDFS 和 Azure 兼容。

第3章 机器学习开发实践环境

3.1 Anaconda 开发平台

3.1.1 简介

1. 为什么选择 Anaconda

在安装 Python 环境时,我们可以选择在 Python 的官网(https://www.python.org)上下载,当需要某个软件包时,需要单独进行下载并安装。本书更推荐读者使用 Anaconda。Anaconda是一个用于科学计算的 Python 发行版,支持 Linux、Mac、Windows 系统,在数据科学的工作中可以轻松使用其安装经常使用的程序包。

Anaconda 是一个开源的 Python 发行版,可以便捷地获取包并对包进行管理,同时还可以对开发环境进行统一管理。Anaconda 包含了 conda、Python 在内的 180 多个科学包及其依赖项。

选择 Anaconda 是因为它有非常多的优点,首先它是开源的,使用时可以获取丰富且免费的社区支持;其次它的安装过程非常简单,而且可以高性能地实现 Python 和 R 语言的使用。Anaconda 最值得使用的地方在于,它可以解决在同一个项目中使用不同编程语言的问题,并实现共享包、程序,甚至是工作环境。除此之外,使用 Anaconda 还有一些好处,那就是可以使开发者能够更少地关注安装包的依赖关系,更有效地管理包。通过 Anaconda 使用 Jupyter Lab,还可以通过电子邮件、GitHub、Dropbox 和 Jupyter 查看器等与他人共享。

Anaconda 以上特点的实现主要基于 Anaconda 拥有的 conda 包、环境管理器,以及超过 1 000 个的开源库。如果日常工作或学习并不必要使用 1 000 多个库,那么可以考虑安装 Miniconda。

2. Miniconda

Anaconda 是 Python 的一种完整发行版,安装时自带了 1 000 多个开源包。因此,安装后其总大小超过了 3 GB。如果我们打算下载并预安装大量包,那么 Anaconda 是一个不错的选择。Miniconda 仅仅包含 Python 及其他运行 conda 本身所必需的库。此外,Miniconda 的大小约为 400 MB,比完整版的 Anaconda 小很多,所以必须根据需要下载并安装额外的包。

大部分新用户可能更喜欢精简版的 Anaconda。一方面他们可能并不需要那么多包,另一方面则是因为用户可能没有足够的空间。因此,这些用户可以下载 Miniconda。

3.1.2　安装 Anaconda

1. Anaconda 的下载与安装

Anaconda 的安装可以按照下面的步骤进行。

第一步:下载 Anaconda 并安装

登陆 Anaconda 的官网(https://www. Anaconda. com/)进行下载。打开网站后,网站会自动根据当前的操作系统来匹配相应的 Anaconda 安装包,如图 3－1 所示。读者可以点击 Download 进行下载,也可以选择 Get Additional Installers,根据自己的需要选择相应的版本,页面如图 3－2 所示。

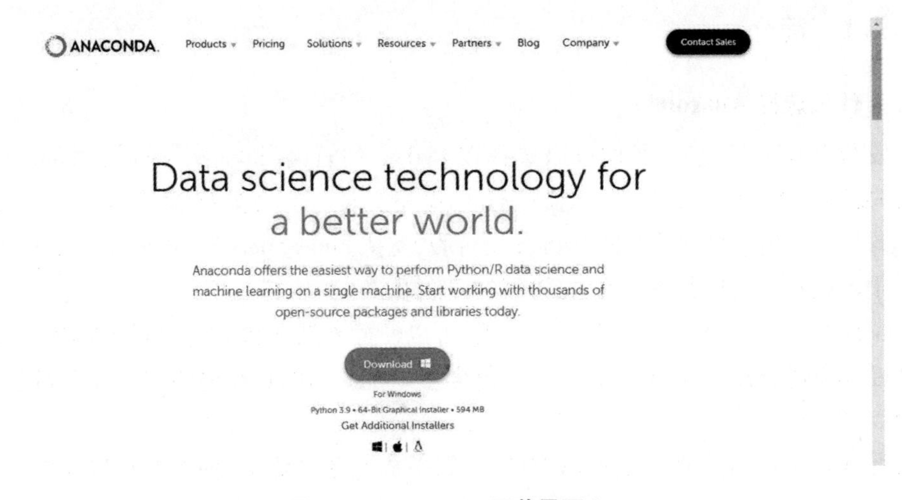

图 3－1　Anaconda 下载界面 1

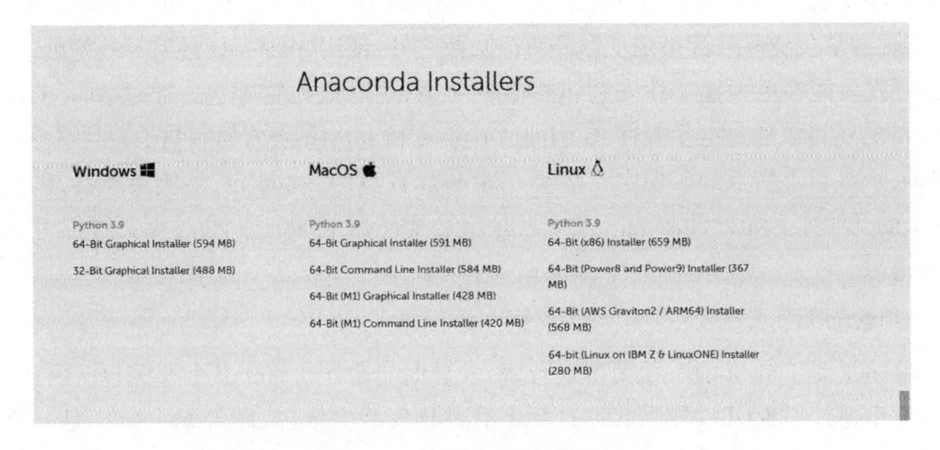

图 3－2　Anaconda 下载界面 2

目前提供的是 Anaconda 5.0.0 版本下载,里面集成了 Python 3.9,下载完成后运行安装即可。安装完成后,在“开始”菜单中可以看到 Anaconda 的相关图标。

第二步:打开控制台。

依次单击开始→所有程序→Anaconda→Anaconda Prompt,打开窗口的效果如图 3－3 所示。这些步骤和打开 CMD 控制台类似,输入命令就可以控制和配置 Python。在 Anaconda 中最常用的是 conda 命令,利用这个命令可以执行一些基本操作。

图 3－3　Anaconda Prompt 控制台

第三步:验证 Python。

在控制台中输入 Python,可以打印出当前 Python 的版本号及控制符号,在控制符号下输入代码:print ("hello")。

输出结果如图 3－4 所示,表明 Anaconda 安装成功。

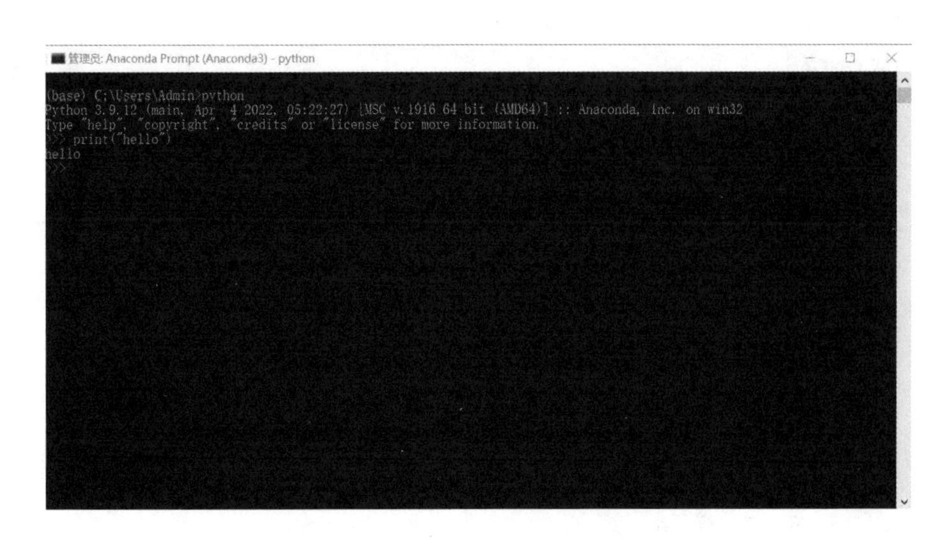

图 3－4　验证 Anaconda Python 安装成功

第四步:打开 Anaconda。

Anaconda 的导航界面如图 3－5 所示。在 Home 标签中可以看到 Anaconda 的一些应用工具,如 JupyterLab、Spyder 等,Launch 表示已经安装好了,可以直接点击运行,Install 表示还没有安装,需要点击安装才可以使用。

图 3-5　Anaconda 的导航界面

在 Environments 标签中可以看到 Python 的一些常用库,如图 3-6 所示。Installed 表示已经安装的库,没有安装的库可以通过搜索框搜索并下载安装。

图 3-6　Environments 标签页

使用 Anaconda 的好处在于其能够极大地帮助用户安装和使用大量第三方类库。除了可以在 Environments 中查看已安装的第三方类库之外,还可以在 Anaconda Prompt 控制台中通过命令的方式进行查看,查看已安装的第三方类库的命令是:

conda list

在 Anaconda Prompt 控制台中输入 conda list 代码,结果如图 3 -7 所示。

图 3 -7　查看已安装的第三方类库

安装第三方类库的命令是:

conda install name

这里的 name 是需要安装的第三方类库名,例如需要安装 NumPy 包(这个包已经安装过),那么输入的相应命令就是:

conda install numpy

使用 Anaconda 的好处就是可以自动安装所安装包的依赖类库,这样大大减少了使用者在安装和使用某个特定类库的情况下造成的依赖类库的缺失困难,使得后续工作顺利进行。

2. JupyterLab

JupyterLab 是一款 Anaconda 中自带的 Python 编辑器,是使用 Python(也有 R、Julia、Node 等其他语言的内核)进行代码演示、数据分析、可视化、教学的很好的工具。可以在“开始”菜单中的 Anaconda 安装目录下直接打开,也可以在 Anaconda 导航界面中打开,打开后的界面如图 3 -8 所示。

图 3 -8 中,右侧的选项卡称为启动器,可以新建 Notebook、Console、Teminal 等 text 文本。当创建新的 Notebook 或其他项目时,启动器会消失。如果想新建文档,只需单击左侧的“ + ”按钮即可。

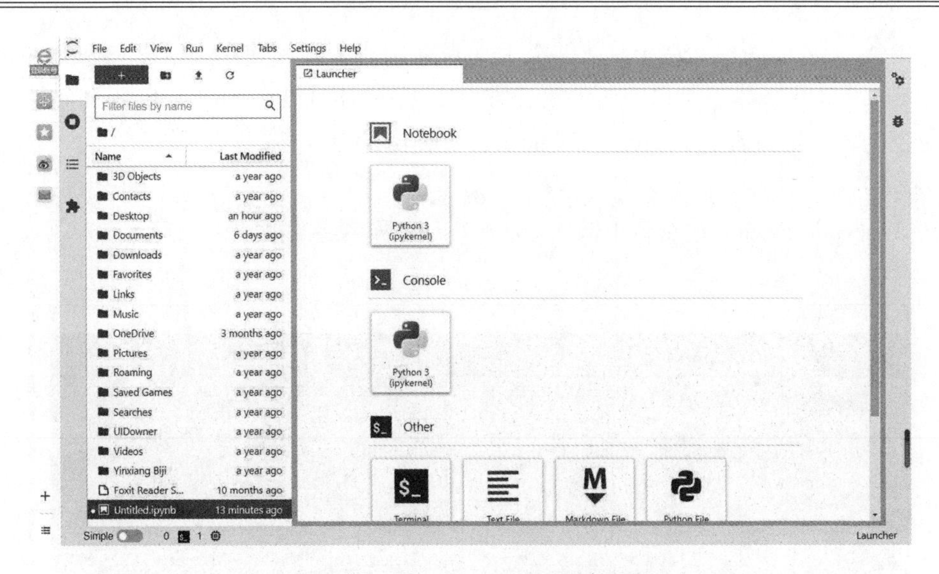

图 3-8 JupyterLab 编辑器主界面

3.1.3 安装 TensorFlow

1. TensorFlow 的下载与安装

对于安装了 Anaconda 的操作系统来说，安装 TensorFlow 非常简单，可以在 Anaconda prompt 控制台中通过命令行的方式下载与安装。下载安装时按照以下三个步骤来进行。

第一步：Python 版本的确定。

首先是对 Python 版本的要求，TensorFlow 要求在 Windows 安装时，Python 最低版本号为 3.5，因此这里笔者建议用户选择 Anaconda 4.2 版本或其后续版本作为安装环境。

打开 Anaconda prompt，输入 python 命令，可以查看已安装的 Python 版本号。

第二步：下载与安装。

在 Anaconda 中集成了最为常用的 Python 第三方类库，可以使用 conda list 命令查阅。对于已经满足安装条件的计算机，TensorFlow 提供了较为简单的安装命令：

```
pip install tensorflow
```

使用此命令可以直接下载和安装 TensorFlow 程序，如图 3-9 所示。使用 Anaconda prompt 在线安装的方式有一个好处，就是可以自动升级 TensorFlow 所依赖的类库。

第三步：创建 TensorFlow 环境。

TensorFlow 下载安装完成后，还需要创建相应的虚拟环境。通过在 Anaconda prompt 控制台中输入以下命令来创建：

```
conda create -n tensorflow python=3.9
```

这里 Python 的版本为当前操作系统中安装的 Python 版本，由于笔者的操作系统安装的 Python 版本为 3.9，因此命令中 python=3.9，读者需要根据自己的 python 版本来进行修改。

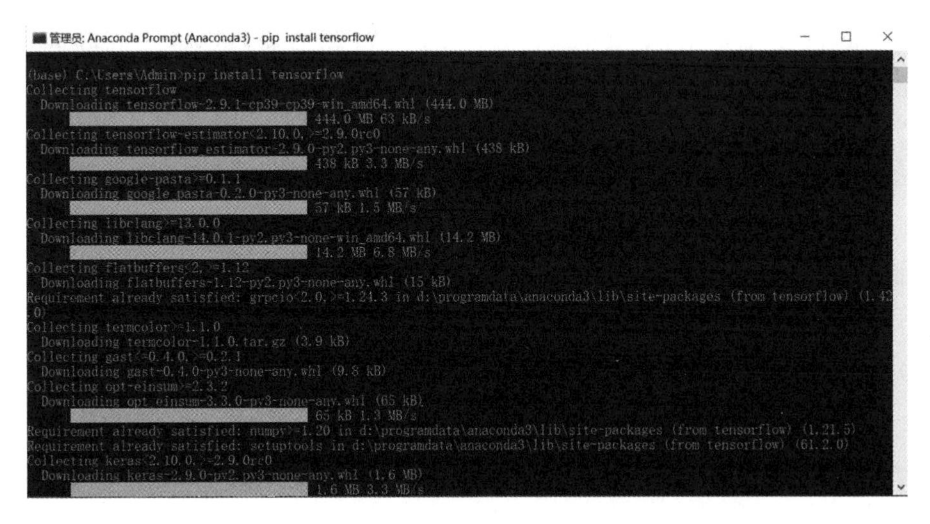

图 3-9　使用 pip install tensorflow 命令安装 TensorFlow

2. 验证 TensorFlow 安装

最后是对 TensorFlow 程序的安装验证,可以在 Anaconda prompt 中输入以下代码段来进行验证,也可以在 JupyterLab 中进行验证。

```
importtensorflow as tf
a =tf.constant (1)
b =tf.constant (2)
c =tf.add (a,b)
print_(c.numpy())
```

在 JupyterLab 中验证 TensorFlow 安装的结果如图 3-10 所示,安装正确则该程序输出结果为 3。

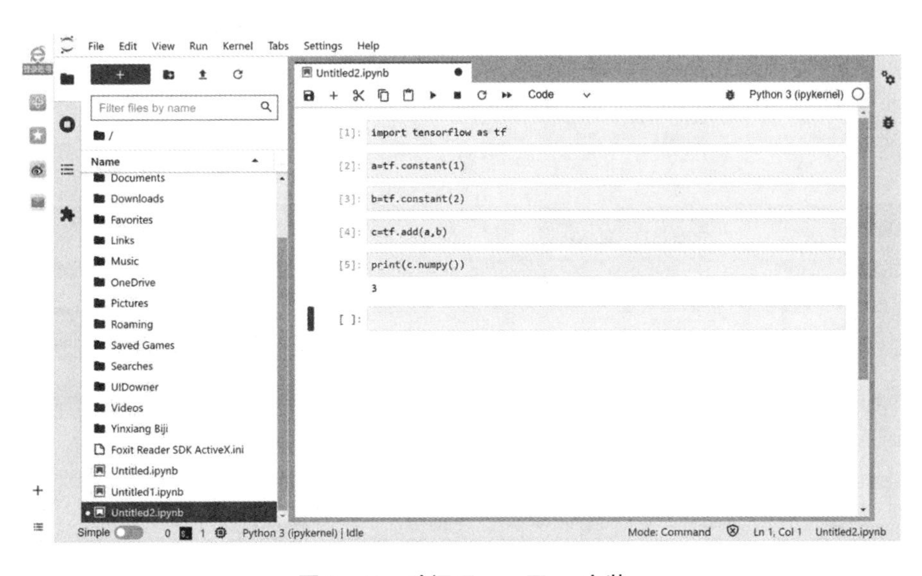

图 3-10　验证 TensorFlow 安装

另外,成功安装 TensorFlow 并创建虚拟环境后,在 Anaconda 的 Environments 标签页中会显示创建好的 TensorFlow 环境,如图 3-11 所示。

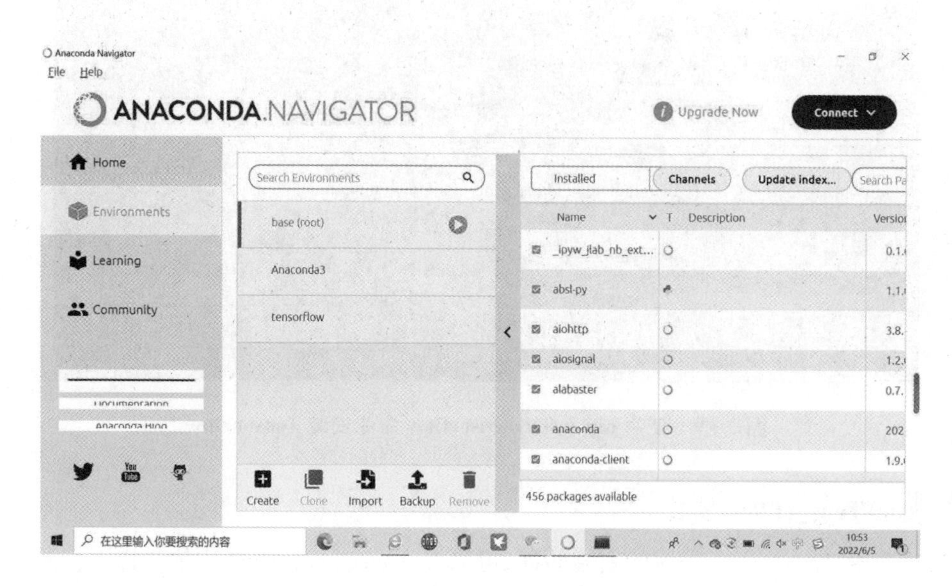

图 3-11　Anaconda 中的虚拟环境

3.1.4　安装 PyTorch

1. PyTorch 的下载与安装

PyTorch 的安装也比较简单,只需要登录到 PyTorch 的官方网站(https://PyTorch.org/),然后根据自己计算机的配置选择相应的 PyTorch 版本后,就会自动获取 PyTorch 的安装命令,复制命令代码到 Anaconda prompt 下运行即可,如图 3-12 所示。在安装时还可选择是否安装 GPU 版本。

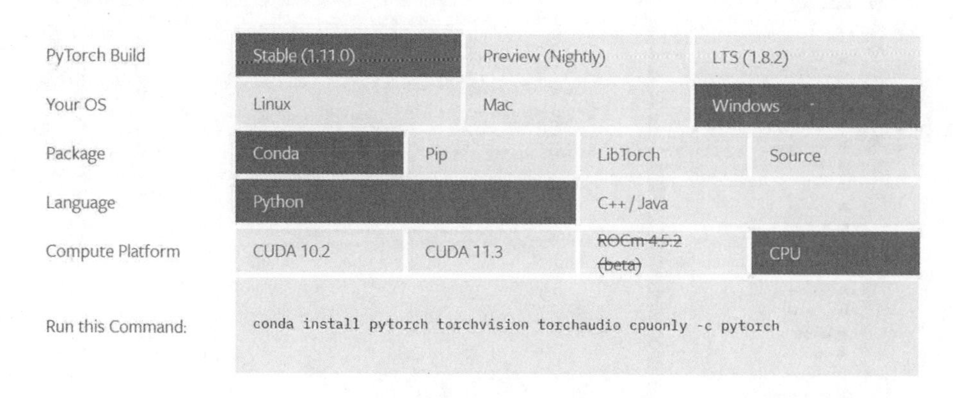

图 3-12　PyTorch 版本的选择

图 3-12 中选择安装的 PyTorch 版本为稳定 1.0 版,计算机为 Windows 系统,安装时选择 conda 命令,基于 Python 语言,并且是 CPU 版本,得到安装命令为 conda install pytorch torchvision – c pytorch。将该命令输入 Anaconda prompt 后，即可自动安装 PyTorch 和 torchvision 两个库。

2. 验证 PyTorch 安装

我们可以通过使用 JupyterLab 或 Spyder 等 Python 编辑工具进行库的导入和程序的编写来验证 PyTorch 的安装是否成功；还可以通过查看 Anaconda 中已安装库的列表来进行验证。在未安装 Pytorch 时，Anaconda 的库列表中 Pytorch 前面的复选框是未选中的状态，表示该库未安装，如图 3 – 13 所示。成功安装 Pytorch 后，复选框变为绿色的选中状态，表示该库已安装，如图 3 – 14 所示。

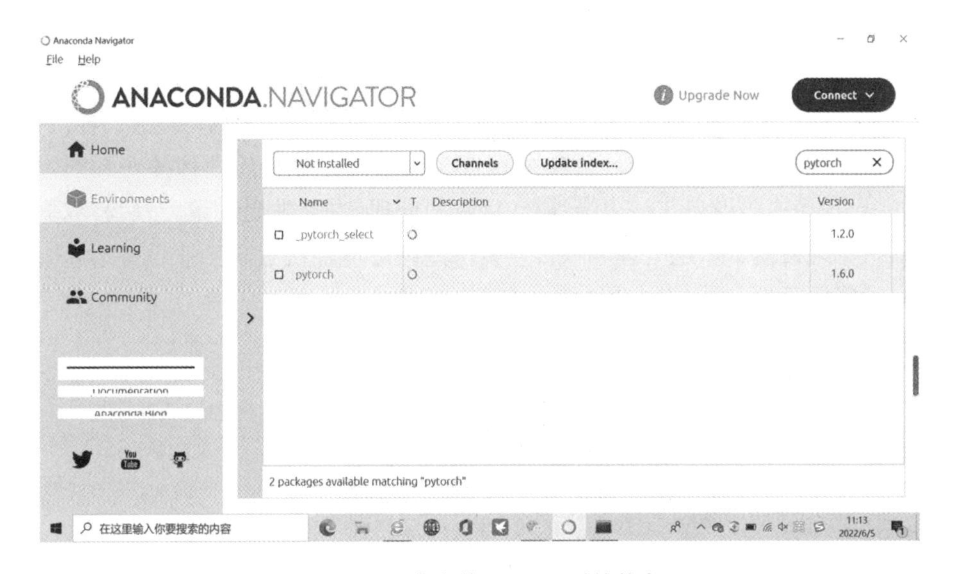

图 3 – 13　未安装 Pytorch 时的状态

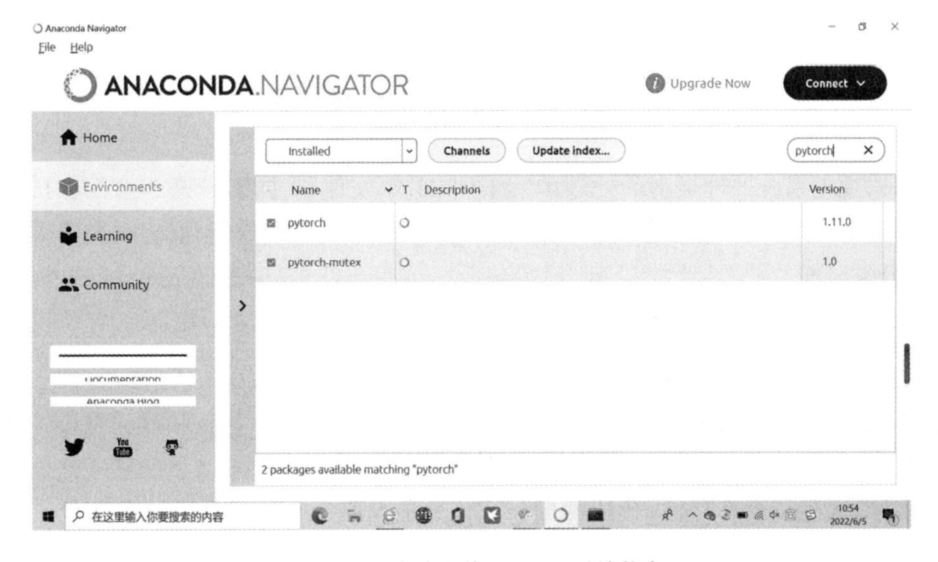

图 3 – 14　成功安装 Pytorch 时的状态

3.2 嵌入式机器视觉开发平台

3.2.1 嵌入式视觉技术

嵌入式视觉是一种通过视觉方法去理解周边环境的机器。嵌入式视觉涉及两种技术:嵌入式系统和计算机视觉(有时也称为机器视觉)。嵌入式视觉是指在嵌入式系统中使用计算机视觉技术,其与经常所说的机器视觉系统最大的区别在于嵌入式视觉系统是多合一的设备。简单来说,嵌入式视觉是嵌入式系统与机器视觉技术的集合。

传统机器视觉系统由摄像系统、图像处理系统和输出显示系统三部分组成,如图3－15所示,相机通过网口或USB接口与PC端连接。摄像头采集图像信息,传输到计算机中进行图像识别处理。嵌入式视觉系统硬件集成摄像头模组和处理板将图像捕获和图像处理功能结合在一台设备中。设备支持边缘计算,接收和处理数据,做出决策,然后将数据发送到其他设备,或本地或基于云的处理和分析。紧凑型设计可轻松嵌入工业设备,其功耗低,宽带需求少,可降低延迟。

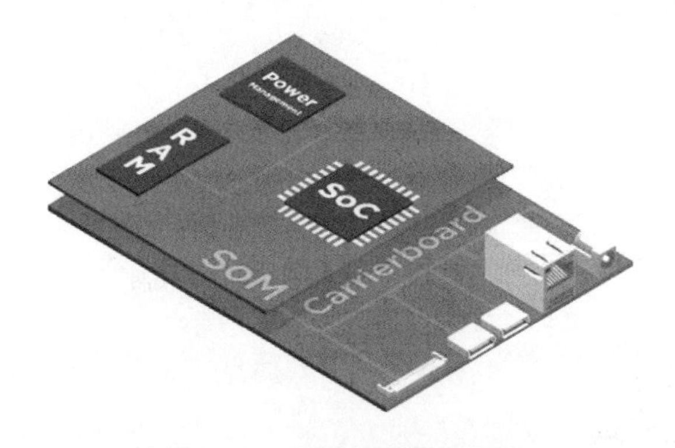

图3－15 传统机器视觉系统

嵌入式视觉系统处理板上的处理单元采用ARM处理器,同时越来越多的相机制造商也提供在ARM平台上工作的软件开发套件(SDK)版本,以直接进行代码移植,降低开发难度,减少开发时间。

嵌入式视觉技术有三个特点:更强的处理能力、移动优势、工业应用。

1. 更强的处理能力

根据定义,嵌入式视觉系统实际上涵盖了执行图像信号处理算法和视觉系统控制软件的一切设备或系统。智能视觉系统中的关键部分是进行实时高清数字视频流处理的高性能计算引擎、大容量固态存储、智能摄像头或传感器及高级分析算法。这些系统中的处理器可以执行图像采集、镜头校正、图像预处理和分割、目标分析及各种启发式(heuristics)功能。嵌入式视觉系统设计工程师采用各种处理器,包括专为视觉应用设计的通用CPU、GPU、DSP、FPGA和专用标准产品(ASSP)。上述处理器架构具备明显的优势和短板。在许多情况下，设计工程师将多种处理器整合到一个异构计算环境中。有时候，处理器会被集成到一个组件中。此外，一些处理器使用专用硬件来尽可能实现最高的视觉算法性能。诸如 FPGA 之类的可编程平台为设计工程师提供了高度并行的计算密集型应用架构及用于 I/O 扩展等其他应用的资源。

在摄像头方面，嵌入式视觉系统设计工程师使用模拟摄像头和数字图像传感器。数字图像传感器通常是需要可见光环境的 CCD 或 CMOS 传感器阵列。嵌入式视觉系统也可用于感测其他数据，如红外线、超声波、雷达和激光雷达。

越来越多的设计工程师开始采用摄像头或各种传感器的“智能摄像头”作为视觉系统中所有边缘电子设备的核心。其他系统将传感器数据传输到云端以减少系统处理器的负载，在这个过程中系统功耗、占用空间和成本降至最低。但是，当需要基于图像传感器数据进行低延迟的关键决策时，这种方法将面临问题。

2. 移动优势

尽管嵌入式视觉技术早已面市多年，但其发展速度受到了很多因素的限制。最重要的是，这项技术的关键要素仍没有能够以低成本的方式实现，特别是能够实时处理高清数字视频流的计算引擎尚未普及。高容量固态存储和高级分析算法的限制也给嵌入式视觉系统带来了挑战。

最近市场上的三种发展趋势有望彻底改变嵌入式视觉系统的面貌。首先，移动市场的高速发展为嵌入式视觉设计工程师提供了海量的处理器可选方案，能够以低功耗提供相对较高的性能。其次，MIPI 联盟推出的移动行业处理器接口（MIPI）能够为设计工程师提供替代方案，使用符合标准的硬件和软件组件来构建创新且具有成本效益的嵌入式视觉解决方案。最后，随着移动应用的低成本传感器和摄像头的激增，嵌入式视觉系统设计将实现降低成本的目标。

3. 工业应用

工业应用领域中的机器视觉系统一直以来都是嵌入式视觉领域最有前景的应用方向之一。机器视觉技术是其中最成熟和应用最多的技术。它被广泛用于制造过程和质量管理。通常，这些应用领域中的制造商采用由一个或多个智能摄像头与处理器模块组成的紧凑型视觉系统。

嵌入式系统可以是任何基于微处理器的系统，它们完成特定的工作，且随处可见。计算机视觉则使用数字处理和智能算法去理解图像或者视频，它是一个已经被研究很久，但仍然方兴未艾的领域。与过去 10 年中无线通信技术的流行相类似，嵌入式视觉技术有望在今后 10 年得到广泛应用。

3.2.2　嵌入式视觉技术的典型应用

1. 汽车应用

汽车市场无疑是嵌入式视觉应用最有潜力的发展领域，高级驾驶辅助系统（ADAS）功能支持的高度自动化车辆（HAV）占主导地位，无人驾驶汽车已经在许多城市部署用于实验和试运行，如图 3 - 16 所示。这些功能使用计算机视觉算法（如图像失真校正、图像拼接等),并结合深层次深度学习技术,以确保安全性和效率。例如,凯迪拉克将其嵌入式视觉子系统集成到 CT6 轿车中,以实现业界首款解放双手的驾驶技术 Super Cruise。通过不断分析驾驶员和道路情况,精确的 LIDAR 数据库提供道路情况,先进的摄像头、传感器和 GPS 实时反映道路的动态状况细节,这项新技术将使驾驶变得更加安全。

图 3-16　无人驾驶汽车

2. 监控和安防

人们日益关注的公共场所安全及监控是全球范围内推动智能摄像头需求量增长的重要因素之一。图 3-17 为智能监控摄像头。人脸检测、跟踪与识别、人的属性和动作行为检测、车的检测与跟踪、物体标注等技术,可以实时找出安防缺陷与问题。智能视讯分析也正在改变安防行业。

图 3-17　智能监控摄像头

3. 消费电子应用

无人机、增强现实/虚拟现实(AR / VR)和其他消费电子应用为嵌入式视觉解决方案开发者提供了巨大的机遇。无人机整合了扩展计算机视觉和机器学习功能的智能传感器及系统。图 3-18 为物流无人机送货。高需求的一些显著功能包括“跟随我”和“兴趣点”。

这些功能使无人机能够自动锁定移动的物体。另一个发展趋势是游戏之外出现的 AR/VR 的一些实用的使用案例,这仅吸引了相对较小的细分市场。具有更广泛吸引力的使用案例是使用 VR 来观看现场体育赛事。360°摄影和定向音频的组合,在高速 5G 因特网上实时传输,提供了一种完全身临其境的体验。此外,智能家居应用(如照明、加热和空调设备)可能会采用类似的功能并添加图像传感器。最终这些摄像头将取代传统物理控制器。

图 3-18　物流无人机送货

4. 手机的美颜和 AR

手机的美颜预览和编辑操作都是在手机本地完成的,它其实是完成了更好的交互性,给用户的体验性更好。另一方面,这对于手机 App 公司来说,节省了成本。比如编辑一段视频,如果 AR 操作返回给服务器来做,成本是很高的。

5. 边缘智能化盒子

边缘智能化盒子的优势是兼容了已有的摄像头。在安防场景和智能社区里已有很多传统的摄像头,但使用边缘智能化盒子能够处理多路且兼容已有摄像头,从节约成本上来说也是一个好的选择。

人类很早已经认识到,光靠肉眼观察东西是有限的,肉眼所见之外还有许多我们无法看到的东西,所以人类一直研究一种技术能够弥补我们肉眼的缺陷。现在,嵌入式视觉产品走进了我们的生活。但至今为止嵌入式视觉系统并不成熟,这还需要进一步研究和突破。

3.2.3　嵌入式机器视觉开发平台

嵌入式系统是基于微处理的系统,它不是一个通用的计算机系统。嵌入式系统无处不在,它在汽车电子、厨房电器、消费电子器件、医疗设备中被广泛应用。计算机视觉使用数字处理和智能计算来理解图像与视频。

现如今,强大、低价、高效的处理器出现,使把视觉性能纳入更宽泛的嵌入式系统成为可能。

嵌入式机器视觉开发平台的各种框架包括:嵌入式处理器、系统模块(SOM)、系统模块+模板、嵌入式单板(SBC)、嵌入式操作系统。

1. 嵌入式处理器

在所有嵌入式处理器解决方案中,最受欢迎的核心选项就是片上系统(system on chip,SOC)。这项技术是在单块芯片上集成一个(或多个)CPU、GPU、控制器、其他专用处理器及其他组件,如图3-19所示。SOC实际上是嵌入式计算机模块,它包括CPU、GPU、总线系统及接口控制器。

图3-19　SOC组成图

SOC是嵌入式架构的核心,是实际成像处理的所在点。很多场合里,人们将专业术语"SOC"等同于"处理器"。实际上,SOC包含的不止这些。除了单核或多核并行CPU之外,GPU、接口控制器(如USB、以太网、I2C等)、内部总线系统、多媒体硬件(如视频编码和视频解码)、内部电源管理及更多的组件等,均包含在这种单个芯片之内。简而言之,SOC将PC中的许多核心组件简洁地集成于一体。NVIDIA的Tegra K1、Qualcomm的Snapdragon 820,以及NXP的i. MX系列,均为目前一代SOC的杰出代表。

SOC中最重要的部分就是CPU,用什么内核、频率是多少、几个核,这都是有讲究的。但是如果涉及深度学习或者计算机视觉,那么使用一般的SOC就会非常吃力。CPU本身既要参与运算,还要负责任务之间的切换,能不能处理得过来,还要打一个大大的问号。针对这一情况,目前市场上的解决方案有如下几种:

(1)多核芯片:这种SOC是传统的多核芯片,比如NXP公司的i. MX8,包含了2个a72、4个a53、2个m4f,其算力可见一斑。还有一个范例,就是瑞萨半导体的R-Car H3,这是比较平衡的芯片,既有8个a53,也有相关的CNN加速芯片。此外,高通公司的820a芯片除了具有正常的算力之外,通信是它很明显的一个优势。这种情况基本就是利用CPU本身对AI进行实时处理,没有其他IC的帮助。

(2)CPU + DSP:这种芯片大多数来自TI公司,主要的芯片有Jacinto 6和Jacinto 7,它的优势就是同时使用ARM CPU和DSP,在性能上达到最佳。

(3)CPU + FPGA:目前使用FPGA或者CPLD比较多的公司主要就是Xilinx和Altera。而在此基础之上,Xilinx公司推出了ZYNQ系列SOC,创造性地将ARM和FPGA合并在一个SOC里面,可以通过FPGA实现一些定制性的算法,提升了系统的整体性能。

(4)CPU + GPU(或CUDA):目前GPU使用得比较多,特别是用来进行深度学习的训练。在GPU使用上,Nvidia公司走在了前列。从低端的JETSON系列平台到高端的PX2平台、Xavier 芯片，Nvdia 公司几乎提供了全部的工作平台，我们要做的就是将自己的工作 PORT 到对应的平台上即可。

（5）CPU + PC（或 SERVER）：中低端的 CPU 多使用 ARM a7、ARM a9，要想在这个 CPU 上运行算法或进行深度学习预测，还是比较困难的。通常情况下，这列嵌入式开发板多负责数据的采集工作，拿到数据后，进行简单的处理或者直接发送给 PC 主机，或者上传到服务器。全志 a20、树莓派、NXP 的 i. MX6 系列、三星 4412 等 SOC 都属于这一类。进行简单的算法或 IO 操作没问题，但是对于复杂的图像算法，基本没有可能。

（6）CPU + NPU：如瑞芯微的 RK3399 Pro，就是使用了这种模式。这也是为数不多的、市场上可以买到的带 NPU 的 SOC。目前，华为的 Hikey970 开发板也可以在市场上买到，它的 NPU 也支持多种模型，值得一试。

（7）低阶 SOC + Intel 神经计算棒：如果希望在 MCU 上运行 AI 算法，基本上只有 Intel 神经计算棒这一种方法了。目前，Intel 神经计算棒已经进化到第二代，可以在公开市场买到。其比 51 单片机、MCU 复杂，但是性能弱于或接近 PC。对于这类 SOC，只了解 Linux、CPU 是远远不够的，必须时刻考虑如何把算法移植到工程上，并且优化好。

从目前的发展趋势来看，多核 CPU、CPU + TI、CPU + FPGA 都只是暂时的方案。比较实用的解决方法还是 CPU + PC，或者 CPU + GPU、CPU + NPU。前者交互太慢、实时性不够，后者价格太高、短时间无法量产，所以都需要时间来慢慢解决。长期来看，SOC 中都会有专门的 IP 来解决该类的问题，类似于 ISP、encode、decode、GPU、MIPI、HDMI，它也是从低端到高端不断演进和发展的。现在很多芯片都集成了 CNN IP 足以说明这一点。

2. 系统模块（SOM）

目前技术导向的中小型企业的处境略为尴尬。一方面，SOC 技术使强大的处理器拥有精巧的构造，这种技术非常出众，因为它让下一代产品变得更为小巧而迅速。另一方面，制作专属的 SOC 需要高昂的开发成本，这让企业无法内部发展这项技术。使用大规模制造商生产的现有 SOC 会对企业更为有利。

许多企业（比如 Toradex、Inforce、SECO 等）试图改变这种困境，因此发展了系统模块技术。SOM 包含 SOC，带有重要组件，如 RAM、电源管理和其他总线系统，以便控制组件，也让 SOC 非常实用，如图 3 - 20 所示。打个比方，如果 SOC 是一座不与外界联系的工厂，SOM 则会添加仓库、连接水电，并加上连通街道的出口，还可以与工厂负责人沟通。

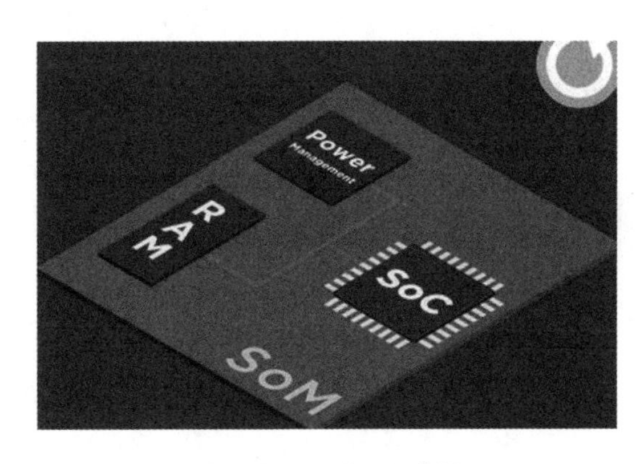

图 3 - 20　SOM 组成图

SOM 具备一个或多个标准化插头连接器,以便和外界交流。事实上,这些插头连接器无法直接与外部设备(如网络、电源供电器或相机)连接,而是需要通过一个载板来实现。

然而,只要涉及 SOM,就意味着 SOC 已经包含于组件当中。

3. 系统模块 + 载板

如前所述,SOC 仅包含接口控制器,缺少一个物理接头(如以太网插头等),而载板填补了这种缺失。SOM 的底面具有标准化插头连接器,因此可以与载板相连。载板提供所需的物理接头来连接外围设备,如屏幕、控制元件及相机等。比起 SOC 或 SOM,开发载板技术相对较简单。嵌入式技术中的组合式方法是为了让开发人员购买 SOM 成品,然后自行开发载板。这种做法比全定制设计的方式更实惠,并极大提高了灵活性,这是因为开发人员可自行决定载板上所需的插头。USB、GigE 或专利相机接头均可适用,因为接头型号为 28 针的 LVDS,可以连接一个或多个 dart BCON 相机。

配备载板的 SOM,利用载板提供物理接头,以便连接外围设备,如图 3 – 21 所示。

图 3 – 21　SOM + 载板示意图

4. 嵌入式单板

嵌入式系统中比较受市场欢迎的单板机,例如 Raspberry Pi®、DragonBoard® 或 Jetson®。单板机是采用公认接口(如 USB、以太网、HDMI 等)的迷你电脑,它所提供的一系列功能与传统 PC 或笔记本电脑类似,如图 3 – 22 所示。

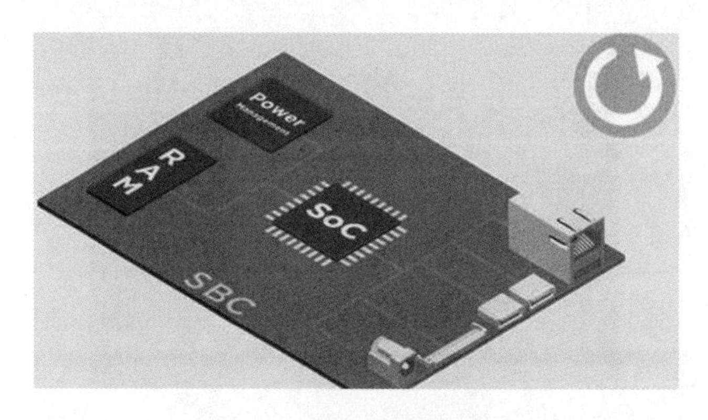

图 3 – 22　嵌入式单板组成图

原则上，单板机是集成于单元电路板上的 SOM + 载板，故称为单板机。单板机中最著名的型号是 Raspberry Pi。这款单板机带有一系列预先集成于板上的接头（如 4 × USB2、1 × MIPICSI – 2 等），在无须另外开发载板的情况下即可直接连上外围设备。其优点：SBC 非常易于操作。其缺点：例如，如果操作时需要第五代 USB 2.0 接头，由于 Raspberry Pi 所使用的 SBC 概念不够灵活，导致无法提供这类组件。因此，尽管 SBC 意味着最少的开发时间和最低的开发成本，它同时也是最为不灵活的技术。如果企业想大量出售要求特定应用的 CPU、SBC，并非是好的选择。因为选用 SBC 意味着它的接头或组件并不适用于某些应用。

5. 嵌入式操作系统

X86 平台使用的是经典的 CISC 指令集，ARM 平台使用的是 RISC 指令集，由于微软和 Intel 之间的经济利益原因，目前只有开源的 Linux 可以完美地支持两种指令集。由于指令集不同，Linux 和 Arm Linux 平台下编译后的软件不能互用。

Linux 的迅速发展致使相邻版本（内核版本号的第四位数）的内核之间亦存在较大的差异。为此，Linux 的开发者为了保证内核的稳定，在 Linux 加载驱动到内核时对驱动采用了版本校验机制。因此，内核版本升级会导致 Linux 驱动无效，需要基于最新的内核版本重新编译驱动。

随着技术的进步，嵌入式视觉的使用不断增长。对于许多应用，嵌入式视觉系统设置起来更快，更容易编程，并且如果失败更容易更换。根据应用的不同，智能相机的成本可能低于基于 PC 的系统。嵌入式视觉系统还能比传统的机器视觉系统更好地处理某些恶劣条件。基于此，制造商更多地选择了智能相机。

（1）易使用

在大多数情况下，为其应用选择嵌入式视觉的制造商会发现，设置相机的过程比设置传统的基于 PC 的系统更简单。智能相机是完整的独立系统，摄像机可以放置到位，连接到网络，并且只需相对较少的努力即可开始工作。

大多数智能相机制造商都使用直观的用户界面设计这些产品，这使得中等技术人员可以在很短的时间内配置相机。更复杂的基于 PC 的系统通常需要程序员的帮助才能为应用程序编写代码。

同样，如果智能相机损坏或需要更换，与基于 PC 的机器视觉系统出现故障相比，替换它更容易、更快、更便宜。如果智能相机遭到机器人的重击或遇到其他类型的不幸事故，可以通过拔下它，将软件上传到新相机并将新相机插入网络来轻松更换。与替换包括 PC 和摄像头或多个摄像头的传统机器视觉系统相比，更换独立智能摄像头要少得多。使用智能相机可以帮助限制由故障或故障引起的停机时间，并且可以使机器视觉系统快速启动并再次运行。

（2）低成本

嵌入式视觉系统的主要优点之一是它们往往比基于 PC 的系统便宜。单个智能相机比包含 PC 和一个“哑”相机的基于 PC 的系统便宜。

但是，成本考虑可能很复杂。包含一台 PC 和六台“哑”相机的应用程序可能比六台智能相机更经济。虽然单个智能相机可能成本较低,但直观、易用的界面可能没有达到应用目标所需的复杂性。有时制造商有更复杂的编程要求,在这种情况下,基于 PC 的系统是必须的。

这引发了嵌入式视觉系统的另一个有趣的现象。今天的智能相机设计更易于部署和操作,因此用户无须聘请程序员编写代码来设置机器视觉系统。然而,随着智能相机技术的发展,用户要求更高的复杂性,并且相机制造商面临着提供用户友好且易于操作的产品的竞争性需求,同时还提供具有增加的复杂性和灵活性的解决方案。相机制造商继续尝试通过设计更灵活的智能相机来应对这一挑战,同时仍然足够直观,无须程序员的帮助即可部署。

(3)适用于某些恶劣条件

由于嵌入式视觉系统是封闭的独立式摄像机,因此适用于某些恶劣环境中。例如,出于卫生原因,肉类加工机器需要定期冲洗。虽然相机本身不会被冲洗掉,但毫无疑问它会受到清理时的一些喷射。

大气中存在大量灰尘时可使用嵌入式视觉系统。灰尘对于机器视觉是有影响的,如果灰尘落在相机的镜头上,它将干扰相机获取图像。在多尘的环境中,通常在相机镜头上安装风扇以保持其清晰。这对于传统相机也是有弊端的,因为风扇可能会在相机外壳内部产生麻烦的灰尘,从而造成严重破坏。由于智能相机被密封在气密的箱子中,它们不易受到灰尘渗入内部工作的影响,因此对于在多尘环境中进行的应用来说是更好的选择。

嵌入式视觉系统是将先进的计算机技术、半导体技术、电子技术及各个行业的具体应用相结合的产物。信息时代、智能时代使得嵌入式视觉系统产品获得了巨大的发展契机,为嵌入式市场展现了美好的前景,嵌入式技术具有广阔的发展创新空间。

3.3 常用数据集

机器学习的经典数据集包括 MNIST 手写数字数据集、Fashion MNIST 数据集、CIFAR - 10 和 CIFAR - 100 数据集、ILSVRC 竞赛的 ImageNet 数据集、PASCAL VOC 数据集和 COCO 数据集等。本节分别对这些经典数据集进行概述。

3.3.1 MNIST 手写数字数据集

MNIST(mixed national institute of standards and technology database)数据集是常用数据集,每个入门深度学习的人都会使用 MNIST 进行实验。作为领域内最早的一个大型数据集,MNIST 于 1998 年由 Yann LeCun 等设计构建。MNIST 数据集包括 60 000 个示例的训练集及 10 000 个示例的测试集,每个手写数字的大小均为 28 × 28。

MNIST 数据集官网地址为 http://yann.lecun.com/exdb/mnist/。MNIST 在 TensorFlow 中可以直接导入使用。MNIST 数据集示例如图 3 - 23 所示。

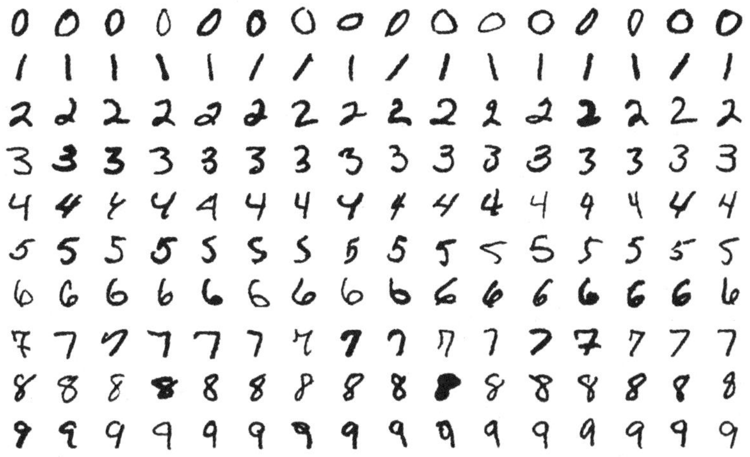

图 3－23　MNIST 数据集示例

3.3.2　Fashion MNIST 数据集

德国的一家名为 Zalando 的时尚科技公司提供了 Fashion MNIST 来作为 MNIST 数据集的替代数据集。Fashion MNIST 包含了 10 种类别 70 000 个不同时尚穿戴品的图像，整体数据结构跟 MNIST 完全一致。每张图像的尺寸同样是 28 × 28。

Fashion MNIST 数据集的官网地址为 http://yann. lecun. com/exdb/mnist/。Fashion MNIST 同样也可以在 TensorFlow 中直接导入。Fashion MNIST 数据集示例如图 3－24 所示。

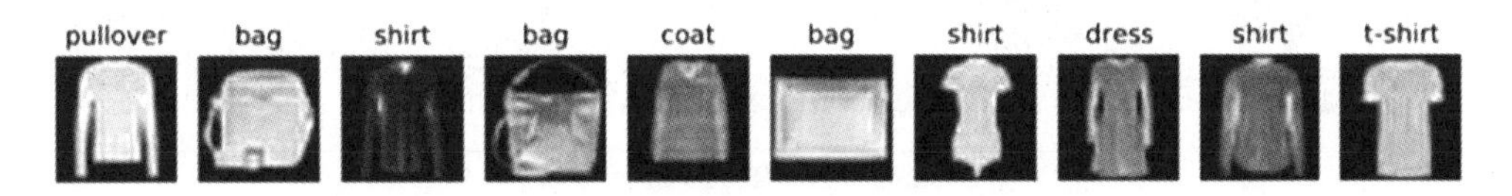

图 3－24　Fashion MNIST 数据集示例

3.3.3　CIFAR－10 数据集

相较于 MNIST 和 Fashion MNIST 的灰度图像，CIFAR－10 数据集由 10 个类的 60 000 个 32 × 32 彩色图像有 50 000 个训练图像和 10 000 个测试图像组成，每个类有 6 000 个图像。

CIFAR－10 是由 Hinton 的学生 Alex Krizhevsky 和 Ilya Sutskever 整理的一个用于识别普适物体的彩色图像数据集。它一共包含 10 个类别的 RGB 彩色图片，有飞机（airplane）、汽车（automobile）、鸟类（bird）、猫（cat）、鹿（deer）、狗（dog）、蛙类（frog）、马（horse）、船（ship）和卡车（truck）。

CIFAR－10 的官网地址为 https://www. cs. toronto. edu/～kriz/cifar. html。CIFAR－10 数据集示例如图 3－25 所示。

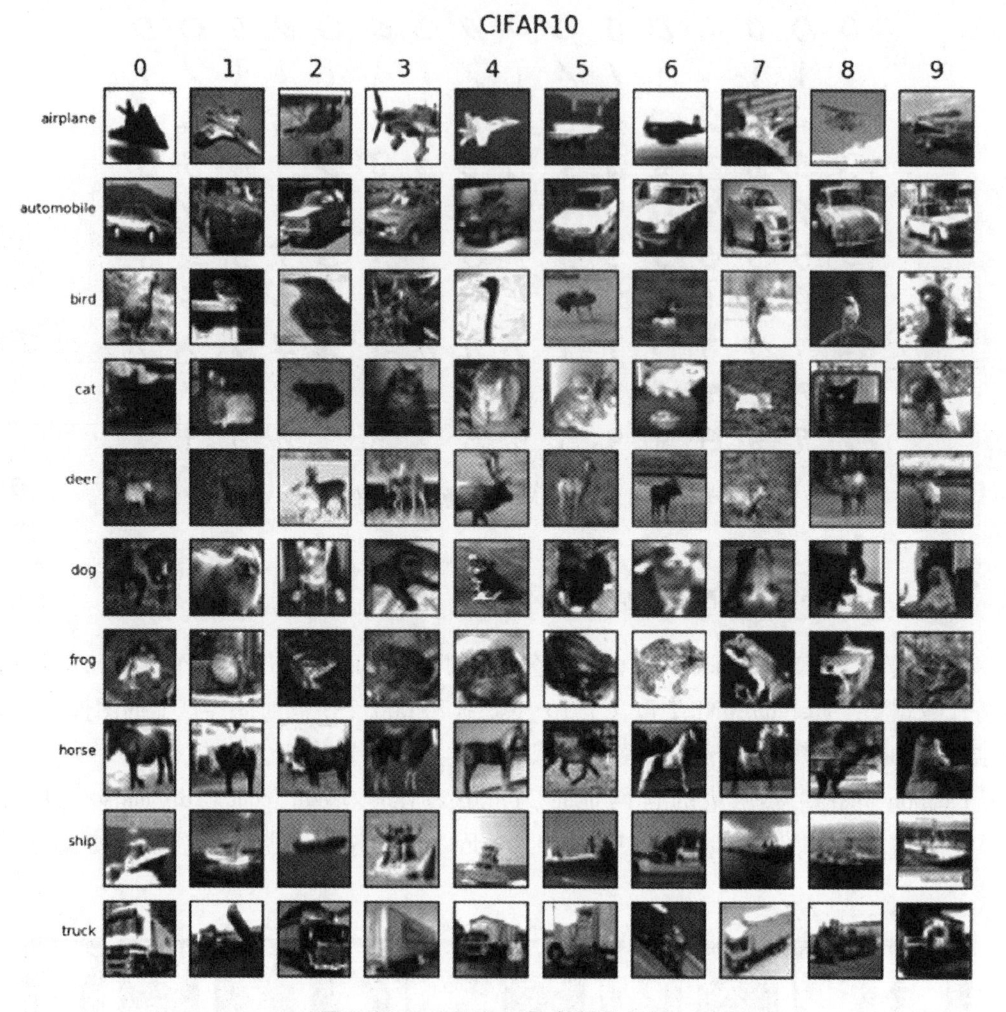

图 3-25 CIFAR-10 数据集示例

3.3.4 CIFAR-100 数据集

CIFAR-100 可以看作 CIFAR-10 的扩大版，CIFAR-100 将类别扩大到 100 个类，每个类包含了 600 张图像，分别有 500 张训练图像和 100 张测试图像。CIFAR-100 的 100 个类被分为 20 个大类，每个大类又有一定数量的小类，大类和大类之间区分度较高，但小类之间有些图像具有较高的相似度，这对于分类模型来说会更具挑战性。

CIFAR-100 数据集的官网地址为 https://www.cs.toronto.edu/~kriz/cifar.html。CIFAR-100 数据集示例如图 3-26 所示。

图 3 - 26　CIFAR - 100 数据集示例图

3.3.5　ImageNet 数据集

ImageNet 数据集是由斯坦福大学的李飞飞主持的一个项目形成的数据集。李飞飞在 CVPR 2009 上发表了一篇名为 *ImageNet: A large - scale hierarchical image database* 的论文，这之后基于 ImageNet 数据集的 7 届 ILSVRC 大赛，使得 ImageNet 极大地推动了深度学习和计算机视觉的发展。表 3 - 1 所示为 ImageNet 图像数据集成绩表。

表 3 - 1　ImageNet 图像数据集成绩表

年份	网络名称	Top - 5 成绩	论文
2012	AlexNet	16.42%	*ImageNet glassification with deep convolutional neural networks*
2013	ZFNet	13.51%	*Visualizing and understanding convolutional networks*
2014	GoogLeNet	6.67%	*Going deeper with convolutions*
	VGG	6.8%	*Very deep convolutional networks for large-scale image recognition*
2015	ResNet	3.57%	*Deep residual learning for image recognition*
2016	ResNeXt	3.03%	*Aggregated residual transformations for deep neural networks*
2017	SENet	2.25%	*Squeeze-and-excitation networks*

目前 ImageNet 中总共有 14 197 122 张图像，分为 21 841 个类别，数据集官网地址为 http://www.image-net.org/。ImageNet 数据集示例如图 3 - 27 所示。

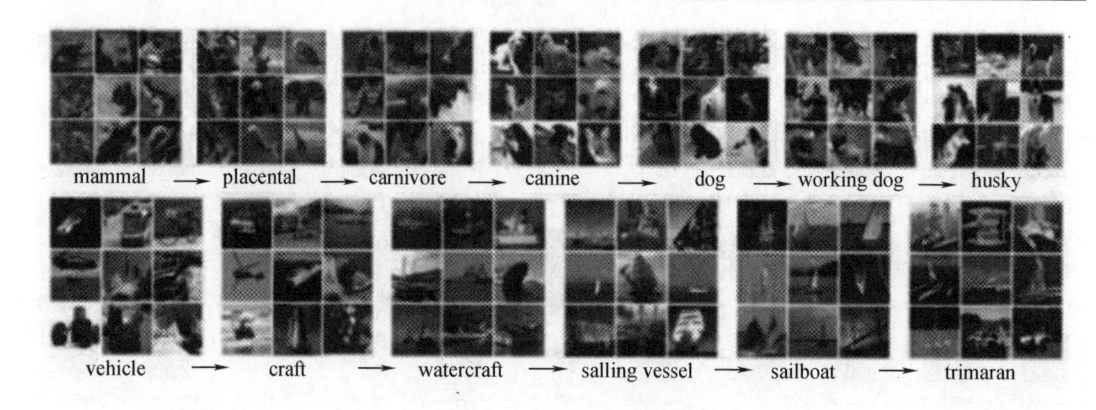

图 3-27 ImageNet 数据集示例

3.3.6 PASCAL VOC 数据集

PASCAL VOC 挑战赛是一个世界级的计算机视觉挑战赛，其全称为“Pattern analysis, statical modeling and computational learning”,从 2005 年开始到 2012 年结束。PASCAL VOC 最初主要用于目标检测,很多经典的目标检测网络都是在 PASCAL VOC 上训练出来的,如 Fast R-CNN 系列的各种网络,后来逐渐增加了分类、分割、动作识别和人体布局等五类比赛。

目前 PASCAL VOC 主要有 VOC2007 和 VOC2012 两个版本的数据集。PASCAL VOC 数据集的官网地址为 http://host.robots.ox.ac.uk/pascal/VOC/。PASCAL VOC 数据集示例如图 3-28 所示。

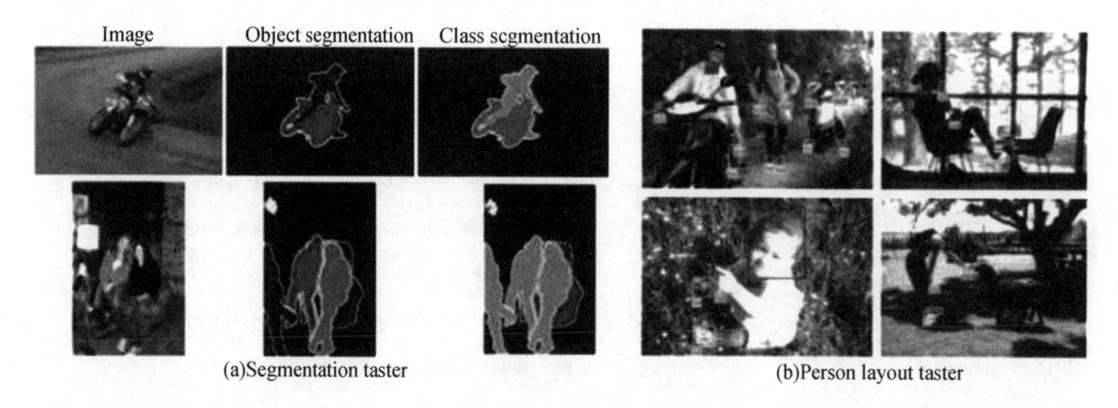

图 3-28 VOC 数据集示例

3.3.7 COCO 数据集

COCO 数据集是微软在 ImageNet 和 PASCAL VOC 数据集标注的基础上产生的,主要用于图像分类、检测和分割等任务。COCO 全称为“Common objects in context”。2014 年微软在 ECCV Workshops 里发表了 *Microsoft COCO: Common Objects in Context*。文章表述 COCO 数据集以场景理解为目标,主要从复杂的日常场景中截取,图像中的目标通过精确分割进行位置的标定。COCO 包括 91 个类别目标,其中有 82 个类别的数据量都超过了 5 000 张。

COCO 数据集的官网地址为 http://cocodataset.org/#home。COCO 数据集示例如图 3 - 29 所示。

图 3 - 29　COCO 数据集示例

第 4 章　图像分类开发实践

4.1　图像分类基本概念及原理

图像分类是为预定义集合中的图像分配适当标签(或类)的任务,如图 4 - 1 所示。

图 4 - 1　应用于图像集的人和汽车标签的分类器示例

4.1.1　设置任务

对手写数字图像进行分类(即识别图像中是否包含 0 或 1 等)是计算机视觉中的一个历史问题。

修改后的国家标准数据集网址为 http://yann.lecun.com/exdb/mnist/,这个数据集包含了 70 000 张 28 ×28 像素的灰度图像,多年来一直被用作参考,人们可以方便地测试它们的识别任务方法。图 4 - 2 所示为 MNIST 数据集中每个数字的 10 个样本。

对于数字分类,我们想要的是一个网络,将这些图像之一作为输入,并返回输出向量,表示网络相信图像对应于每个类别的程度。输入向量有 28 ×28 = 784 个值,而输出向量有 10 个值(对应从 0 到 9 的 10 个不同的数字)。在所有这些值之间,定义隐藏层的数量和它们的大小。要预测图像的类别,只需通过网络转发图像向量,收集输出,然后返回具有最高置信度分数的类别。

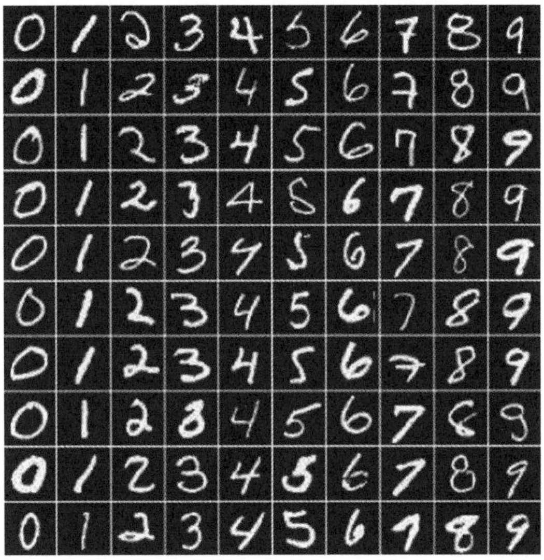

图 4－2　MNIST 数据集中每个数字的 10 个样本

提示:这些置信度分数通常被转换成概率来简化进一步的计算或解释。例如,假设一个分类网络给狗类打 9 分,给猫类打 1 分。这相当于图像显示狗的概率是 9/10,显示猫的概率是 1/10。

实现解决方案之前,首先通过加载训练和测试方法的 MNIST 数据来准备数据。为了简单起见,我们使用由马克・加西亚(根据 BSD 第 3 条款“新的或修订的”许可,已经安装在本章的源目录中)开发的 mnist Python 模块(https://github.com/datapythonista/mnist)。

```
importnumpy as np
importmnist
np.random.seed(42)

#加载训练和测试数据:
y_train = mnist.train_images(), mnist.train_labels()
y_test = mnist.test_images(), mnist.test_labels()
Num_classes = 10 #分类是从 0 到 9 的数字
#我们将图像转换为列向量(作为我们神经网络的输入):
X_train, X_test = X_train.reshape( -1, 28 * 28), X_test.reshape( -1, 28 * 28)
#我们“独热码”标签(作为我们神经网络的目标),例如,转换
标签 ' 4 ' 为向量 ' [0, 0, 0, 0, 1, 0, 0, 0] ':
y_train = np.eye(num_classes)[y_train]
```

提示:数据集的预处理和可视化的更详细的运算可以在本章的源代码中找到。

4.1.2　实现网络

对于神经网络本身,需要将这些图层组合在一起,并添加一些方法,通过完整的网络转发,根据输出向量预测类。在这个图层实现之后,可参考下面的代码。

```
importnumpy as np
from layer importFullyConnectedLayer

def sigmoid(x): #将 S 型函数应用到 x 元素。
return 1 /(1 + np.exp( -x)) # y

类 简单网络(对象):
""一个简单的全连接神经网络。
Args:
num_inputs (int): The input vector size /number of input values.
num_outputs (int): The output vector size。
hidden_layers_sizes (list): A list of sizes for each hidden layer to be added to
the network
Attributes:
layers(list): The list of layers forming this simple network。
"""
def __init__(self, num_inputs, num_outputs, hidden_layers_sizes =(64,32):
super().__init__()
#我们创建了组成网络的图层列表:
sizes = [num_inputs, *hidden_layers_sizes, num_outputs]
self.layers = [
FullyConnectedLayer(sizes[i], sizes[i + 1], sigmoid)
fori in range(len(sizes) - 1)]
def forward(self, x):
"""Forward the input vector x`through the layers."""
for layer inself.layers: #从输入层到输出层
x = layer.forward(x)
return x

def predict(self, x):
"""Compute the output corresponding to x`, and return the index of
the largest output value"""
estimations = self.forward(x)
best_class = np.argmax(estimations)
returnbest_class

defevaluate_accuracy(self, X_val, y_val):
```

```
    """Evaluate the network's accuracy on a validation dataset."""
    num_corrects = 0
    for i in range(len(X_val)):
    if self.predict(X_val[i]) = = y_val[i]:
    num_corrects + = 1
    returnnum_corrects / len(X_val)
```

刚刚实现了一个前馈神经网络,可以用于分类，现在把它应用到我们的问题上。

```
#网络的 MNIST 图像,有两个隐藏层,大小分别为 64 和 32:
mnist_classifier = SimpleNetwork(X_train.shape[1], num_classes, [64, 32])

#….我们在 MNIST 测试集上评估它的准确性:
accuracy =mnist_classifier.evaluate_accuracy(X_test, y_test)
print("accuracy = {:.2f}% ".format(accuracy * 100))
# >精度 = 12.06%
```

上述代码只得到了 12.06% 的准确率。这个结果看起来可能令人失望,因为它的准确性几乎不比随机猜测好。但是,这一结果也是合理的,因为我们的网络是由随机参数定义的。我们需要根据我们的用例对它进行训练,这是我们将在下一部分中处理的任务。

图像分类的核心是从给定的分类集合中给图像分配一个标签的任务。实际上,这意味着我们的任务是分析一个输入图像并返回一个将图像分类的标签。标签总是来自预定义的可能类别集。

示例:我们假定一个可能的类别集 categories = {dog, cat, eagle},之后我们提供一张图片(图 4 -3)给分类系统。

图 4 -3　根据预定义类别分配标签

这里的目标是根据输入图像,从类别集中分配一个类别,这里为 eagle。我们的分类系统也可以根据概率给图像分配多个标签,如 eagle:95% ,cat:4% ,dog:1% 。

图像分类和图像识别这两个概念很容易搞混,很多做了几年视觉的人也不清楚它们的区别。

以人脸识别为例,假设一个班级里有 20 个人,用图像做分类来区分每个学生。可以采集 20 个人的人脸图片进行训练模型分类,但是如果班级新来一个同学,我们就需要采集新来同学的图像重新训练模型。预测的图像是把训练好的模型作为特征提取器给 softmax 分类器做分类;而图像识别是使用卷积网络训练大量人脸图像,训练好的模型作为特征提取器,预测的时候利用特征提取器和注册人脸图像计算相似度。

4.1.3 应用场景

图 4-3 中待分类物体是单一的,如果图像中包含多个目标物,如图 4-4 所示,可以使用多标签分类或目标检测算法。

图 4-4 多标签图片

4.2 典型分类模型

2012 年,深度学习取得突破后,基于卷积神经网络更精细分类系统的研究获得了发展势头。在多年来为对象分类开发的众多解决方案中,有一些因其对计算机视觉的贡献而闻名。它们已经被衍生和改编为许多不同的应用程序。

常用的标准网络模型:LeNet、AlxNet、VGG 系列、ResNet 系列、Inception 系列、Densenet 系列、GoogleNet、NasNet、Xception、Senet(state of art)

轻量化网络模型:Mobilenet v1、v2,Shufflenet v1、v2,Squeezenet

目前,轻量化模型在具体项目应用时用的比较广泛。其优点为参数模型小,方便部署;计算量小,速度快。其缺点为轻量化模型在精度上没有 ResNet 系列、Inception 系列、Densenet 系列、Senet 的 accuracy 高。如果使用 Finetune tricks,轻量化模型也能达到上述模型精度的水平,所以在此力推轻量化模型。

在这部分,我们将介绍一些跟随 AlexNet 解决 ImageNet 大型视觉识别挑战赛的经典深度学习方法,包括导致它们发展的原因和它们做出的贡献。

4.2.1 超分辨率测试序列——标准的卷积神经网络架构

1. 超分辨率测试序列概述

超分辨率测试序列由牛津大学的视觉几何组开发。尽管该小组在 2014 年的 ImageNet

大型视觉识别挑战赛分类任务中仅获得第二名,但他们的方法影响了后来的许多架构。

典型的卷积神经网络架构是将卷积块和池化层结合起来,然后在稠密层进行最终的预测。应用随机变换(图像平移、水平翻转等)来综合地增加数据集(即通过随机编辑原始样本来增加不同训练图像的数量)。

尽管如此,这个原型架构还有改进的空间。许多研究人员的主要动机是想要进行深入研究,即构建一个由大量堆叠图层组成的网络。但是,这样做会带来很大挑战。事实上,更多的图层通常意味着更多的参数来训练,使学习过程更加复杂。牛津大学视觉几何小组的西蒙尼安和齐瑟曼成功地解决了这一问题。他们提交给 2014 年的 ImageNet 大型视觉识别挑战赛的方法达到了 7.3% 的前五名误差,将 AlexNet 16.4% 的误差除以 2 以上。

Top – 5 准确率是 ImageNet 大型视觉识别挑战赛的主要分类指标之一。如果正确的类别是在它的 5 个初步猜测中,则它认为该种方法预测正确。实际上,对于许多应用程序来说,拥有一种能够将大量候选类减少到较低数量的方法是很好的(例如,让专家用户在剩下的候选人中做出最后的选择)。前 5 个指标是更通用的 Top – k 指标的一个特例。

西蒙尼安和齐瑟曼在他们的论文(《大图像识别的深度卷积网络》)中介绍了他们是如何将自己的网络开发得比之前的大多数网络更深入的。该论文介绍了 6 种不同的卷积神经网络架构,深度从 11 层到 25 层。每个网络由 5 个连续卷积块组成,然后是一个最大池化层和最后三个稠密层(使用丢失信息进行训练)。所有的卷积层和最大池化层都有相同的填充。卷积的步长是 $s = 1$,使用修正线性单元进行激活。

现在仍然常用的两种性能最好的体系结构是 VGG – 16 和 VGG – 19。数字 16 和 19 代表了这些 CNN 架构的深度,也即是堆叠在一起的可训练图层的数量。如图 4 – 5 所示,VGG – 16 包含 13 个卷积层和 3 个稠密层,因此深度为 16(不包括不可训练的运算,也就是说,5 个最大池化层和 2 个丢失信息图层)。VGG – 19 也是一样,它由三个额外的卷积组成。VGG – 16 有约 1.38 亿个参数,VGG – 19 有约 1.44 亿个参数。

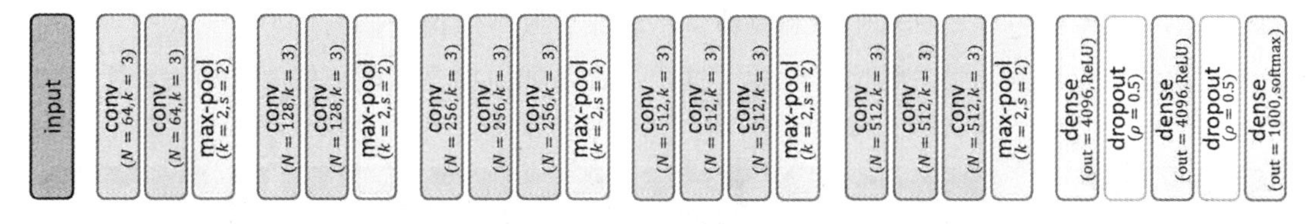

图 4 – 5　VGG – 16 架构

2. 贡献 – 标准化卷积神经网络架构

在下面的段落中,我们将总结这些研究人员提出的最重要的贡献,同时进一步详细介绍他们的架构。

(1)用多个较小的卷积替换较大的卷积

从一个简单的观察开始——两个具有 3 × 3 内核的卷积与具有 5 × 5 内核的卷积具有相同的感受野。

同样,3 个连续的 3 × 3 卷积得到一个 7 × 7 的感受野,5 个连续的 3 × 3 卷积得到一个

11 ×11 的感受野。因此，当 AlexNet 有大的过滤器（高达 11 ×11）时，超分辨率测试序列网络包含更多但更小的卷积，以应对更大的有效感受野。这种改变的好处有以下两个方面。

①减少了参数的数量

事实上，一个 11 ×11 卷积层的 N 个过滤器意味着 $11\times11\times D\times N = 121DN$ 值来训练它们的内核（对于深度为 D 的输入），而 5 个 3 ×3 卷积的内核权值为 $1\times(3\times3\times D\times N) + 4\times(3\times3\times N\times N) = 9DN + 36N^2$。只要 $N < 3.6D$，就意味着更少的参数。例如，当 $N = 2D$ 时，参数数量从 $242D^2$ 下降到 $162D^2$。这使得网络更容易优化，也更轻。

②增加了非线性

拥有更多的卷积层，每个图层后面都有一个修正线性单元，如 ReLU，这增加了网络学习复杂特征的能力。

总的来说，用小的、连续的卷积代替较大的卷积可以更有效，更深入地研究超分辨率测试序列。

（2）增加特征映射的深度

基于另一种直觉，超分辨率测试序列的作者将每个卷积块的特征映射深度增加了一倍（从第一次卷积后的 64 增加到 512）。每一组后面都有一个最大池化层，窗口大小为 2 ×2，步长为 2，深度加倍而空间尺寸减半。这就允许对空间信息编码成越来越复杂和有区别的特征来进行分类。

（3）用尺度抖动增强数据

西蒙尼安和齐瑟曼还介绍了一种他们称之为尺度抖动的数据增强机制。在每次训练迭代中，他们随机缩放批处理图像（较小的一侧从 256 个像素到 512 个像素），然后将它们裁剪成适当的输入大小（提交 ImageNet 大型视觉识别挑战赛 ILSVRC 时为 224 ×224）。通过这种随机变换，网络会遇到不同尺度的样本，尽管这个尺度会抖动，但是网络会学会正确对它们进行分类。由于训练的图像讨论了更大范围的现实变换，该网络变得更加稳健。

数据增强是通过对训练数据集的图像进行随机变换来综合增加训练数据集的大小，从而创建不同版本的过程。详细信息和具体例子将在后续章节讨论。

在西蒙尼安和齐瑟曼的论文中展示了这个过程是如何提高准确率的，如图 4 –6 所示。

图 4 –6　缩放抖动的示例

之前，AlexNet 的作者也使用了同样的原理。在训练和测试期间，他们用不同的裁剪和翻转变换组合生成了每张图像的多个版本。

(4)用卷积替换全连接层

虽然经典的超分辨率测试序列架构以几个全连接层(如 AlexNet)结束,但作者提出了一个替代版本。在这个版本中,稠密层被卷积层代替。第一组卷积的较大内核(7×7 和 3×3)将特征映射的空间大小减小到 1×1(事先没有填充),并将其深度增加到 4 096。最后,使用 1×1 的卷积和与要预测的类一样多的过滤器(对于 ImageNet,N = 1 000)。得到的 $1\times1\times N$ 向量用 softmax 函数标准化,然后将其展平为最终的类预测(每个向量的值代表预测的类概率)。

这种没有任何稠密层的网络称为全卷积网络。超分辨率测试序列作者也强调过,全卷积网络可以应用于不同大小的图像,而不需要预先裁剪。

3. 在 TensorFlow 和 Keras 中实现

VGG-16 和 VGG-19 是需要重新实现的最简单的分类器之一。出于教学目的,可以在 GitHub 文件夹中找到示例代码。然而,在计算机视觉中,就像在许多领域一样,最好不要重新发明轮子,而是重用现有的可用工具。下面的段落展示了不同的预先实现的超分辨率测试序列解决方案,可供直接调整和使用。

(1)TensorFlow 模型

虽然 TensorFlow 本身并没有提供超分辨率测试序列架构的任何官方实现,但在 TensorFlow/models GitHub 存储库(https://github.com/tensorflow/models)中可以找到完美实现的 VGG-16 和 VGG-19 网络。这个由 TensorFlow 贡献者维护的存储库中包含了许多精心策划的最新技术或实验模型。在寻找特定网络时,通常建议大家搜索这个存储库。

(2)Keras 模型

Keras 应用程序编程接口有这些架构的官方实现,可以通过它的 tf.keras.applications 包访问。这个包还包含其他几个众所周知的模型,并为每个模型提供预先训练的参数(从特定数据集的预训练中保存的参数)。例如,可以用下面的命令实例化一个超分辨率测试序列网络:

```
vgg_net =VGG16(
include_top=True, weights='imagenet', input_tensor=None,
input_shape=None, pooling=None, classes=1000)
```

使用这些默认参数,Keras 实例化 VGG-16 网络,并加载在 ImageNet 上完成训练周期后获得的持久参数值。有了这个命令,我们就有了一个可以将图像分类为 1 000 个 ImageNet 类别的网络。如果计划重新训练网络,我们应该固定 weights = None, Keras 将随机设置权值。

提示:在 Keras 术语中,顶层对应最后的连续稠密层。因此,如果我们设置 include_top = False, 超分辨率测试序列稠密层将被排除,网络的输出将是最后一个卷积/最大池化块的特征映射。如果我们想重用预先训练过的超分辨率测试序列网络来提取有意义的特征(可以应用于更高级的任务),而不仅仅是用于分类,那么这一点很有用。在这种情况下(当 include_top = False 时),可以使用池化函数参数指定一个可选的运算,在返回特征映射之前应用到它们(pooling = 'avg'或 pooling = 'max'来应用全局平均或最大池化)。

4.2.2 谷歌网络和初始模块

谷歌网络由谷歌的研究人员开发,我们现在展示的架构也应用于2014年的ImageNet大型视觉识别挑战赛,并在分类任务中领先超分辨率测试序列网络,获得第一名。谷歌网络在结构上与它的线性挑战者非常不同,它介绍了初始模块的概念。

1. 谷歌网络架构概述

谷歌网络的作者们从一个与超分辨率测试序列研究人员截然不同的角度探讨了更高效的卷积神经网络的概念。

实际上,尽管经过精心设计,卷积神经网络越深,它们可训练参数的数量和每次预测的计算次数就越多,这在内存和时间方面成本是很高的。例如,VGG-16网络约为93 MB,ImageNet大型视觉识别挑战赛的超分辨率测试序列提交需要两到三周的时间在四个图形处理器上进行训练。谷歌网络拥有约500万个参数,它比AlexNet轻12倍,比VGG-16轻21倍,并且网络在一周内完成训练。因此,谷歌网络可以在更普通的机器(如智能手机等)上运行,这有助于它经久不衰。

尽管参数和运算的数量显著减少,但谷歌网络在2014年赢得了分类挑战,前5名的误差为6.7%,而超分辨率测试序列的误差为7.3%。网络的概念不仅是更深的,而且是更大的,用平行图层块进行多尺度处理,构建卷积神经网络是一项复杂的、迭代的任务。我们如何知道应该将哪个图层添加到堆栈中提高精度?我们如何知道哪个内核大小最适合给定图层?毕竟,不同大小的内核不会对相同尺度的特征做出反应。我们如何才能避免这种取舍呢?一个很好的解决方案是使用谷歌的研究人员开发的初始模块,这些模块由多个并行工作的不同图层组成。

2. 贡献——推广更大的区块和瓶颈

谷歌网络参数数量少、网络性能佳。在这部分,我们将只介绍与前面介绍的初始网络不同的关键概念。值得注意的是,谷歌网络的作者重新应用了我们已经介绍过的其他一些技术,如预测每个输入图像的多个剪裁,以及在训练期间使用其他图像转换等。

3. 使用初始模块捕获各种细节

2013年,林敏等在他们的论文《网络中的网络》中介绍,谷歌团队改编并充分利用了由子网络模块组成卷积神经网络的想法。如前所述,他们开发的基本初始模块由四个平行层组成,三个卷积的过滤器大小分别为1×1,3×3和5×5,一个最大池化层,步长为1。这种并行处理的优点是多方面的,之后将结果连接在一起。

这种体系结构允许对数据进行多尺度处理,每个初始模块的结果结合了不同尺寸的特征,捕获了更广泛的信息。我们不必选择哪个内核大小可能是最好的(这样的选择将需要多次迭代的训练和测试周期),网络可以自己学习每个模块更多依赖哪些卷积。

此外,具有修正线性单元的垂直堆叠图层会积极地影响网络性能,水平组合也是如此。从不同图层映射特征的连接进一步增加了卷积神经网络的非线性。

4. 使用1×1的卷积作为瓶颈

正如前文提到的,通常使用1×1卷积层(步长为1)来改变输入量的整体深度,而不影响其空间结构。这样一个具有 N 个过滤器的图层将采用形状为 $H \times W \times D$ 的输入,返回一个插值为 $H \times W \times N$ 的张量。对于输入图像中的每个像素,它的 D 个通道值将由这个图层(根据它的过滤器权值)插值到 N 个通道值中。

通过预先压缩特征的深度(使用 $N < D$),这个属性可以用于减少更大卷积所需的参数数量。这种技术基本上使用 1×1 卷积作为瓶颈,即作为降低维度和参数数量的中间层。由于神经网络中的激活通常是冗余的或未被使用的,这样的瓶颈通常几乎不会影响性能(只要它们不大幅度降低深度)。此外,谷歌网络有平行图层来弥补深度的减少。事实上,在初始网络中,瓶颈存在于每个模块中,在所有更大的卷积运算之前和最大池化运算之后。

例如,假设第一个初始模块(输入量为 $28 \times 28 \times 192$)中的 5×5 卷积,朴素版本中包含过滤器的张量维度为 $5 \times 5 \times 192 \times 32$。仅仅这个卷积就代表了 153 600 个参数。在初始模块的第一个版本(即瓶颈)中,在 5×5 卷积之前介绍了 1×1 卷积,$N = 16$。因此,这两个卷积的内核总共需要 $1 \times 1 \times 192 \times 16 + 5 \times 5 \times 16 \times 32 = 15\ 872$ 个可训练值。这个参数比之前的版本少了 10 倍(只是对于这个 5×5 的图层),而输出大小相同。此外,添加具有修正线性单元的图层进一步提高了网络掌握复杂概念的能力。

我们将在本章中介绍提交给 2014 年的 ImageNet 大型视觉识别挑战赛的谷歌网络。其更常用的名称是 Inception V1,该体系结构从那时起就被它的作者改进了。Inception V2 和 Inception V3 包含了几个改进,比如用更小的卷积代替 5×5 和 7×7(如在超分辨率测试序列中所做的),改进瓶颈的超参数减少了丢失信息,增加了 BatchNorm 图层。

5. 池化而不是全连接

初始网络作者用来减少参数数量的另一种解决方案是在最后一个卷积块之后使用平均池化层而不是全连接层。该图层的窗口大小为 7×7,步长为 1,在没有任何参数进行训练的情况下,特征量从 $7 \times 7 \times 1\ 024$ 减少到 $1 \times 1 \times 1\ 024$。一个稠密层将增加 $(7 \times 7 \times 1\ 024) \times 1\ 024 = 51\ 380\ 224$ 个参数。尽管网络在这种替代中失去了一些表达能力,但计算增益是巨大的,而且网络已经包含了足够多的非线性运算来捕获最终预测所需的信息。

谷歌网络中最后也是唯一的全连接层有 $1\ 024 \times 1\ 000 = 1\ 024\ 000$ 个参数,占网络总数的五分之一。

6. 用中间损失函数对抗梯度消失

正如在介绍该体系结构时提到的,谷歌网络在训练时有两个辅助分支,这也导致了预测。预测的目的是在训练期间提高损失函数在网络中的传播。事实上,更深的卷积神经网络经常受到梯度消失的困扰。许多卷积神经网络运算(如 sigmoid)都有小振幅的导数。因此,当反向传播时,层数越高,导数的乘积就越小。通常,当到达第一层时,梯度会消失/收缩为零。因为梯度值是直接用来更新参数的,如果梯度太小,这些图层不能有效地学习。

相反的现象,即梯度爆炸问题,也可能发生在更深的网络中。当使用导数可以取较大数量级的运算时,它们的产品在反向传播期间的乘积会变得非常大,从而使训练变得不稳定,有时甚至会溢出。

实现这个问题有效的解决方案是通过在不同的网络深度介绍额外的分类损失函数来减少第一图层与预测之间的距离。如果来自最终损失函数的梯度无法正确流向第一图层,由于中间损失函数越来越小,这些仍将接受训练以帮助分类。顺便说一下,这个解决方案也稍微提高了受多重损失函数影响的图层的鲁棒性,因为它们必须学会提取不仅对主网络有用的鉴别特征,而且对较短的分支也有用。

4.2.3 ResNet——残差网络

残差网络是本章中讨论的最后一个架构,它赢得了2015年ImageNet大型视觉识别挑战赛冠军。残差网络是由一种新型模块,即残差模块组成的,它提供了一种创建深度网络的有效方法,在性能方面击败了像初始网络这样的大型模型。

1. 残差网络架构概述

残差网络架构是由微软的研究人员何恺明等开发的。它是一个有趣的解决影响卷积神经网络学习问题的方案。

2. 动机

初始网络表明,放大图像在图像分类和其他识别任务中是一种有效的策略。但是,为了解决越来越复杂的任务,专家们仍然在努力增加网络。“然而,问题是学习更好的网络就像堆叠更多图层一样简单吗?”何恺明等在论文序言中提出的问题是有道理的。

我们已经知道,网络越深入,就越难训练它。但是除了梯度消失/梯度爆炸问题(已经被其他解决方案覆盖),何恺明等指出了更深的卷积神经网络面临的另一个问题,即性能退化。这一切都始于一个简单的观察——卷积神经网络的精度不会随着新图层的增加而线性增加。随着网络深度的增加,会出现退化问题,精度开始饱和,甚至下降。甚至当疏忽堆叠过多的图层时,训练损失函数也开始减少。这证明问题不是由过拟合引起的。例如,作者比较18层卷积神经网络和34层卷积神经网络的准确率,结果显示后者在训练期间和训练之后的表现都比浅层版本差。何恺明等的论文中提出了一种构建深度和性能网络的解决方案。

通过模型平均(应用不同深度的残差网络模型)和预测平均(对每个输入图像的多个剪裁),残差网络作者在ImageNet大规模视觉识别挑战中达到了历史最低的3.6%的前5名错误率。这是算法第一次在这个数据集上击败人类。挑战赛组织者对选手的表现进行了测试,最佳选手的错误率为5.1%。在这样的任务上取得超人的表现是深度学习的一个巨大里程碑。然而,我们应该记住,虽然算法可以专业地解决特定的任务,但它们仍然不具备人类的能力来将这种知识扩展到其他人,或掌握它们要处理的数据的语境。

3. 体系结构

像初始网络一样,残差网络已经知道了对其体系结构进行的几次迭代改进,例如添加了瓶颈卷积或使用了更小的内核。像超分辨率测试序列一样,残差网络也有几个基于其深度为特征的伪标准化版本,ResNet-18、ResNet-50、ResNet-101、ResNet-152等。事实上,2015年ImageNet大型视觉识别挑战赛获奖的残差网络垂直堆叠了152个可训练层(总计6 000万个参数),这在当时是一个令人印象深刻的壮举。

如图4-7所示,所有的卷积层和最大池化层都有相同的填充,如果没有指定,则步长$s=1$。每3×3个卷积后应用批处理标准化,1×1个卷积没有激活函数。

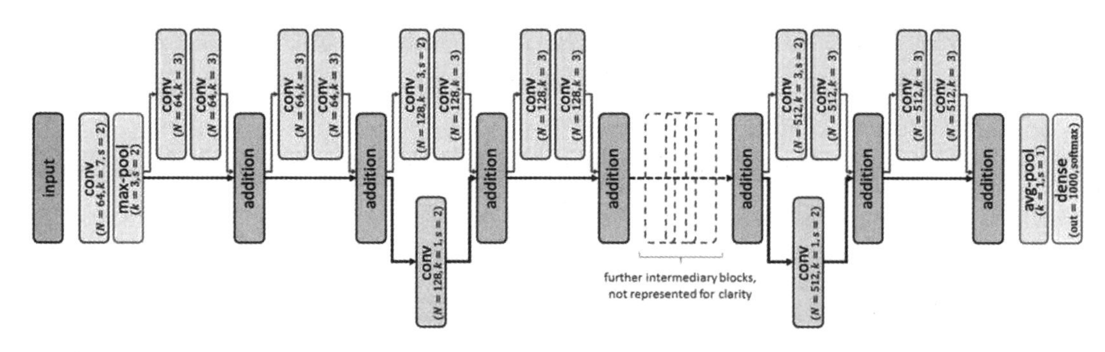

图 4-7　残差网(ResNet)架构示例

尽管残差网络体系由具有并行运算的图层块组成,但它的结构比初始网络体系结构更瘦,在初始网络中,每个并行层都非线性地处理输入信息。与此不同的是,残差网络块由一个非线性路径和一个标识路径组成。前者对输入特征映射应用两个卷积,并进行批处理标准化和非线性激活函数激活。后者只是简单地转发特性,而不应用任何转换。

然而,上述表述并不总是正确的。如图 4-7 所示,当深度通过非线性分支并行增加时,采用 1×1 卷积来适应特征深度。在这种情况下,为了避免参数数量的大量增加,还采用 $s=2$ 的步长在两侧降低空间维度。

在初始模块中,每个分支的特征图(即转换的特征和原始的特征)在传递到下一个块之前被合并在一起。但是,与初始模块不同是,这种合并不是通过深度连接来执行的,而是通过元素的添加(一种不需要任何附加参数的简单运算)来执行的。

提示:在大多数实现中,每个残差块的最后 3×3 卷积并不是直接跟随修正线性单元激活。相反,在完成与标识分支合并之后应用非线性函数。

与谷歌网络相同,对最后一个区块的特征进行平均池化并密集地转换成预测。

4. 贡献 - 更深入地转发信息

残差块对机器学习和计算机视觉有着重要的贡献。接下来我们将讨论这样做的原因。

5. 估计残差函数而不是映射

正如残差网络的作者指出的那样,如果图层可以很轻松地学习标识映射,即如果一组图层可以学习权值,从而使它的一系列运算最终返回与输入层相同的张量,那么退化现象就不会发生。

事实上,当在卷积神经网络上添加一些图层时,如果这些额外的图层能够收敛到标识函数,我们至少应该获得相同的训练/验证错误。它们将不会通过原始网络的结果降低最低限度。但事实并非如此,我们经常可以观察到降级,这意味着卷积神经网络图层的标识映射不容易学习。由此引入了残差块,引入残差块有两条路径:一条路径通过一些额外的卷积层进一步处理数据;另一条路径执行标识映射,即转发数据没有变化。

我们可以直观地理解这是如何解决退化问题的。当在卷积神经网络上添加残差块时,至少可以通过将处理分支的权值设为 0 来保留原有的性能,只留下预定义的标识映射。处理路径只有在使损失函数最小化的情况下才会被考虑。

数据转发路径通常称为跳过或快捷方式。处理路径通常被称为残差路径,因为它的运算输出随后被添加到原始输入，当单位映射接近最优时，处理张量的大小要比输入张量小得多，因此术语称为残差。总的来说，这条残差路径只对输入数据进行了微小的更改，从而使模式能够转发到更深的图层。

在论文中，何恺明等证明了他们的体系结构不仅解决了退化问题，而且残差网模型在相同层数的情况下比传统模型获得了更好的精度。

同样值得注意的是，残差块不包含比传统块更多的参数，因为跳过和加法运算不需要任何参数。因此，它们可以有效地用作超深度网络的构建块。

随着视觉识别研究的快速发展，提出了越来越多的更先进架构，它们建立在以前解决方案的基础上，并针对特定的用例进行合并或优化。因此，在尝试重新发明之前，检查现有的技术水平是一个相当好的主意（如在官方资料库或研究期刊上查询）。

4.3 软硬件开发环境

本书主要基于 PyTorch。首先介绍 PyTorch 的主要概念，包括书中的几个核心概念和一些高级概念。

4.3.1 核心概念

PyTorch 是一个开源的 Python 机器学习库，用于自然语言处理等应用程序。2017 年 1 月，由 Facebook 人工智能研究院（FAIR）基于 Torch 推出了 PyTorch。它是一个基于 Python 的可续计算包，提供两个高级功能：一是具有强大的 GPU 加速的张量计算（如 NumPy），二是包含自动求导系统的深度神经网络。2022 年 9 月，扎克伯格亲自宣布，PyTorch 基金会成立，并归入 Linux 基金会旗下。

4.3.2 张量

在本书中，张量表示数学概念，而 Tensor 对应于 PyTorch 对象。每个 Tensor 对象具有以下内容：

（1）类型：string、float32、float16 或 int8 等。

（2）形状：数据的尺寸。例如，对于标量，形状为（）；对于大小为 n 的向量，形状为（n）；对于大小为 $n \times m$ 的二维矩阵，形状为（n，m）。

（3）秩：维数，标量为 0，向量为 1，二维矩阵为 2。

有些张量可以有部分未知的形状。例如，接受可变尺寸图像的模型可能具有（None, None, 3）的输入形状。由于事先不知道图像的高度和宽度，所以前两个维度设置为 None。然而，通道的数量（3 对应于红色、蓝色和绿色）是已知的，因此设置。

4.3.3 PyTorch 图形

PyTorch 使用张量作为输入和输出。将输入转换为输出的组件称为运算。因此，计算机视觉模型是由多个运算组成的。PyTorch 使用有向无环图表示这些运算，也称为图形。在

PyTorch 中,为了使框架更容易使用,图形运算已经消失在了幕后。然而,图形的概念对于理解 PyTorch 是如何工作的仍然很重要。

在使用 PyTorch 构建上一个示例时,实际上构建了一个图形,如图 4－8 所示。

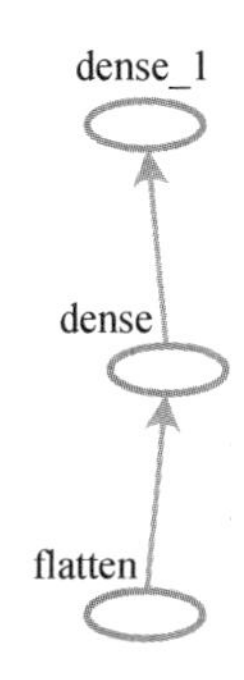

图 4－8　模型相对应的简化图

这个图形虽然非常简单,但它以运算的形式表示了模型的不同图层。依赖于图形有很多优点,允许 PyTorch 做以下事情:

(1)在中央处理器上运行部分运算,在图形处理器上运行另一部分运算。

(2)在分布式模型的情况下,在不同的机器上运行图形的不同部分。

(3)优化图形,避免不必要的运算,提高计算性能。

此外,图形的概念允许 PyTorch 模型是可移植的。一个图形定义可以在任何类型的设备上运行。

在 PyTorch 中,图形创建不再由用户来处理。虽然在 PyTorch 中管理图形曾经是一项复杂的任务,但新版本在保持性能的同时大大提高了可用性。在下一部分,我们将深入了解 PyTorch 的内部工作原理,并简要探讨如何创建图形。

4.3.4　比较延迟执行和即时执行

PyTorch 的主要变化是即时执行。在历史上,PyTorch 总是默认使用延迟执行。之所以称其为延迟,是因为除非被特别要求,否则框架不会运行运算。下面是一个非常简单的对两个向量的值求和的例子,可说明延迟执行和即时执行的区别。

```
import torch
a =torch.tensor([1, 2, 3])
b =torch.tensor([0, 0, 1])
print(sum(a,b))
```

提示:sum(a + b)可以替换为 a ＋ b, 因为 PyTorch 重载了许多 Python 运算符。

前面代码的输出取决于 PyTorch 版本。使用 PyTorch(其中延迟执行是默认模式),输出如下:

```
Tensor("Add:0", shape=(3,), dtype=int32)
```

两种情况输出都是 Tensor。在第二种情况下,运算已经迫不及待地运行了,我们可以直接观察到 Tensor 包含结果([1,2,4])。在第一种情况下,Tensor 包含关于加法运算(Add:0)的信息,但不包含运算的结果。

提示:在即时模式下,可以通过调用. numpy( )方法来访问 Tensor 的值。在我们的例子中,调用 c. numpy( )返回[1,2,4](作为 NumPy 数组)。

在 PyTorch 中,需要更多的代码来计算结果,使得开发过程更加复杂。即时执行使代码更容易调试(因为开发人员可以在任何时候达到 Tensor 值的峰值),也更容易开发。在下一部分,我们将详细介绍 PyTorch 的内部工作原理,并看看它是如何构建图形的。

4.3.5 在 PyTorch 中创建图形

我们从一个简单例子开始说明图形创建和优化。

```
def compute(a, b, c):
d = a * b + c
e = a * b * c
return d, e
```

假设 ***a***、***b*** 和 ***c*** 是张量矩阵,这段代码用来计算两个新值 ***d*** 和 ***e***。使用即时执行,PyTorch 将先计算 ***d*** 的值,然后计算 ***e*** 的值。

使用延迟执行,PyTorch 会创建一个运算图形。在运算图形获得结果之前,将运行一个图形优化器。为了避免计算两次 a * b,优化器将缓存结果,并在必要时重用它。对于更复杂的运算,优化器可以支持并行性,从而提高计算速度。这两种技术在运行大型复杂模型时都很重要。

正如我们所见,以即时模式运行意味着每个运算都是在定义时运行的。因此,这种优化不能应用。幸运的是,PyTorch 包含了一个模块来解决这个问题,即 PyTorch 签名。

4.3.6 PyTorch 签名

PyTorch 签名模块可以很容易地将即时代码转换为图形,允许自动优化。要做到这一点,最简单的方法是添加函数顶部的函数装饰器。

```
def compute(a, b, c):
d = a * b + c
e = a * b * c
return d, e
```

提示:Python 装饰器是一个允许对函数进行包装、添加功能或修改功能的概念。装饰器以@开始。

当我们第一次调用 compute 函数时,PyTorch 将透明地创建图形,如图 4 -9 所示。

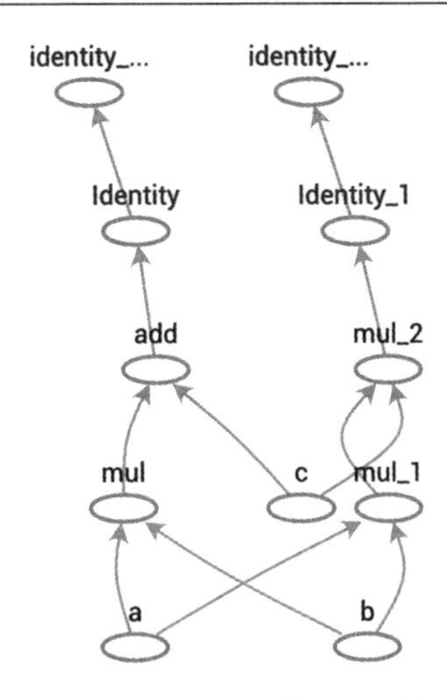

图4-9 PyTorch第一次调用计算函数时自动生成的图形

PyTorch可以转换大多数Python语句,比如for循环、while循环、if语句和迭代。由于图形优化,图形执行有时比即时代码更快。图形的另一个优点是它们的自动微分。PyTorch知道运算的完整列表,可以很容易地计算每个变量的梯度。

提示:为了计算梯度,运算需要是可微分的。在损失函数中使用它们很可能导致自动微分失败。需要由用户来确保损失函数是可微分的。

然而,由于在即时模式中,每个运算都是彼此独立的,默认情况下,自动微分是不可能的。值得庆幸的是,PyTorch提供了一种方法来执行自动微分,同时仍然使用即时模式——梯度带。

4.3.7 使用梯度带反向传播错误

梯度带允许在即时模式下轻松反向传播。为了说明这一点,我们将使用一个简单的示例。假设我们要解方程 $A \times X = B$,其中 A 和 B 都是常数。我们要求出 X 的值来解这个方程。为此,我们将尝试最小化简单的损失函数,即 abs($a \times X - B$)。

在即时模式下,PyTorch会计算运算的结果,而不是存储运算。没有相关运算及其输入的信息,就不可能自动微分损失函数运算。

这就是梯度带派上用场的地方。通过在语境中运行损失函数计算。GradientTape、PyTorch将自动记录所有运算,并允许我们在之后回放它们。

```
deftrain_step():
loss =torch.abs(A * X - B)
dX = tape.gradient(loss, X)
print('X = {:.2f}, dX = {:2f}'.format(X.numpy(), dX))
X.assign(X - dX)

fori in range(7):
train_step()
```

前面的代码定义了一个单独的训练步骤。每次调用train_step时,都会在梯度带的语境中计算损失函数,然后使用语境来计算梯度再更新变量 X。实际上,我们可以看到 X 趋近于方程的解。

```
X = 20.00,dX = 3.000000
X = 17.00,dX = 3.000000
X = 14.00,dX = 3.000000
X = 11.00,dX = 3.000000
X = 8.00,dX = 3.000000
X = 5.00,dX = 3.000000
X = 2.00,dX = 0.000000
```

在本章的第一个例子中,我们没有使用梯度带。这是因为模型将训练封装在.fit()函数中,不需要手动更新变量。然而,对于创新的模型或试验,梯度带是一种功能强大的工具,它允许自动微分不需要太多努力。

4.3.8 PyTorch 模型和图层

在本章的第一部分,我们建立了一个简单的 PyTorch 顺序式模型。生成的 Model 对象包含许多有用的方法和属性。

```
inputs 和.outputs:提供对模型的输入和输出的访问。
layers:列出模型的图层及它们的形状。
summary():打印模型的体系结构。
save():保存模型、它的体系结构和训练的当前状态。这对以后恢复训练很有用。模型可以使用torch.load_model()从文件中实例化。
save_weights():只保存模型的权值。
```

虽然 PyTorch 模型对象只有一种类型,但可以用多种方式构建它们。如可以使用顺序式应用程序编程接口,也可以使用函数式应用程序编程接口。函数式应用程序编程接口虽然代码稍微长了一点,但其比顺序式应用程序编程接口更通用,表达能力更强。前者允许分支模型,如构建具有多个并行层的体系结构,后者只能用于线性模型。为了使用更灵活,Keras 还提供了子类化 Model 类的可能性。

不管 Model 对象是如何构建的,它都是由图层组成的。一个图层可以被看作一个节点,它接受一个或多个输入并返回一个或多个输出,类似 PyTorch 运算。它的权值可以使用.get_weights()访问,也可以使用.set_weights()设置。PyTorch 为最常见的深度学习运算提供了预制层。

4.3.9 回调函数

PyTorch 回调函数是实用函数,可以通过传递 PyTorch 模型的.fit()方法来为其默认行为添加功能。使用时可以定义多个回调函数,PyTorch 将在每个批处理迭代、每个轮次或整个训练过程之前或之后调用这些回调函数。预定义的 PyTorch 回调函数包括以下内容。

```
CSVLogger:以 CSV 格式记录训练信息。
EarlyStopping:如果损失函数或指标停止提高,则停止训练。它可以有效避免过拟合。
LearningRateScheduler:根据时间表改变每个轮次的学习速率。
ReduceLROnPlateau:当损失函数或指标停止改进时,自动降低学习速率。
```

除此之外,可以通过创建 torch. callbacks. 的子类来创建自定义回调函数。回调函数如后面章节及其代码示例所示。

4.3.10　PyTorch 函数的工作原理

如前所述,当第一次调用 torch. function 修饰的函数时, PyTorch 会创建一个对应函数运算的图形。PyTorch 会缓存图形,这样下次调用这个函数时,无须创建新图形。

```
def identity(x):
print('Creating graph !')
return x
```

每当 PyTorch 创建与其运算对应的图形时,这个函数将打印一条消息。在这种情况下,由于 PyTorch 正在缓存图形,只会在第一次运行时打印一些内容。

```
x1 =torch.random.uniform((10, 10))
x2 =torch.random.uniform((10, 10))
result1 = identity(x1) #打印'创建图形!'
result2 = identity(x2) #没有打印
```

但是,请注意,如果改变输入类型,PyTorch 将重新创建一个图形。

```
x3 =torch.random.uniform((10, 10), dtype=tf.float16)
result3 = identity(x3) #打印'创建图形 !'
```

这种行为可以通过如下事实来解释: PyTorch 图形是由它们的运算及作为输入接收的张量的形状和类型定义的。因此,当输入类型更改时,需要创建一个新的图形。在 PyTorch 词汇表中,当一个 torch. function 函数定义了输入类型时,它就变成了一个具体的函数。

总之,每当装饰函数第一次运行时,PyTorch 都会缓存对应输入类型和输入形状的图形。如果函数使用不同类型的输入运行,PyTorch 将创建一个新的图形并缓存它。

尽管如此,在每次运行一个具体函数时(而不仅仅是第一次),记录信息都可能是有用的。要做到这一点,请使用 torch. print 函数。

```
@ tf.function
def identity(x):
torch.print("Running identity")
return x
```

这个函数将在每次运行时打印运行标识,而不是只在第一次打印信息。

4.3.11　分布策略

我们在一个非常小的数据集上训练一个简单的模型。当使用更大的模型和数据集时,需要更多的计算能力,这通常意味着需要多个服务器。torch. distribute. Strategy 应用程序编程接口定义了多台机器如何相互通信以有效地训练模型。

PyTorch 定义的一些策略如下:

镜像策略:在单台计算机的多个图形处理器上训练。模型权值在每个设备之间保持同步。

多线程镜像策略:类似镜像策略,但是在多台计算机上训练。

参数服务器策略:在多台计算机上训练。它们保存在参数服务器上,而不是在每个设备上同步权值。

张量处理单元策略:训练谷歌的张量处理单元芯片。

TPU 是谷歌制造的定制芯片,类似于图形处理器,专为运行神经网络计算而设计。它可以通过谷歌云获得。

注意:使用时需要增加批处理大小,因为每个设备现在仅接收每个批处理的一小部分。根据模型,还需要更改学习速率。

4.3.12 PyTorch 生态系统

除了主库之外, PyTorch 还提供了许多对机器学习有用的工具。其中一些是随PyTorch一起发布的,而另一些则被分组在 PyTorch Extended 和 PyTorch 插件。

PyTorch 插件是一个额外功能的集合,集中在一个存储库中。它承载了深度学习的一些最新进展,这些进展不太稳定,或者没有被足够多的人使用,因此没有必要将它们添加到 PyTorch 主库中。它也可以替代 torch. contrib,从 PyTorch 中删除。

PyTorch 扩展是 PyTorch 的端到端机器学习平台。它提供了如下几个有用的工具:

PyTorch 数据验证:一个用于探索和验证机器学习数据的库。该库甚至可以在构建模型之前使用它。

PyTorch Transform:预处理数据的一种存储库。它允许以相同的方式处理训练和评估数据。

PyTorch 模型分析:一个评估 PyTorch 模型的存储库。

PyTorch 服务:机器学习模型的服务系统。

4.3.13 在哪里运行您的模型

由于计算机视觉模型需要处理大量的数据,因此需要很长的时间进行训练。正因为如此,在本地计算机上进行训练可能需要相当多的时间。另外,创建有效的模型需要大量的迭代。这两个观点将决定在哪里训练和运行模型。

在计算机上编写模型通常是最快速的入门方法。因为访问熟悉的环境,可以根据需要随时轻松地更改代码。然而,个人电脑,尤其是笔记本电脑,缺乏训练计算机视觉模型的计算能力。训练图形处理器可能比使用中央处理器快 10 到 100 倍。这就是为什么推荐使用图形处理器的原因。

提示:即使你的电脑有一个图形处理器,只有非常特定的模型才能运行 PyTorch。你的图形处理器必须与计算统一设备架构 (英伟达的计算存储库)兼容。在撰写本文时,最新版本的 PyTorch 需要计算能力达到 3.5 或更高的计算统一设备架构。

一些笔记本电脑与外部图形处理器外壳兼容,但这与便携式电脑的用途不符。一个实用的方法是在具有图形处理器的远程计算机上运行我们的模型。我们可以按小时租用配备图形处理器的强大机器。当然,根据图形处理器能力和提供商的不同,价格也有所不同。从现实来讲租用一台远程电脑通常更具有经济意义。

另一个选择是构建自己的深度学习服务器。注意,这需要投资和组装,而且图形处理器需要消耗大量的电力。

4.4　图像分类实战

4.4.1　数据预处理

首先,我们导入数据。其中,60 000 张图像,用于训练集;10 000 张图像,用于测试集。

```
import torch
num_classes = 10
img_rows, img_cols = 28, 28
num_channels = 1
input_shape = (img_rows, img_cols, num_channels)
(x_train, y_train),(x_test, y_test) = torch.datasets.mnist.load_data()
x_train, x_test = x_train /255.0, x_test /255.0
```

提示:通常的做法是使用 torch 导入 PyTorch,以便更快地阅读和打字。用 x 表示输入数据,用 y 表示标签也很常见。torch. datasets 模块提供了快速访问下载,并实例化许多经典数据集。在使用 load_data 导入数据之后,请注意,我们将数组除以 255. 0,得到一个范围是[0,1]而不是[0,255]的数字。通常的做法是对[0,1]范围或[- 1,1]范围内的数据进行规范化。

4.4.2　模型搭建

现在我们可以继续构建实际的模型,将使用由两个全连接(也称为密集)层组成的非常简单的体系结构。在探索架构之前,让我们先看一下代码。如您所见,PyTorch 代码非常简洁,因为我们的模型是图层的线性堆栈,所以首先需要调用顺序式函数。然后一个接一个地添加每一层。模型由两个全连接层组成,需要一层一层地构建它。

展平:在添加一个全连接层之前,使用表示图像像素的二维矩阵,并将其转换为一维数组。28 ×28 的图像被转换为大小 784 的向量。

密集大小 128:使用大小为 128 ×784 的权重矩阵和大小为 128 的偏差矩阵,将 784 像素值转换为 128 激活。这意味着共有 100 480 个参数。

密集大小 10 :将 128 激活变成我们的最终预测。注意,因为我们希望概率之和为 1,所以我们将使用 softmax 激活函数。

softmax 函数获取一个图层的输出并返回总和为 1 的概率。它是对分类模型最后一层的选择激活。

注意,您可以使用 model. summary( )获取模型、输出及其权值的描述。输出如下。

```
模型:"顺序式"
_________________________________________________________________

图层(类型)输出形状参数#
=================================================================
flatten_1(Flatten) (None, 784) 0
_________________________________________________________________
dense_1(Dense) (None, 128) 100480
_________________________________________________________________
dense_2(Dense) (None, 10) 1290
=================================================================
总参数:101770
可训练的参数:101770
不可训练的参数:0
```

随着体系结构的设置和权值的初始化,模型现在就可以为所选的任务进行训练了。

4.4.3 训练

PyTorch 使训练非常简单。

```
model.compile(optimizer = 'sgd',
loss = 'sparse_categorical_crossentropy',
metrics = ['accuracy'])

model.fit(x_train, y_train, epochs = 5, verbose = 1, validation_data = (x_test,y_
test))
```

在我们刚刚创建的模型上调用.compile(),这是一个强制步骤。必须指定如下几个参数:

optimizer:执行梯度下降的组件。

loss:要优化的指标。

metrics:在训练期间评估的额外指标函数,提供模型性能的进一步可见性。命名为 sparse_categorical_crossenropy 的 Keras 损失函数与 categorical_crossenropy 执行相同的交叉熵运算,但前者直接将真实数据标签作为输入,而后者要求真实数据标签预先进行独热码。使用 sparse_……因此,损失函数使我们不必手动转换标签。

提示:传递'sgd'给 Keras 等同于传递 torch.optimizer.SGD()。前者更容易阅读,而后者使指定参数(如自定义学习速率)成为可能。对于传递给 PyTorch 方法的损失函数、指标和大多数参数也是如此。

然后,我们调用.fit()方法。它与另一个流行的机器学习库中使用的界面非常相似。我们将训练 5 个轮次,这意味着我们将在整个训练数据集上迭代 5 次。

注意,我们将 verbose 设置为 1。这将允许我们获得带有我们之前选择的指标、损失函数和预计到达时间的进度条。ETA 是对时代结束前剩余时间的估计。进度条如图 4-10

所示。

```
1952/60000 [.............................] - ETA: 6:46 - loss: 0.9248 - acc: 0.6962
```

图 4-10　PyTorch 在冗长模式下显示的进度条的屏幕截图

4.4.4　验证

如前所述,我们的模型是过拟合,训练精度大于测试精度。如果对模型进行 5 个轮次的训练,最终会在测试集上得到 97% 的准确率。这比前文的 95% 提高了 2%。最先进的算法达到了 99.79% 的精度。

我们主要遵循三个步骤:

(1)加载数据: 在本例中,数据集已经可用。在未来的项目中,可能需要额外的步骤来收集和清理数据。

(2)创建模型:这一步通过使用 PyTorch 变得很容易——通过添加顺序层来定义模型的体系结构。然后,选择一个损失函数、一个优化器和一个要监控的指标。

(3)训练模型:模型第一次运行得很好。对于更复杂的数据集,通常需要在训练期间调整参数。

因为使用了 PyTorch 的高级应用程序编程接口 PyTorch,整个过程非常简单。在这个简单应用程序编程接口的背后,该存储库隐藏了很多复杂性。

第 5 章　目标检测开发实践

5.1　目标检测的任务

从字面意义理解,所谓目标检测的任务,就是定位并检测目标,也就是说计算机在处理图像的时候需要解决两个问题:

(1)What? —— 图像中是什么东西? 我们的目标是要检测什么东西? —— 识别(recognition)。

(2)Where? —— 在图像的什么位置? 目标的定位坐标大致范围是多少? —— 定位(localization)。

在目标检测算法中,通过最小外接矩形(bounding box)来进行目标定位,同时利用预设类别标签(category label)来进行目标对象类别的区分。于是,这个图像检索的问题就被描述成计算机在进行目标检测任务时只需要识别出对应的框体和类别名称,即解决了当前图像的目标检测问题,如图 5 - 1 所示。

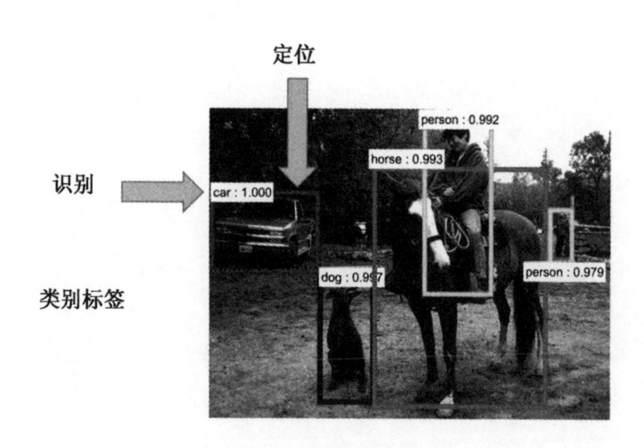

图 5 - 1　目标检测任务

其中,有两项比较重要的参数是帮助描述和实现目标检测任务的关键,即类别标签和置信度得分。

(1)类别标签:当前标记目标类别的标签名称或标记符号称为类别标签。

(2)置信度得分:用来描述和确认当前检测目标为某一个标记类别的接近程度。

与其他类型(图像分类、实例分割)任务相比:

(1)从单目标对象的角度来看,分类仅针对图像中的目标本身,而分类 + 定位则需要在分类的基础上框选其目标范围。

(2)从多目标对象的角度来看,目标检测需要对图像中的不同目标进行最小外界矩形定位和标签分类,而实例分割则需要对图像中的不同目标边界轮廓进行包围标注和标签分类,如图5-2所示。

图5-2　单目标与多目标检测

具体来说,我们将定位和检测这两种不同的问题描述为以下任务:

(1)定位:定位是找到检测图像中带有一个给定标签的单个目标。

(2)检测:检测是找到图像中带有给定标签的所有目标。

5.2　目标检测的性能指标

对于目标检测,可以从两个方向来进行评估,一方面是检测精度,也就是检测的准确程度;另一方面是检测速度,也就是返回检测结果的快慢。

5.2.1　检测精度

检测精度主要包括Precision(精度),Recall(召回率),F1 score(精度与召回率的调和平均数,最大为1,最小为0),IoU(Intersection over Union,交并比),P-R curve(Precision-Recall curve,精度召回曲线),AP(Average Precision,平均正确率),mAP(mean Average Precision,平均精度均值)和COCO AP。

1. Precision、Recall、F1 score

我们将预测情况与实际情况作为两个维度进行考虑,其中预测会有两种结果,也即为Positive(肯定的)与Negative(否定的);同时实际情况也分为两种,即为True(是)或False(否),分别将两个维度下的四种结果进行两两叠加,即得到如图5-3所示的混淆矩阵。

若假设我们对苹果、香蕉、西瓜进行训练和预测,那么由此就可以得出以下分析:

TP(true positives):预测正确,且预测结果与真实结果一致。举例说明就是当前真实值为苹果,由于模型收敛的还算不错,正确预测为苹果,且预测结果与真实值都是苹果,这就是我们期望得到的结果。

FP(false positives):预测错误,且预测结果与真实结果一致。举例说明就是当前真实值为香蕉,但由于模型和参数训练等问题,原本正确的预测应为苹果,却错误预测为香蕉,反而使得预测结果与真实值都是香蕉,这属于是误打误撞的成功。

FN(false negatives):预测错误,且预测结果与真实结果不一致。举例说明就是当前真实值为香蕉,但由于某种原因和问题,导致错误预测的结果为苹果,此时与真实结果不一致。

TN(true negatives):预测正确,且预测结果与真实结果不一致。举例说明就是当前真实值为香蕉,根据预测的置信度和类别标签却正确预测为苹果,那么此时预测结果与真实结果也不一致。

Precision 是评估预测得准不准;Recall 是评估找得全不全;F1 score 是精度与召回率的调和平均数。

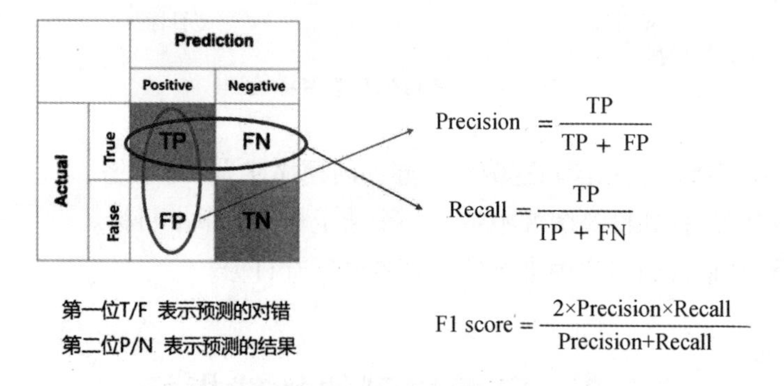

图 5-3　Precision、Recall、F1 score

再来看下面这张图或许也能帮助大家理解。如图 5-4 所示,可以看到图中有若干个实心点和空心点,其中左边部分的半圆形区域为 TP,左边剩余部分的区域为 FN。类似地,右边部分的半圆形区域为 FP,右边剩余部分的区域为 TN。那么,在图中怎么表示精度和召回率呢? 可以看到,若我们将整个圆形部分作为分子,以 TP 部分作为分子,那么这时候 FP 部分的面积和点数量越小,则整体的精度就越高。

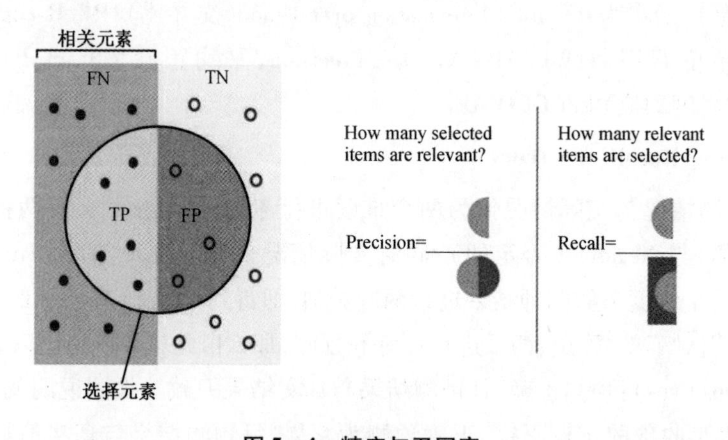

图 5-4　精度与召回率

同样地，若我们将全部的左部分作为分母，TP部分作为分子，这时比率越大，也就是TP部分覆盖的实心点数量越多，则整体查找的范围就越大。

2. IoU

当然，对于目标检测任务而言，不仅包含分类，同时还有边界框回归。为了评估边界框回归准确与否，这里使用IoU指标进行评估。

如图5－5所示，我们令基本事实(ground truth)为标定的框，另一个框为预测结果(predicion)，那么如何来描述预测结果与基本事实之间吻合的程度呢？这里用一个参数交并比IoU＝两个框的交集(avea of overlap)/两个框的并集(area of union)来进行衡量。若交并比越大，也就是两个框之前的重叠程度越高，则说明预测的框体越准确。

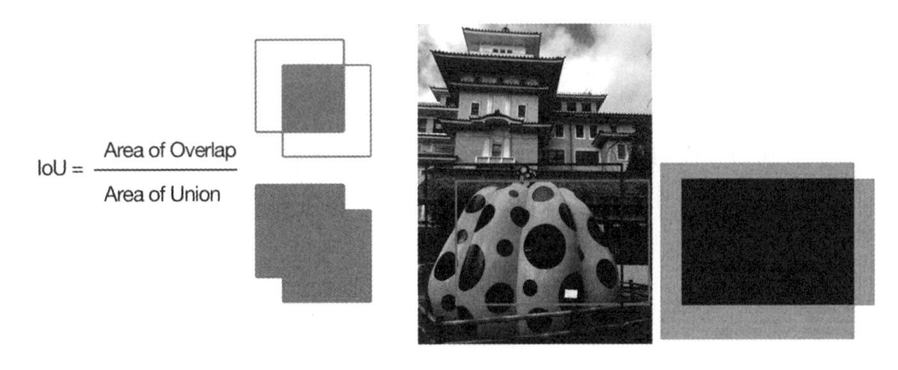

图5－5 IoU指标

IoU表示预测的边界框和真实边界框之间的重叠程度。您可以为IoU设置阈值以确定对象检测是否有效。假设您将IoU设置为0.5，在下述情况下：

如果IoU≥0.5，则将对象检测分类为TP。

如果IoU≤0.5，那么这是一个错误的检测并将其归类为FP。

当图像中存在基本事实并且模型未能检测到对象时，将其分类为FN。

TN是我们没有预测对象的图像的每个部分，这个指标对对象检测没有用，因此可以忽略TN。我们可以从IoU的角度来看Precision、Recall等指标(图5－6)。

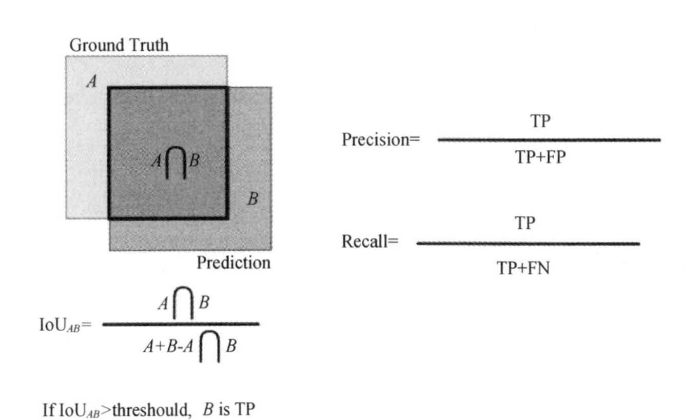

图5－6 从IoU的角度来看精度与召回率

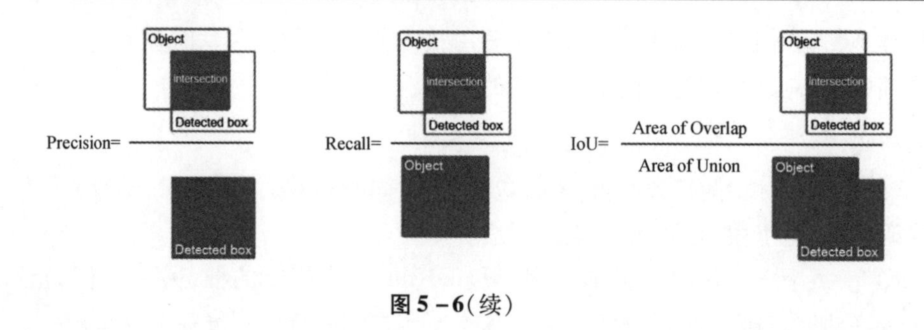

图 5 – 6(续)

3. P – R curve

P – R curve 是以召回率为横轴,准确率为纵轴,然后根据模型的预测结果对样本进行排序,把最有可能是正样本的个体排在前面,而后面的则是模型认为最不可能为正例的样本,再按此顺序逐个把样本作为“正例”进行预测,并计算出当前的准确率和召回率得到的曲线。

通过图 5 – 7 我们可以看到,当只把最可能为正例的个体预测为正样本时,其准确率最高位 1.0,而此时的召回率则几乎为 0,而当把所有的个体都预测为正样本时,召回率为1.0,此时准确率最低。

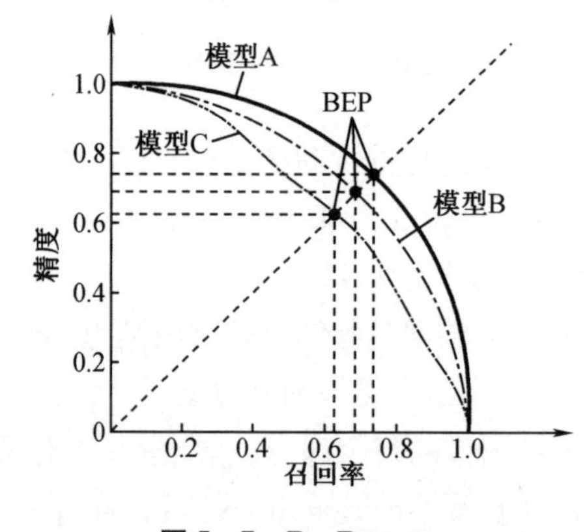

图 5 – 7 P – R curve

4. AP

用一个简单的例子来演示 AP 的计算。假设数据集中共有 5 个苹果。我们收集模型为苹果做的所有预测,并根据预测的置信水平(从最高到最低)对其进行排名。第二列表示预测是否正确。如果它与 ground truth 匹配并且 IoU > 0.5,则是正确的。

对于 PASCAL VOC 挑战来说,如果 IoU > 0.5,则预测为 TP。但是,如果检测到同一目标的多个检测,则视第一个检测为 TP,而视其余检测为 FP。这是 2010 年以前的计算方法,2010 年之后改用了积分的方法来计算最后的 AP 值,这相较于之前更加准确。

5. mAP

如图 5 – 8 所示,AP 衡量的是学习出来的模型在每个类别上的好坏;mAP 衡量的是学习出来的模型在所有类别上的好坏，实际上 mAP 就是取所有类别上 AP 的平均值。

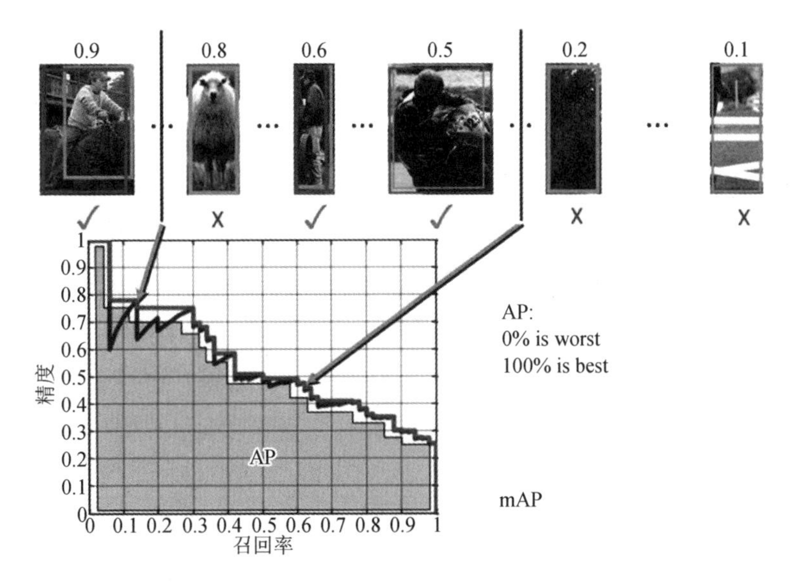

图 5-8　AP 与 mAP

6. COCO AP

以 COCO 数据集为例，AP 是多个 IoU 的平均值（考虑 positive 匹配的最小 IoU），mAP@[0.5:0.95]对应于 IoU 的平均 AP，从0.5 到0.95，步长为0.05。在 COCO 竞赛中，AP 是80个类别中超过 10 个 IoU levels 的平均值 mAP@0.75，它的意思是 IoU 的平均检测精度 mAP 为0.75。

这里可以引申出一个问题：是否 IoU 越大越好？

从图 5-9 可以看出，随着 IoU 的增加，精度-召回率曲线中召回率的值也随之下降，即为增加 IoU 后的查全率下降了，也就是说查找的框体随着 IoU 边界逼近重叠而减少了，很多预测框不准的都不认为是重要的。

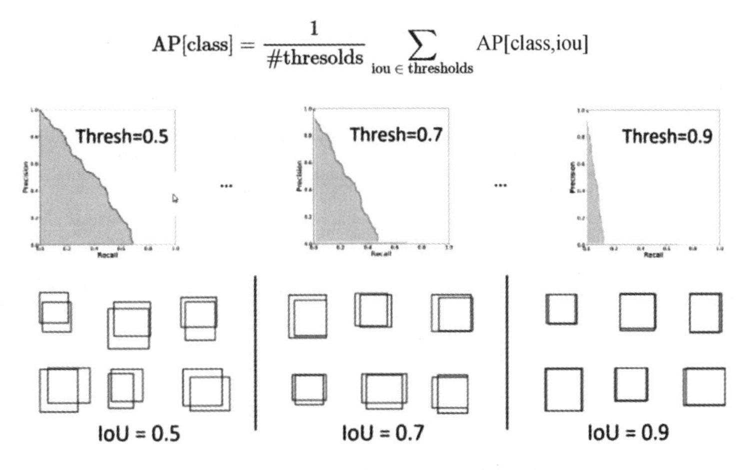

图 5-9　IoU 与精度-召回率的关系

COCO 数据集是目标检测中一个重要的数据集,下面是关于 COCO 数据集 AP 的一些简单介绍。

其中 AP at IoU = 0.95:0.05:0.95(primary challenge metric)是主要的一种指标。IoU = 0.50 时,与 PASCAL VOC 的 AP metric 相同。若 IoU = 0.75 时,则相对比较严格。

```
Average Precision (AP):
   AP              % AP at IoU=.50:.05:.95 (primary challenge metric)
   AP^IoU=.50      % AP at IoU=.50 (PASCAL VOC metric)
   AP^IoU=.75      % AP at IoU=.75 (strict metric)
```

(1)不同尺度大小下的 AP

这里将 small(小)、medium(中)、large(大)进行不同的区分。其中 small 小目标的定义是:像素面积 area < 32^2;medium 中等目标的定义是:像素面积 area > 32^2 且 area < 96^2,large 大目标的定义是:像素面积 area > 96^2

```
AP Across Scales:
   AP^small        % AP for small objects: area < 32²
   AP^medium       % AP for medium objects: 32² < area < 96²
   AP^large        % AP for large objects: area > 96²
```

(2)平均召回率

下面 max 对应的分别是每张图片下包含的目标个数。

```
Average Recall (AR):
   AR^max=1        % AR given 1 detection per image
   AR^max=10       % AR given 10 detections per image
   AR^max=100      % AR given 100 detections per image
AR Across Scales:
   AR^small        % AR for small objects: area < 32²
   AR^medium       % AR for medium objects: 32² < area < 96²
   AR^large        % AR for large objects: area > 96²
```

5.2.2 检测速度

检测速度主要包括前传耗时、每秒帧数(FPS)及浮点运算量(FLOPS)。

1. 前传耗时

前传耗时即从输入一张图像到输出最终结果所消耗的时间,包含前处理耗时(如图像归一化)、网络前传耗时、后处理耗时(如非极大值抑制 nms)。

2. FPS

FPS 是图像领域中的定义,是指画面每秒传输的帧数,通俗来讲就是指动画或视频的画面数。FPS 是测量用于保存、显示动态视频的信息数量。每秒钟帧数越多,所显示的动作就会越流畅。通常,要避免动作不流畅的最低值是 30 帧。某些计算机视频格式,每秒只能提供 15 帧。

FPS 也可以理解为我们常说的刷新率,其单位为 Hz,即我们常在游戏里说的 FPS 值。

在装机选购显卡和显示器的时候,我们也都会注意到刷新率。一般,设置缺省刷新率都在75 Hz以上。例如,75 Hz 的刷新率也就是指屏幕一秒内只扫描 75 次,即 75 帧/秒。而当刷新率太低时我们肉眼都能感觉到屏幕的闪烁、不连贯,会对图像显示效果和视觉感观产生不好的影响。

电影以每秒 24 张画面的速度播放,也就是一秒钟内在屏幕上连续投射出 24 张静止画面。有关动画播放速度的单位是 fps,其中的 f 就是英文单词 frame(画面、帧),p 就是 per(每),s 就是 second(秒)。用中文表达就是多少帧每秒或每秒多少帧。电影是 24 fps,通常简称为 24 帧。

结合以上性能指标描述,可以更容易理解表5-1 中不同模型之间的性能差异及表现效果。

图5-1　COCO 数据集各目标检测算法速度对比

方法	主干网络	尺寸	FPS	AP	AP_{50}	AP_{75}	AP_S	AP_M	AP_L
YOLOv4:Optimal Speed and Accuracy of Object Detection									
YOLOv4	CSPDarkNet-53	416	96(V)	41.2%	62.8%	44.3%	20.4%	44.4%	56.0%
YOLOv4	CSPDarkNet-53	512	83(V)	43.0%	64.9%	46.5%	24.3%	46.1%	55.2%
YOLOv4	CSPDarkNet-53	608	62(V)	43.5%	65.7%	47.3%	26.7%	46.7%	53.3%
EfficientDet:Scalable and Efficient Object Detection[77]									
EfficientDet-D0	Efficient-B0	512	62.5(V)	33.8%	52.2%	35.8%	12.0%	38.3%	51.2%
EfficientDet-D1	Efficient-B1	640	50.0(V)	39.6%	58.6%	42.3%	17.9%	44.3%	56.0%
EfficientDet-D2	Efficient-B2	768	41.7(V)	43.0%	62.3%	46.2%	22.5%	47.0%	58.4%
EfficientDet-D3	Efficient-B3	896	23.8(V)	45.8%	65.0%	49.3%	26.6%	49.4%	59.8%
Learning Spatial Fusion for Single-Shot Object Detection[48]									
YOLOv3+ASFF*	DarkNet-53	320	60(V)	38.1%	57.4%	42.1%	16.1%	41.6%	53.6%
YOLOv3+ASFF*	DarkNet-53	416	54(V)	40.6%	60.6%	45.1%	20.3%	44.2%	54.1%
YOLOv3+ASFF*	DarkNet-53	608×	45.5(V)	42.4%	63.0%	47.4%	25.5%	45.7%	52.3%
YOLOv3+ASFF*	DarkNet-53	800×	29.4(V)	43.9%	64.1%	49.2%	27.0%	46.6%	53.4%

3. FLOPS

FLOPS 即处理一张图像所需要的浮点运算数量,与具体软硬件没有关系,可以公平地比较不同算法之间的检测速度。

5.3　目标检测的算法模型

目标检测的算法模型一般分为单级检测模型和双级检测模型,是基于目标检测过程中是否需要提取候选区域的检测模型进一步任务的检测。在双级检测模型中具有缩放功能算法,分为单尺度检测和多尺度检测,可以适当地与网络结构集成,从而提高面向小目标的网络模型。同时,在单级 anchor 检测模型的发展基础上也延伸出 anchor - base 和 anchor - free。可预测的目标检测算法的发展将向我们展示未来。

在当今社会不断发展的今天,计算机视觉技术已经融入生活的各个方面。目标检测是计算机视觉技术中一项非常基础而又非常重要的任务。目标检测应用于社会安全管理、交通车辆监测、环境污染检测、森林灾害等领域。在预警和国防安全领域有非常突出的应用成果。目标检测的任务主要包括数字图像中单个或多个感兴趣目标的识别和定位。人们对包含目标的训练图像进行处理,提取稳定的、独特的特征或特定的抽象语义信息特征,然后将这些可区分的特征进行匹配或使用分类算法对每个类别赋予置信度进行分类。

目标检测算法已研究多年。20 世纪 90 年代,出现了许多有效的传统目标检测算法。它们主要是利用传统的特征提取算法提取特征,然后结合模板匹配算法或分类器进行目标识别。然而,由于缺乏强语义信息和复杂的计算,传统算法在发展中遇到了瓶颈。

2014 年,Girshick 提出了一种基于卷积网络的目标检测模型 RCNN,该模型检测精度高,特异性鲁棒性和泛化能力强,使人们更加重视利用卷积神经网络提取图像的高级语义信息,并提出了许多优秀的卷积神经网络检测模型。

5.3.1 传统的目标检测训练模型

传统的目标检测训练模型大致可以分为两个步骤,如图 5 - 10 所示。

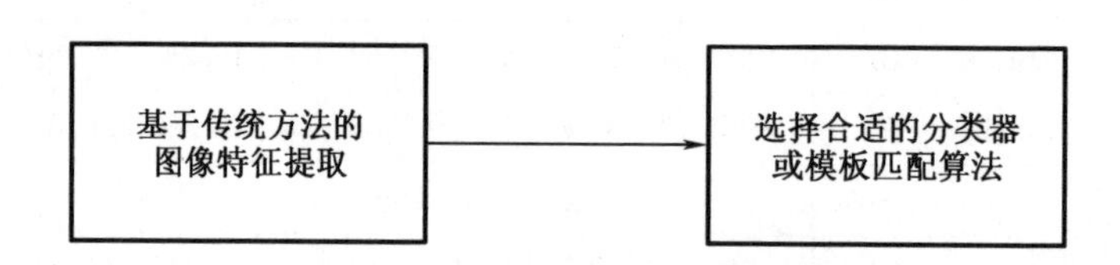

图 5 - 10 传统的目标检测训练模型

基于图像特征采集的不同模式可分为两大类:

(1)基于特征区域的特征算法模型,如 Haar、LBP、HOG 特征等。其主要通过选择合适的检测帧或特征模板来获得易于区分的特征向量。

(2)基于特征点的特征算法模型,如 SIFT、SURF、ORB 特征等。其主要定位复杂场景中一些稳定且独特的特征点,如极值点、明亮区域中的暗点、黑暗区域中的亮点。然后使用具有较高可分辨性的特征点描述符来区分不同的特征点。

传统方法中使用的分类匹配方法有很多,可以分为相似度模型(如 K - Nearest Neighbor、Rocchio),概率模型(如 Bayes),线性模型(如 SVM),非线性模型(如 decision tree),集成分类器(如 Adaboost)。

5.3.2 利用卷积神经网络进行目标检测

2014 年,RCNN 卷积网络的提出开启了目标检测发展的新阶段。它的精度和稳定性大大超过了传统的目标检测算法,因此很快被人们所接受。卷积神经网络的检测模型主要分为单级和两级检测模型。不同的是,两阶段检测模型需要训练候选区域网络(region proposal network,RPN),但增加了计算复杂度,模型难以实现实时检测。单级模型摒弃了这一环节,将目标检测问题转化为回归问题。虽然牺牲了模型的精度,但大大提高了模型的计算速度,并且模型可以实时检测。

1. 目标检测的过程

卷积神经网络目标检测与传统检测也有一定的相似之处,可以看作是特征提取和利用特征来识别目标。特征提取网络主干和 detection head(检测头)。

卷积神经网络利用卷积网络提取图像的高级语义特征,这些特征通常是网络的主干,然后对特征映射进行处理,如将一个全连接的网络与 softmax 或 svm 连接,形成一个 classification head(分类头)来完成分类任务。将核心处理为特征维度,利用位置损失函数进行目标定位。

网络通过损失函数判断误差,并通过网络的反向梯度传播更新网络权值参数,从而不断减小损失函数的值,提高检测精度。检测网络通过大量的训练数据进行多次计算,可以从这组数据中学习一组最优的权值来预测检测目标。

2. 骨干网络

目前比较著名的骨干网络有(1998) LeNet-5、(2012) AlexNet、(2013) ZFNet、(2014) GoogLeNet、(2014) VGGNet、(2015) ResNet、(2016) ResNet v2、(2017) ReNetXt、(2018) DenseNet、(2019) VoVNet 和 VoVNet、(2020) VoVNet-v2。它们是将图像的图像按照一定的空间位置,通过各种卷积核进行乘法和累加,得到下一级特征图像的。

5.3.3　卷积神经网络骨干网络的发展

1. LeNet-5

最早的经典卷积特征骨干网络是 Yann Lecun 等在 1995 年提出的 LeNet-5。虽然当时的网络模型比较简单,但在卷积神经网络中已经包含了最基本的卷积池。转换层和全连通层对卷积神经网络的发展起到了指导作用,卷积神经网络主要用于手写识别。

2. AlexNet

卷积神经网络在 2012 年开始流行。其中,AlexKrizhevsky 提出 AlexNet 网络的结构与 LeNet 相似,即先卷积后全连接。但网络更复杂,使用了五层卷积,三层全连接网络,最后的输出层是 1 000 个通道的 softmax。AlexNet 使用两个 GPU 进行计算,大大提高了计算效率。在 ILSVRC-2012 竞赛中,它获得了前 5 名的成绩,错误率为 15.3%。

为了获得更大的接受野,网络的第一层使用了一个 11×11 的卷积核,并在每个卷积层添加 LRN 局部响应归一化以提高精度。但在 2015 年,用于大规模图像识别的深度卷积网络提到 LRN 基本上是无用的。

3. ZFNet

ZFNet 在 2013 年被提出,它提供了一个可视化的网络来了解卷积网络的各个层次,帮助了解卷积神经网络的工作原理。ZFNNet 的主要改进是在使用 deconvnet 和 visual feature map

来可视化它的同时,使用更小的卷积来降低时间复杂度,同时赢得了 ILSVRC 冠军。通过对神经网络的可视化可以看出,低级网络提取了图像的边缘纹理特征,高级网络提取了图像的抽象特征。该特征具有平移和尺度不变性,但不具有旋转不变性。

4. GoogLeNet

为了进一步提高神经网络的性能,最直接的方法是增加网络的深度和广度,但它会导致太多的参数而增加计算量和有限的训练集导致如梯度扩散或过度拟合的问题。例如,22 层的 AlexNet 有约 6 000 万个参数,而 2014 年提出的 GoogLeNet 在相同情况下只有 500 万个参数,它主要使用卷积的解决方案。GoogLeNe v1 将一个 5×5 的卷积运算分解为两个 3×3 的卷积运算。当它们获得相同的接受域时,参数减少了 2.78 倍。GoogLeNe v2 将 3×3 的卷积运算分解为 1×3 和 3×1 的卷积运算。GoogLeNe v3 将 7×7 卷积核分解为 7×1 和 1×7 的卷积核,深化了网络的深度,减少了参数。GoogLeNe v4 是在 GoogLeNe v3 的基础上增加残留网络,大大增加了深度。

5. VGGNet

KarenSimonyan 等在 2014 年提出的 VGGNet 相当于 AlexNet 的网络深化版,其由卷积层和全连接层两部分组成。所有激活层使用 reLU,池化层使用最大池化。其结构简单,特征提取能力强,在 ILSVRC2014 和 2014 的分类项目中排名第二,在定位项目中排名第一。测试中使用的 VGGNet 使用了一个 1×1 的卷积核对全连通层进行改进,成为一个有卷积的全连通层。这克服了传统全连接层需要固定输入尺寸的缺点。因此,采用多尺度训练,训练图像尺度在[256,512]边长范围内随机选取。这种尺度抖动方法可以增强训练集。

6. ResNet series

随着网络深度的增加,获得的特征越来越丰富,但优化效果较差,由于梯度爆炸和消失等原因使得检测精度降低。对于较浅的网络,可以对每一层的输入数据进行归一化,使网络收敛。但深度网络仍存在优化问题。因此,何恺明在 2015 年提出了 ResNet 来打破这一瓶颈,主要采用了跳跃连接结构。

在 2016 年提出的 ResNet v2 的基础上,通过改变归一层、池化层和卷积层的顺序,得到了一组性能最好的跳变结构,ReNetXt 是在 2017 年提出的,它借鉴了 GoogLeNet 的思想,在卷积层的两边增加了 1×1 的卷积,减少了控制核的数量,参数减少了约三分之二。

7. DenseNet

以前的卷积网络要么像 GoogLeNet 一样宽,要么像 ResNet 一样深。2018 年发表的 DenseNet 作者通过实验发现了两种神经网络的两个特征:

(1)去掉中间层后,下一层直接与上一层连接,即神经网络不是递进的层次结构,不需要将相邻层连接起来。

(2)ResNet 的许多层是在训练过程中随机删除的,不会影响算法的收敛性和预测结果,该网络证明了 ResNet 具有明显的冗余性,网络中的每一层只提取一个几乎没有特征的残差与 ResNet 相比,DenseNet 具有明显的优势,提高了性能,减少了参数。

8. SENet

SENet 于 2019 年发布,针对检测任务,并提出了一种结合注意抑制对当前任务无用特征思想的信道权值。SE 模块主要用于卷积层的权值分配。这种子模块形式使其与其他网络兼容。本书主要应用于 ResNet 网络。SE 模块嵌入在 ResNeXt、BN - Inception、Inception - ResNet - v2 中，并且已经取得了很大的进展。由此可以看出，SE 的增益效应不仅局限于某些特殊的网络结构，而且具有很强的泛化性。

9. EfficientNet

考虑到以前的网络主要通过单一的宽度、深度和网络模型的分辨率来提高网络的准确性。EfficientNet 网络模型量化了这三个维度之间的关系，并使用一个恒定的比率来简单地增加，以同时平衡网络的三个维度。

10. VoVNet series

2019 年提出的 VoVNet 网络已经完全超越 ResNet，可以用作实时目标检测的骨干网。考虑到能量消耗和模型推理速度等因素，优化内存访问成本（输入输出通道数相同时效率最高）和 GPU 计算效率（GPU 处理大张量强，CPU 处理小张量强）更为关键。

同时，在改进的 2020CenterMask 文章中，剩余块和 eSE 模块添加（在原来的 SE 模块改进中，使用一个 FC 代替原来的两个 FC 以减少信息损失）大大增加了其性能和 VoVNet v2 结构形式。与 ResNet 相比，VoVNet 网络具有更强的小目标提取能力，速度和精度都更好。

5.3.4　目标检测的网络模型

网络模型通常用于检测图像中的子区域。遍历检测由于滑动框架需要大量计算，因此使用候选框架，首先要定位感兴趣的区域，然后检测每个候选区域，以极大地降低成本计算网络复杂度。通过这种算法提取候选区域，然后检测和定位目标称为两阶段检测算法。两阶段检测算法的准确率较高，但计算量仍较大，难以实现实时检测。

考虑到两阶段检测的实用性，单阶段检测算法不需要提取候选区域，而是对每个 feature map 进行回归预测，大大降低了网络算法的时间复杂度。近年来，单级检测算法在保持较高检测速度的同时，其准确率已经接近两级检测算法，使得其发展受到了越来越多人的关注。

1. 两阶段目标检测网络模型

两阶段目标检测模型的发展从最初的 RCNN 开始，围绕 RCNN 模型有很多改进的模型，如 SPP - Net、Fast - RCNN、Fast - RCNN、R - FCN 等。这些模型都改进了 RCNN 网络在单尺度上的特征，大大提高了检测精度和速度。

结合多尺度特征融合的思想，对 RCNN 网络进行了改进。如 ION、FPN、MASK - RCNN 等。这种多尺度特征融合提高了网络模型检测小目标的能力。

（1）基于单尺度特征模型

RossGirshick 等在 2014 年提出的 R - CNN 过程相对简单。首先，选择超过 2 000 个候选帧随机利用输入图像（选择性搜索），放大到 227 × 227，使用 AlexNet CNN 提取特性来获得一个 2 000 × 4 096 的矩阵，使用支持向量机算法进行分类，也就是说，用特征矩阵的矩阵 4 096 × 20（代表 20 类）。分数大于某一阈值的类别被判定为这个类。R - CNN 模型在 VOC 2010 上的准确率达到了 53.7 mAP。

何恺明等在 2015 年提出的 SPP - Net 解决了当时 RCNN 网络的两个纯粹问题。

①从原始图像中随机选取候选帧,并对每一候选帧进行特征网络处理。这种重复卷积计算的提取大大增加了计算量。

②需要固定大小的输入图像,因此需要裁剪或缩放原始图像。

这些操作可能导致目标信息丢失,影响目标的准确性。第一个问题使用共享特征卷积层,最后一个卷积层选择候选区域,以减少计算量。第二个问题,其全连通层需要输入一个固定维的特征向量。

为了解决这一问题,SPP - Net 在特征网络的最后一个卷积层上增加了金字塔池化层,用于有序输出。SPP - Net(ZF5)模型对 VOC 2007 的精度达到 59.2 mAP。

RossGirshick 等在 2015 年提出的 Fast - RCNN 借鉴了中共享卷积图像特征层的方法。所有预测框共享一个卷积网络映射到特征映射层,同时在特征映射的最后一层中,提出了 SPP - Net 的特征池层的简化版本,以输出固定维特征向量,然后连接到完全连接的层以进行后续操作。

结合 SPP - Net 的思想对 RCNN 网络进行优化,大大降低了网络的时间复杂度(但使用选择性搜索候选框仍然非常耗时),为 Faster - RCNN 未来的发展奠定了基础。SPP - Net 模型对 VOC 2007 的精度达到了 66.9 mAP。

任少青等在 2016 提出了 Faster - RCNN,解决了 Fast - RCNN 中的两个问题。

①建议框使用选择性搜索算法,这大大增加了网络计算的数量。

②定位框架的目标损失函数在最优解不稳定处,使用 L1 距离点。

Faster - RCNN 训练网络是端到端网络,实现了大部分计算的共享,具有较高的检测精度和抗干扰性。虽然实时性不高,但其独特的区域建议网络 RPN 为整个阶段检测的目标开辟了新的思路。Faster - RCNN(VGG - 16)模型对 VOC 2007 的准确率达到了 69.9 mAP。

Jifeng Dai 等在 2016 年提出的 R - FCN 解决了 Faster - RCNN 网络模型的问题,集合 ROI 层中的每个建议框都需要单独连接到完全连接的层进行分类和定位。每个特征点会生成 9 个建议框,消耗了大量计算资源。R - FCN 在通过 ROI 后与所有的建议框共享计算结果。骨干特征网络使用更深的残差网络,但由于深度的增加,特征图进一步减小。当原始图像上的物体发生位移时,经过卷积网络后特征地图上的感知能力变弱,网络的平移变异性发生变化。

两者的区别:分类任务需要更好地翻译不变性,定位任务需要更好地翻译可变性。因此 R - FCN 添加了一个位置敏感的得分图来解决这个问题。R - FCN(ResNet - 101)模型对 VOC 2007 和 VOC 2012 的精度达到了 75.5 mAP。

(2)基于多尺度特征融合模型

Sean Bell 等在 2015 年提出的 ION 模型在当时的目标检测模型上存在两个问题:

①Fast - RCNN 或 SPP - Net 检测到提议的建议框。目标周围,也就是建议框体的外部缺少上下文信息。

②两者都只使用最后一层的特征图,只使用高级的语义特征,而缺乏对低级细节特征的使用。

对于问题①,ION 网络模型采用递归神经网络的思想,通过连接两个 IRNN 单元来提取上下文信息。对于问题②,采用多尺度特征融合检测。

ION 网络模型利用上下文信息获取相对宽泛的图像特征信息,结合多通道融合获得图像细节信息,以获得更好的预测结果,从而提高了小目标的检测精度,并提出了被遮挡目标的检测精度。ION 模型在 COCO 数据集上的精度达到了 33.1 AP。

Tsung Yi Lin 等在 2017 年提出的 FPN 利用底层网络结构的高级语义信息融合来提高特征图的分辨率,在更大的特征图上进行预测有助于获得更多的小目标。

这些特征信息,使得小目标预测效果明显提高。该 FPN 模型在 COCO 数据集上的精度达到了 59.1 AP。

何恺明等在 2018 年提出的 Mask - RCNN 在结构上与 Faster - RCNN 相似。它是一个灵活的多任务检测框架,可以完成目标检测、目标实例分割和目标关键点检测。

简单地说,就是一个探测头(分割任务层)添加到 Faster - RCNN 框架结构中。由于引入了 Mask layer 层,网络能够处理 segmentation 分割任务和 key point 关键点任务。ROI Align 避免了两种 Faster - RCNN 并提高了检测精度。COCO 上 Mask - RCNN 模型的精度达到了 36.4 AP。

2. 单阶段目标检测网络模型

最早的单级检测模型是 YOLOv1。一种改进是在特征提取网络获得的特征图上使用 anchor - base 锚基,根据预先设定的 anchor frame 锚帧,逐点检测目标,如 SSD、YOLOv2、RetinaNet、YOLOv3、YOLOv4、EfficientDet 等。

同时,另一种改进是利用 anchor - free 无锚思想,通过网络直接点对目标的两个角点和中心点,利用这些关键点来实现目标的返回定位任务。如 CornerNet、CenterNet、CornerNetlite、FCOS、CenterMask 等。

anchor - free 无锚模型克服了锚基模型的以下五个缺点:

①检测性能对锚帧的大小、宽高比和数量非常敏感,因此需要仔细调整锚帧相关的超参数。

②锚架尺寸和宽高比确定。因此,对于大变形的候选目标,特别是小变形目标,检测器的处理是很困难的。

③预定义的锚箱也限制了检测器的泛化能力,因为它们需要为不同的对象大小或宽高比设计。

④为了提高召回率,需要在图像上放置密集的锚定帧(anchor frames)。这些锚框(anchor boxes)大多属于负样本,导致正样本和负样本不平衡。

⑤大量的锚框增加了计算交并比时的计算量和内存使用量。

(1)基于 anchor - base 锚基检测模型

Wei Liu 等在 2016 年提出的 SSD 网络模型对 YOLOv1 目标检测帧定位不准确和小目标检测不佳的问题提出了两种改进。

①SSD 采用多尺度融合来提高检测精度(即在包含丰富空间细节信息的大规模特征图上预测小目标对象,在包含高度抽象语义信息的高级特征图上预测较大目标对象)。

②SSD 使用了与 Faster - RCNN 类似的锚点(不同纵横比的候选帧),在一定程度上克服了 YOLOv1 算法定位不准确和小目标定位困难的问题。SSD(512)模型在可可上的精度达到了 26.8 AP

Joseph Redmon 等在 2016 年提出的 YOLOv2 改进了 YOLOv1 模型中小目标检测和不准确目标帧定位的难度。YOLOv2 首先使用 DarkNet - 19 特征提取网络来取代 YOLOv1 的 GoogleNet。

使用更高分辨率的特征图进行预测,并使用多标签模型来组合数据集,使扁平的网络结构简化为结构树。

同时,采用联合训练分类和检测数据机制来扩展训练数据集,提高检测准确率,其准确率超过了两阶段 Faster - RCNN。YOLOv2 模型在 COCO 上的精度达到了 21.6 AP。

Tsung 等在 2018 年提出的 RetinaNet 模型在训练期间通常具有比正样本多得多的负样本。这种不平衡往往导致最终计算出的训练损失占绝大多数,包含了信息量小的负样本为主的负样本。但是提供的关键信息的一些正向样本不能发挥正常的作用,以至于几乎不可能按照正确的指导模型进行训练。

所以 RetinaNet 将样本划分为固定样本时,会产生很大的准确性误差,在 $0.4 < IoU < 0.5$ 范围内难以区分样本。

采用 Focal Loss(消除类别不平衡 + 挖掘难度大的样本)提高精度。retavanet (ResNeXt - 101 - FPN)模型在 COCO 上的准确性达到 40.8 AP。

Joseph Redmon 等在 2018 年提出的 YOLOv3 是 YOLOv3 在 YOLOv2 基础上的进一步改进。其检测更加准确,速度非常快。其主要改变是使用 DarkNet - 53 取代 DarkNet - 19 主干特征提取网络,使用 DarkNet - 53 的前 52 层(无全连接层)。

加上多尺度融合检测,在不同的层中获得 y1、y2 和 y3 的三个输出(每个预测尺度的特征映射点上只有三个先验框),并修正了损失。YOLOv3(DarkNet - 53)模型在 COCO 上数据的准确性达到了 33.0 AP。

Alexey Bochkovskiy 等在 2020 年提出了 YOLOv4,在传统 YOLO 系列的框架上,采用了 CNN 领域近年来的最佳优化策略,从数据处理、backbone 骨干网络、网络训练、activation 激活函数、Loss 函数等方面进行优化。

由 Mingxing Tan 等在 2020 年提出的 EfficientDet 在保持低浮点运算量的情况下实现了高精度。根据不同的精度要求,EfficientDet 模型尺寸从 D0 增加到 D7。

EfficientSet 主要使用 FPN 网络和将不同层次的特征图进行多层特征融合,形成 BiFPN 层次结构,并遵循高效网特征提取网络的思想,用一个简单的参数 φ 来实现其主干网络、特征融合网络 BiFPN、Box/Class 预测了网络规模,使网络更高效。

EfficientSet - D0(512)模型在 COCO 上的准确度达到了 34.6 AP, EfficientSet - D7x (1536)模型在 COCO 上的准确度达到了 55.1 AP。

(2)基于 anchor - free 无锚检测模型

Joseph Redmon 等在 2016 年首次提出了更经典的单阶段 YOLOv1 模型。为了提高检测速度,单级检测去除两级 RPN 区域提议网络,直接在输出层确定目标类别和目标帧。

目标的定位以整个图像为输入,将目标检测任务转化为回归任务。早期的 Yolo v1 算法结构简洁,能很好地反映单级检测网络模型的特点。YOLOv1 模型在 COCO 上的准确率达到 57.9 mAP。

Hei Law 等在 2018 年提出的 CornerNet 利用单个卷积网络改变了目标边界来预测一对

关键点(即目标框的左上角和右下角)。

该设计可以消除常用的单级检测,预测锚杆的需求。同时,对池化层进行了改进,角点池化(corner pooling)可以用来定位包围框的角点。在 COCO 数据集上实现了 42.1% 的 AP,优于当时所有单级探测器的检测性能,与两级检测器的检测性能相当。

CornerNet511(单尺度,Hourglass - 104)模型在 COCO 上的精度达到了 40.6 AP,而 CornerNet511(多尺度,Hourglass - 104)模型在 COCO 上的精度达到了 42.2 AP。

Kaiwen Duan 等在 2019 年提出的 CenterNet 也是一种单级无锚框架网络模型。对于 CornerNet,只通过检测目标的左上角和右下角来确定目标。该方法没有充分利用目标内部的特征信息,因此针对误检测帧的现象,提出了一种改进的具有更丰富语义信息的级联角点池化算法和一种用于检测目标中心点特征的中心池算法。利用三重组关键点对目标进行检测,大大提高了检测精度,成为当时最好的单级检测模型,速度约为 270 ms(52 层特征网络)和 340 ms(104 层特征网络)。

CenterNet 511(单尺度,沙漏 - 104)模型在 COCO 上的精度达到了 44.9 AP, CenterNet 511(多尺度,沙漏 - 104)模型在 COCO 上的精度达到了 47.0 AP。

Hei Law 等在 2019 年提出的 CornerNet - lite[43]在 CornerNet 的基础上对骨干网络进行了优化,形成了 CornerNet - squeeze。

该算法利用注意机制进行裁剪,去除了网络检测目标的冗余图像部分(类似两阶段检测,首先将目标的近似区域裁剪出来进行检测)。

该算法在速度和精度上取得了很好的突破,达到了当时单级探测器的最高精度(47.0%)。CornerNet - Saccade 模型在 COCO 上的准确性达到了 43.2 AP。

Zhi Tian 等提出的 FCOS 网络模型大致由 FPN 特征金字塔和三个分支检测头组成。FCOS 摒弃了传统的锚框,直接对特征图上的每个点进行回归操作。

而 FPN 的多尺度分层检测大大减少了同一位置多个检测帧产生的模糊样本。中心度加权与非最大抑制(non - maximum suppression)相结合是抑制低质量 BB 距离的一种很好的方法。

与一些主流的一阶和二阶检测器相比,FCOS 在检测效率上优于 Faster R - CNN、YOLO、SSD 等经典算法。FCOS 为了提高准确度而缺乏速度,但在准确度和速度上优于 RetinaNet。FCOS(ResNeXt - 64x4d - 101 - FPN)模型在 COCO 上的精度达到了 44.7 AP。

Youngwan Lee 等在 2020 年提出的 CenterMask 是基于 FCOS 的,在注意机制中加入 SAG - Mask 实例分割模块,替代了其特征提取骨干网络(VoVNet - v2)。

使用 ResNet101 - FPN 骨干网络可以达到 38.3% 的 Mask_AP,超过以往所有网络,但速度只有 13.9 FPS。轻量级的 CenterMask - Lite 可以达到 33.4% 的 Mask_AP 和 38% 的 Box_AP,速度可以达到 35 FPS,可以满足实时性要求。CenterMask (V - 39 - FPN)模型在 COCO 上的精度达到了 36.3AP_mask。

为了追求更快、更准确的目标检测算法模型,该算法模型将合并更多其他先进的模型算法,单阶段方法和两阶段方法将逐渐合并。

例如,单级算法提出的目标位置估计的 CornerNet Lite 模型是伪模型,两阶段模型采用了两阶段目标检测的思想。随着检测任务需求的多样化,目标检测模型不再是单一的任务模型,增加了实例分割(类似多目标检测,全景分割是语义分割和实例分割的结合。语义分割是指为图像上的每个像素指定一个类别,可以通过颜色区分,但不区分个体。经过全景分割,我们可以知道哪个个体图像上的每个像素属于哪个类别,这是一个更精细的分类任务。同时,还有检测人体姿态的关键点,即用点替换人体的关节,用相邻线段连接,抽象地表示人体姿态动作。

5.4 YOLOv5 目标检测训练模型

5.4.1 YOLOv5 介绍

YOLOv5 是一系列在 COCO 数据集上预训练的对象检测架构和模型,代表 Ultralytics 对未来视觉 AI 方法的开源研究,结合了在数千小时的研究和开发中获得的经验教训和最佳实践,如图 5-11 所示。

图 5-11 YOLOv5

下面是 YOLOv5 的具体表现。

我们可以看到图 5-12 图中,除了 EfficientDet 模型,剩余的四种都是 YOLOv5 系列的不同网络模型。其中 5s 是最小的网络模型,5x 是最大的网络模型,而 5m 与 5l 则介于两者之间。相应地,5s 的精度小,模型小,易于移植,而 5x 的精度高,模型大,比较臃肿,具体的表现如表 5-2 所示。

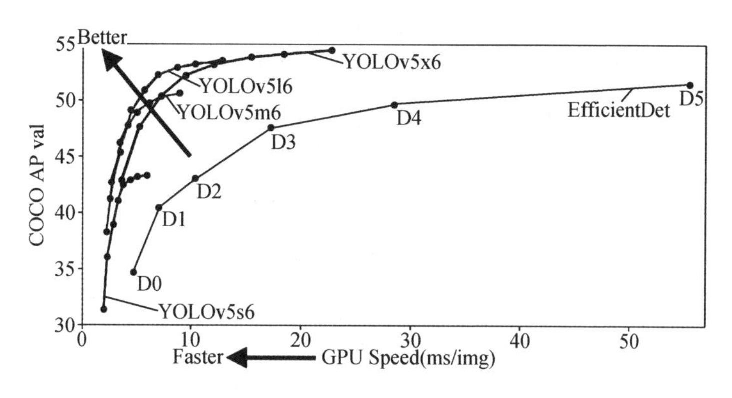

图 5-12 YOLOv5 性能测试

表 5-1 YOLOv5 系列模型的指标测试

模型	尺寸 (pixels)	mAP(val) 0.5:0.95	mAP(test)	mAP(val) 0.5	速度 v100	参数(M)	FLOPs 640(B)
[YOLOv5s] [assets]	640	36.7	36.7	55.4	2.0	7.3	17.0
[YOLOv5m] [assets]	640	44.5	44.5	63.1	2.7	21.4	51.3
[YOLOv5l] [assets]	640	48.2	48.2	66.9	3.8	47.0	115.4
[YOLOv5x] [assets]	640	50.4	50.4	68.8	6.1	87.7	218.8
[YOLOv5s6] [assets]	1 280	43.3	43.3	61.9	4.3	12.7	17.4
[YOLOv5m6] [assets]	1 280	50.5	50.5	68.7	8.4	35.9	52.4
[YOLOv5l6] [assets]	1 280	53.4	53.4	71.1	12.3	77.2	117.7
[YOLOv5x6] [assets]	1 280	54.4	54.4	72.0	22.4	141.8	222.9
[YOLOv5x6] [assets]TTA	1 280	55.0	55.0	72.0	70.8	—	—

YOLOv5 采用了一些训练与预测技巧,具体如图 5-13 所示。

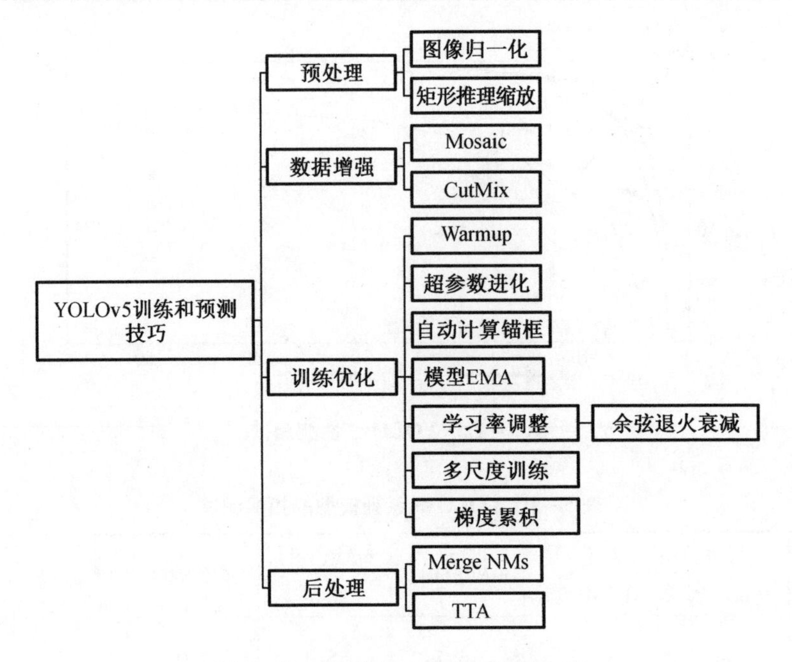

图 5－13　YOLOv5 训练与预测技巧

相对于以往的 YOLO 版本，YOLOv5 功能增加主要有以下几个方面，如图 5－14 所示。

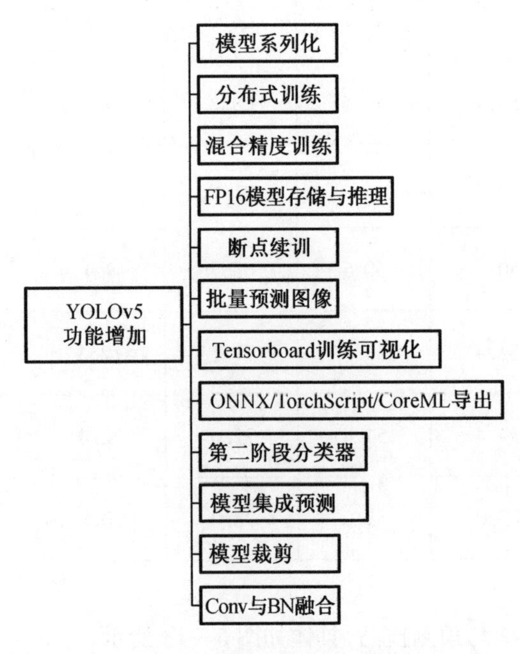

图 5－14　YOLOv5 功能增加

5.4.2　YOLO 目标检测系列发展史

1. 目标检测的里程碑

图 5－15 中，从整个时间轴上我们可以看到，在 2012 年之前，目标检测的主要算法还是建立在传统视觉方式之上的，AI 也不曾像今日这般火热，这里将这段时期称为“冷兵器的时代”。而在 2012 年之后，就开始了基于深度学习＋卷积网络的方式尝试与探索。这里又根据识别阶段分为两类，一类是以 YOLO、SSD 等为代表的单阶段检测器，另一类是以 Faster RCNN 等为代表的双阶段检测器。

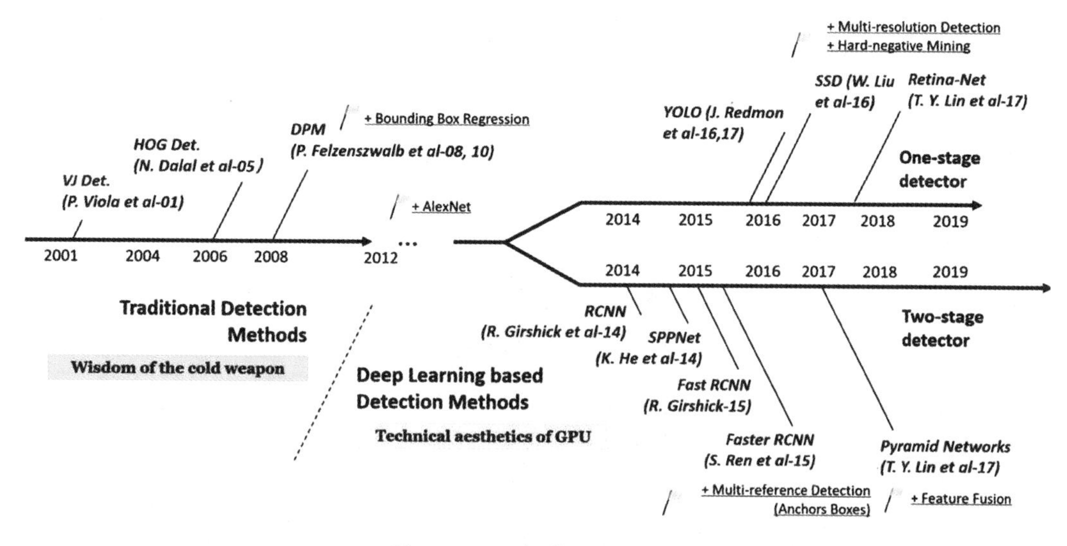

图 5－15　目标检测发展历史

我们可以看到，两种不同方式的检测方法都在近些年得到了不断发展，并且相互促进。这里重点关注 YOLO 系列的发展，最近的版本即为 YOLOv4 与 YOLOv5，两者都于 2020 年同期发布，并且较前几个版本效果优化差异明显。

2. DarkNet 概述

追根溯源，YOLO 系列均是基于 DarkNet 这个框架来进行开发的，如图 5－16 所示。DarkNet 是一个用 C 和 CUDA 编写的开源神经网络框架。它是快速，易于安装，并支持 CPU 和 GPU 的计算。

图 5－16　DarkNet 的 logo

3. YOLOv1/YOLOv2 算法基本思想

YOLO 的基本思想是将一副图像进行细化的网格划分,在划分的网格基础上进行边界框的预测,同时计算出目标的置信度及类别的概率图,综合两者来进行最终的检测,如图 5－17 所示。

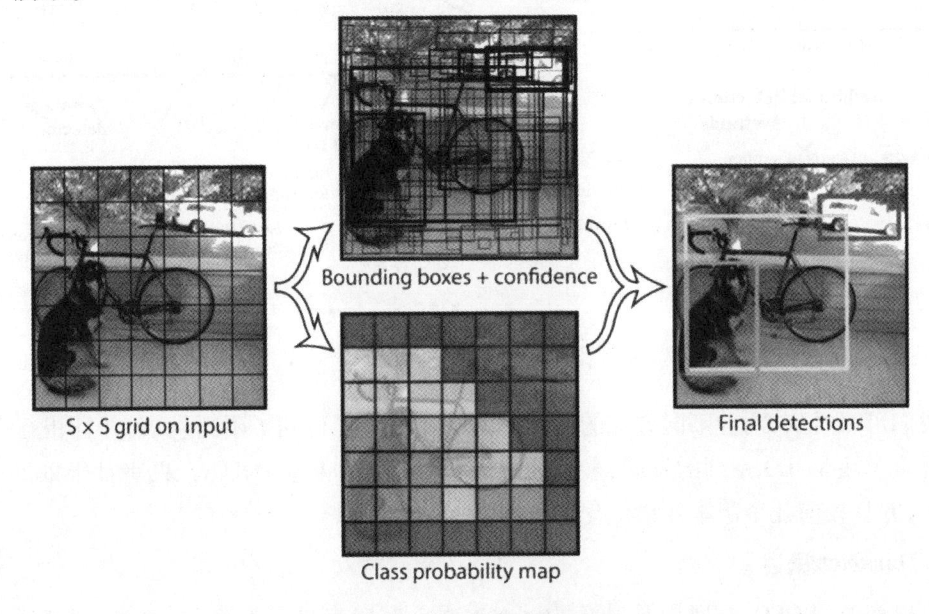

图 5－17　YOLO 的基本思想

假设我们要检测的对象是一只狗,可以看到在边界框中有不断迭代移动的网格,这个网格就负责处理对象的检测。在迭代过程中,网格被预测特征图(prediction feature map)处理,预测特征图分为三个 Box,如图 5－18 所示。可用于计算不同类型的单元——边界框坐标信息(box co－ordinates)、置信度分数(objectness score)、分类得分(class scores)。

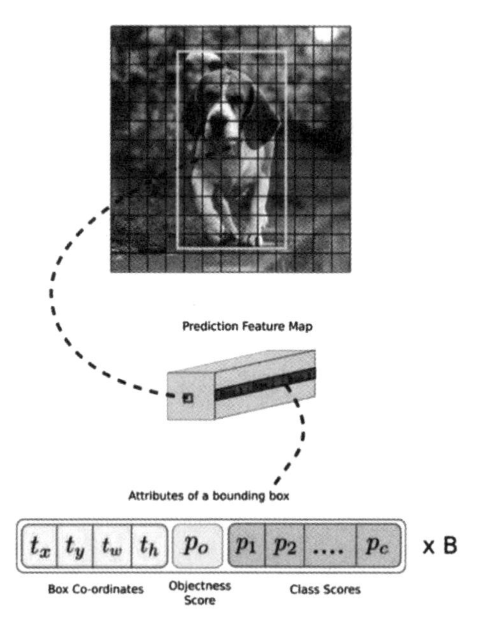

图 5－18　预测特征图分为三个 Box

下面再来看一个过程。假设我们要处理的图像为图 5－19 左侧图像，尺寸大小为 608 × 608，要检测的对象是图中这辆车。经过 YOLO 的深度卷积神经网络（Deep CNN，DCMN）之后，会对其进行 32 倍的下采样，从而可得到一个 19 × 19 的网格图，对应每个小格子分别计算出其相应的坐标信息、目标性得分及每个类别的分类概率。同时，还可以通过 Box 得到三个不同尺度的边界框的数据。

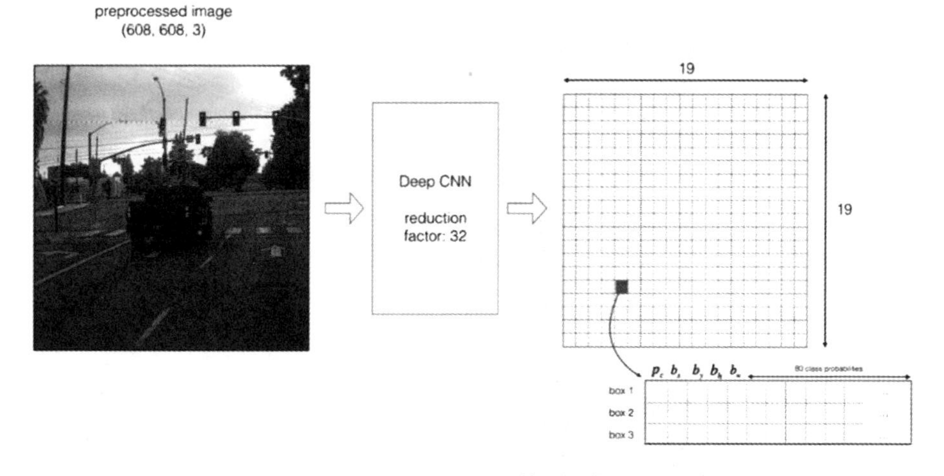

图 5－19　YOLO 检测示例

4. YOLOv3/YOLOv4 算法的基本思想

首先，通过特征提取网络对输入图像提取特征，得到一定大小的特征图，比如 19 × 19（相当于 608 × 608 图片大小），然后将输入图像分成 19 × 19 个网格单元，如果标定边界框（ground truth，GT）中某个目标的中心坐标落在哪一个网格单元中，那么就由该网格单元来预测该目标。

预测得到的输出特征图有两个维度是提取到的特征维度，比如 19×19，还有一个维度（深度）是 $B\times(5+C)$。其中 B 表示每个网格单元预测的边界框的数量（YOLOv3/v4 中是 3 个，即 $B=3$）；C 表示边界框的类别数（没有背景类，所以对于 VOC 数据集是 20）；5 表示 4 个坐标信息和一个目标性得分。

大多数分类器假设输出标签是互斥的。因此，YOLO 应用 softmax 函数将得分转换为总和为 1 的概率。而 YOLOv3/v4 使用多标签分类。例如，输出标签可以是“行人”和“儿童”，它们不是非排他性的，输出的总和可以大于 1。

YOLOv3/v4 用多个独立的逻辑（logistic）分类器替换 softmax 函数，以计算输出属于特定标签的可能性。在计算分类损失时，YOLOv3/v4 对每个标签使用二元交叉熵损失，避免了使用 softmax 函数降低计算复杂度，如图 5－20、图 5－21 所示。

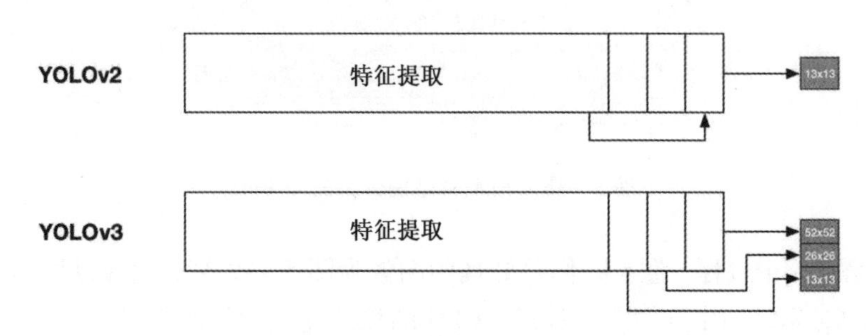

图 5－20　YOLOv2 与 YOLOv3 特征提取对比

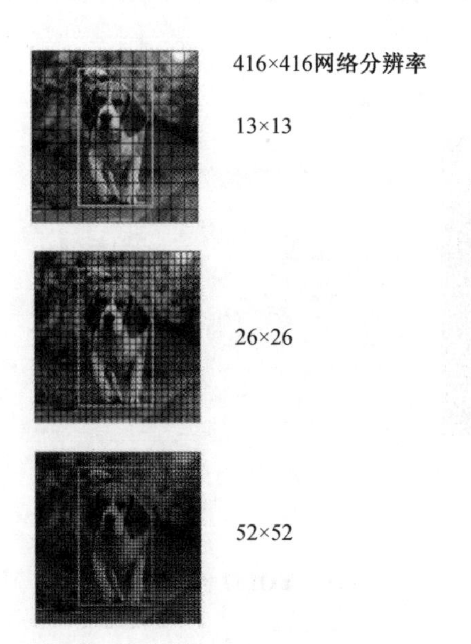

图 5－21　在不同特征尺度上的特征图

5. YOLOv3 网络架构

图 5－22 中，YOLOv3 的主干网络是 DarkNet53，经过采样与卷积等计算，传到头部进行

处理。

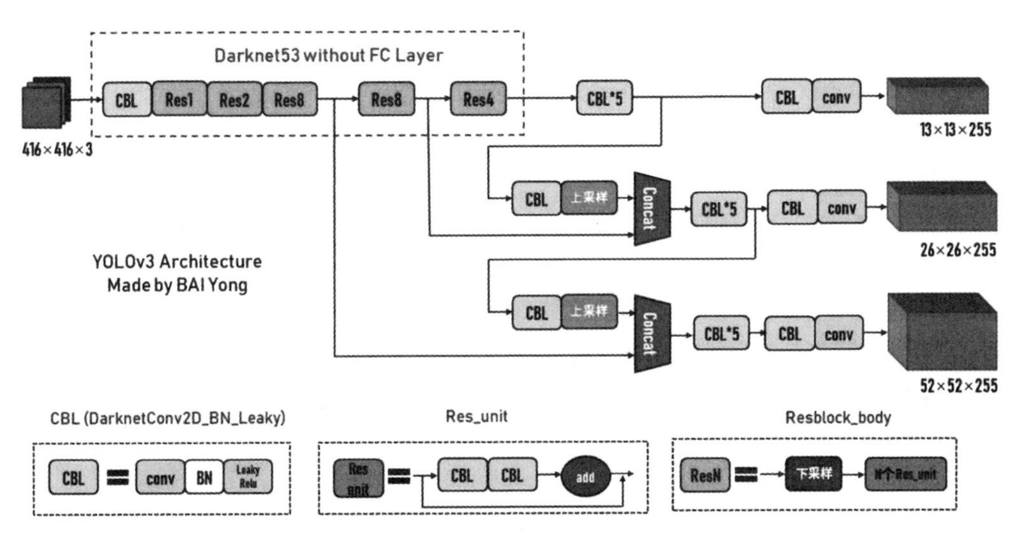

图 5－22　YOLOv3 网络架构

6. YOLOv4 网络架构

图 5－23 中，YOLOv4 的主干网络是 CSP 组件＋DarkNet53，网络传播方式使用 SPP＋PANet，最终传输到 YOLO Head。

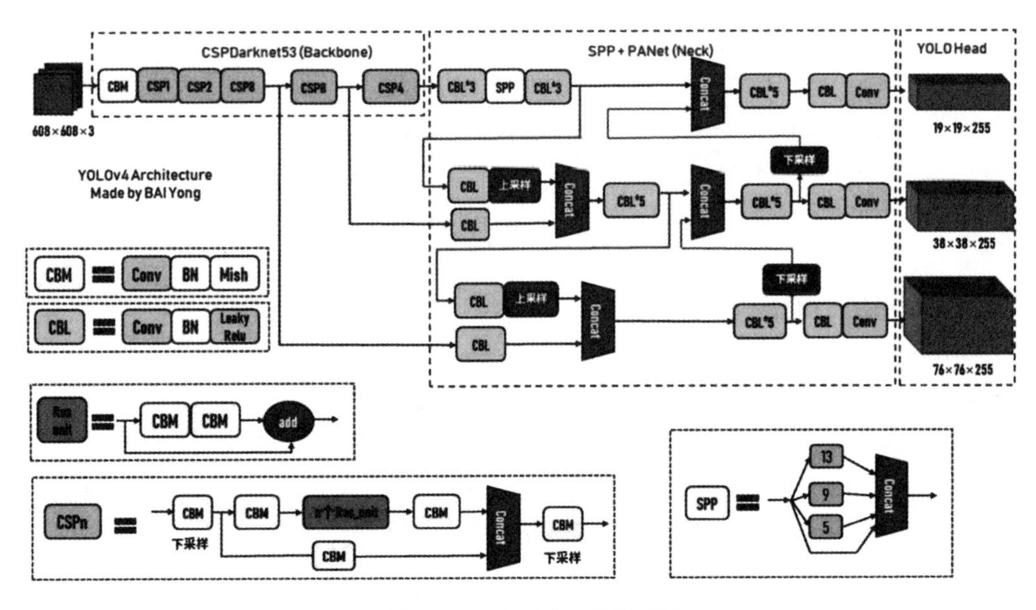

图 5－23　YOLOv4 网络架构

5.4.3 YOLOv5 网络架构分析

YOLO 系列属于单阶段目标探测器，与 RCNN 不同，它没有单独的区域建议网络（RPN），并且依赖于不同尺度的锚框。

架构可分为三个部分：骨架、颈部和头部。利用 CSP（Cross－Stage Partial Networks）作为主干，从输入图像中提取特征。PANet 被用作收集特征金字塔的主干，头部是最终的检测层，它使用特征上的锚框来检测对象。

YOLO 架构使用的激活函数是 Google Brains 在 2017 年提出的 Swish 的变体，它看起来与 ReLU 非常相似，但又有区别，它在 $x=0$ 附近是平滑的。

通过图 5－24 我们可以看到，YOLOv5 的骨干（backbone）网络为｛VGG16、ResNet－50、ResNet－101、DarkNet53…｝；颈部（neck）网络为｛FPN、PANet、Bi－FPN…｝；头部（head）网络为 Dense Prediction：｛RPN、YOLO、SSD、RetinaNet、FCOS…｝，Sparse Prediction：｛Faster R－CNN、R－FCN…｝。

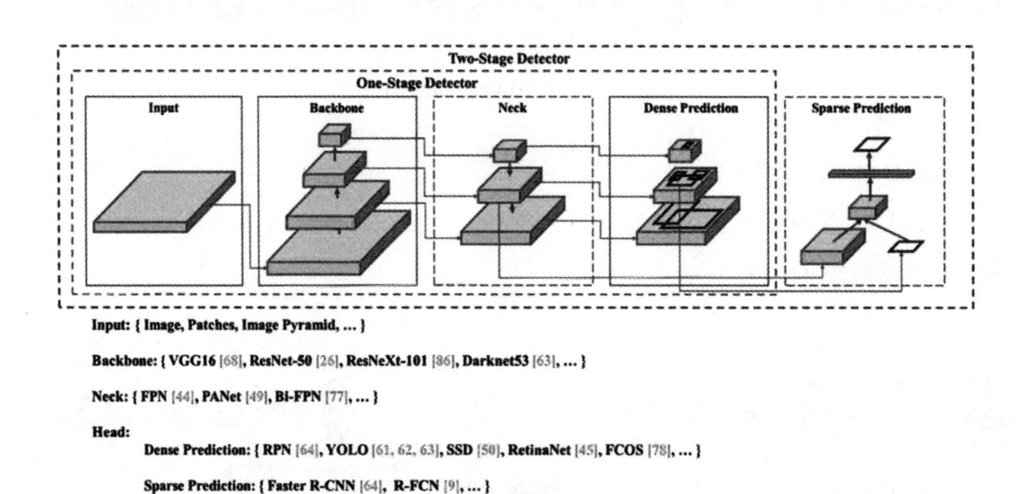

图 5－24　目标检测模型网络架构

1. 网络可视化工具：Netron

在线版本链接：https://lutzroeder.github.io/netron/。

Netron 官方的 Github 链接：https://github.com/lutzroeder/netron。

如图 5－25 所示，Netron 对 pt 格式的权重文件兼容性不好，直接使用 Netron 工具打开，无法现实整个网络。可使用 YOLOv5 代码中 models/export.py 脚本将 pt 权重文件转换为 onnx 格式，再用 Netron 工具打开，就可以看 YOLOv5 的整体架构。

图 5－25　Netron 网络可视化工具

导出 ONNX 文件。

```
shell
pip installonnx > =1.7.0 -i https://pypi.tuna.tsinghua.edu.cn/simple #for ONNX ex-
port
shell
pip installcoremltools = =4.0 - i https://pypi.tuna.tsinghua.edu.cn/simple #for
Coreml export
shell
python models.export.py - -weights weights.yolov5s.pt - -img 640 - -batch 1
```

预览 YOLOv5 在 Netron 中的网络结构图。

借助上面的 Netron 工具得到的网络结构图，我们可以画出下面这样的网络架构图，对此进行一个全局把握，如图 5－26 所示。

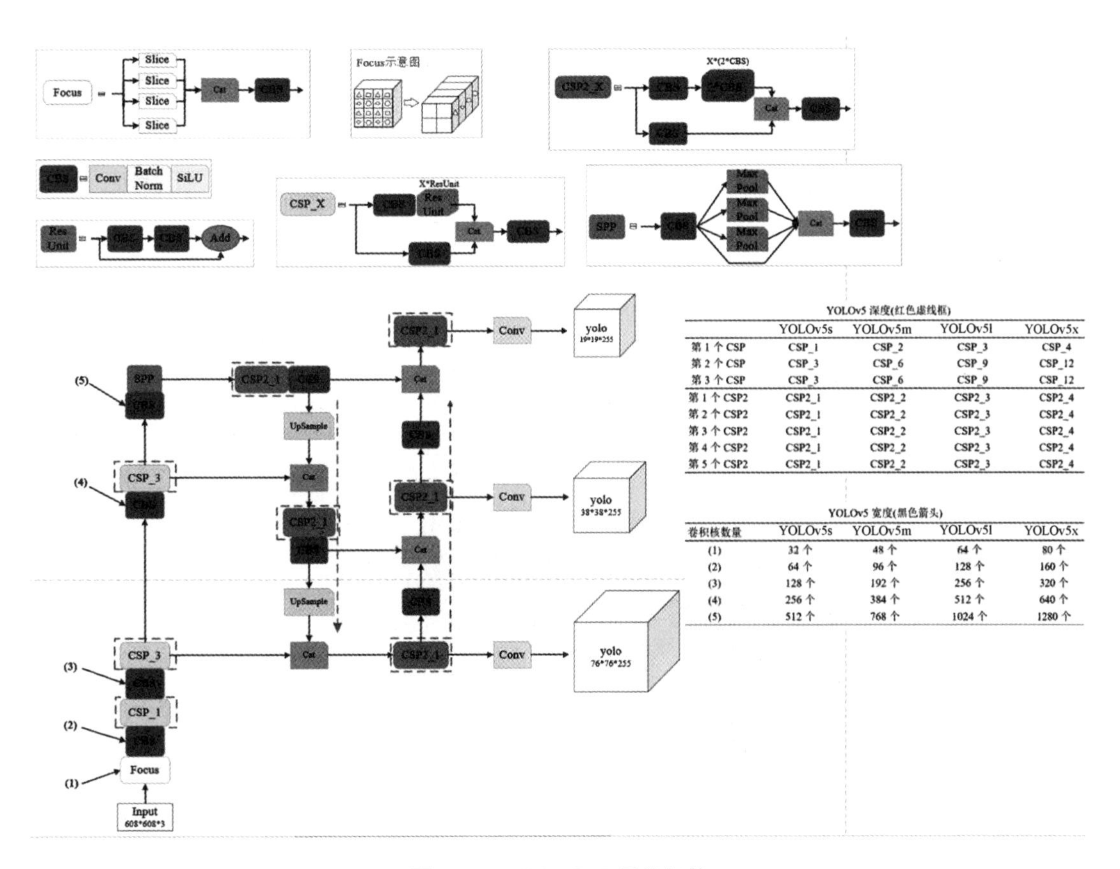

YOLOv5 深度(红色虚线框)

	YOLOv5s	YOLOv5m	YOLOv5l	YOLOv5x
第 1 个 CSP	CSP_1	CSP_2	CSP_3	CSP_4
第 2 个 CSP	CSP_3	CSP_6	CSP_9	CSP_12
第 3 个 CSP	CSP_3	CSP_6	CSP_9	CSP_12
第 1 个 CSP2	CSP2_1	CSP2_2	CSP2_3	CSP2_4
第 2 个 CSP2	CSP2_1	CSP2_2	CSP2_3	CSP2_4
第 3 个 CSP2	CSP2_1	CSP2_2	CSP2_3	CSP2_4
第 4 个 CSP2	CSP2_1	CSP2_2	CSP2_3	CSP2_4
第 5 个 CSP2	CSP2_1	CSP2_2	CSP2_3	CSP2_4

YOLOv5 宽度(黑色箭头)

卷积核数量	YOLOv5s	YOLOv5m	YOLOv5l	YOLOv5x
(1)	32 个	48 个	64 个	80 个
(2)	64 个	96 个	128 个	160 个
(3)	128 个	192 个	256 个	320 个
(4)	256 个	384 个	512 个	640 个
(5)	512 个	768 个	1024 个	1280 个

图 5－26　YOLOv5 网络架构

其中，Conv 表示由 Conv、BN 和 Hard－swish 三个操作组合成的运算。Bottleneck 为瓶颈部分运算操作，若 Bottleneck 为 True 时，操作为两个 Conv 操作相加得到的结果；若 Bottleneck 为 False，则操作为两个 Conv 卷积。同时，CSPn 为 Conv － > Bottleneck － > Conv 与 Conv 拼接，再进行 BN 和后续的 ReLU 卷积，防止梯度消失，加快收敛速度。而 Focus 操作需要对其进行四个 Slice 分片，再进行重新拼接后卷积。SPP 操作前后都需要 Conv，中间有三种不同尺度大小的层级进行选择处理。图片从输入层开始传入模型，经过复杂的主干网络，最终流向头部网络的 DarkNet 去做处理。

2. 灵活配置不同复杂度的模型

YOLOv5 的四种网络结构是由 depth_multiple 和 width_multiple 两个参数来进行控制网络的深度和宽度(表 5-3)。其中，depth_multiple 控制网络的深度(BottleneckCSP 数)，width_multiple 控制网络的宽度(卷积核数量)。这与 EfficientNet 的 channel 和 layer 控制因子类似。

表 5-3　YOLOv5 不同的网络配置参数

	YOLOv5s	YOLOv5m	YOLOv5l	YOLOv5x
depth_multiple	0.33	0.67	1.0	1.33
width_multiple	0.50	0.75	1.0	1.25
BottleneckCSP 数 BCSPn(True)	1,3,3	2,6,6	3,9,9	4,12,12
BottleneckCSP 数 BCSPn(Flase)	1	2	3	4
Conv 卷积核数量	32,64,128,256,512	48,96,192,384,768	64,128,256,512,1 024	80,160,320,640,1 280

3. Focus 机制

如图 5-27 所示，把数据切分为 4 份，每份数据都相当于 2 倍下采样得到的，然后在 channel 维度进行拼接，最后进行卷积操作。

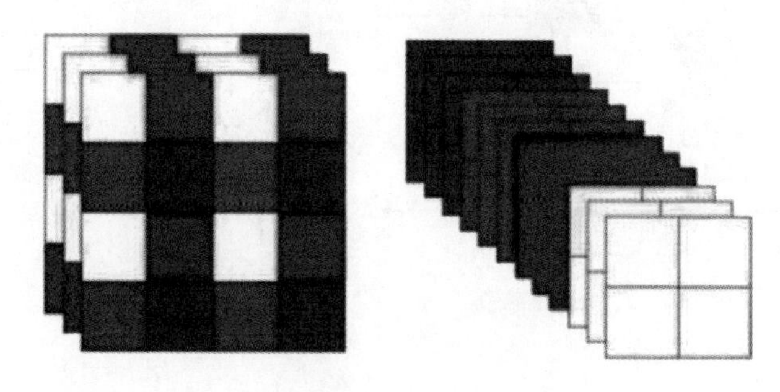

图 5-27　Focus 机制

这里可以做一个小实验。

```
#新增一个 tensor x
tensor([[[[11,12,13,14],
21,22,23,24],
31,32,33,34],
41,42,43,44]]]])
```

拆分后，得到四份数据。

```
tensor([[[[11,13],[31,33]],
[[21,23],[41,43]],
[[12,14],[32,34]],
[[22,24],[42,44]]]])
```

Focus( ) module 模块是用来减少 FLOPS 和增加速度,但不增加 mAP。

在 YOLOv5 中,作者希望降低二维卷积 Conv2d 计算的成本,并实际使用张量 reshape 来减少空间(分辨率)和增加深度(通道数)

输入将按如下方式转换:[b,c,h,w] - >[b,c * 4,h//2,w//2]

以 YOLOv5s 的结构为例,原始 640 ×640 ×3 的图像输入 Focus 结构,采用切片结构,先变成 320 ×320 ×12 的特征图,再经过一次 32 个卷积核的卷积操作,最终变成 320 ×320 ×32 的特征图。而 YOLOv5m 的 Focus 结构中的卷积操作使用了 48 个卷积核,因此 Focus 结构后的特征图变成 320 ×320 ×48。YOLOv5l,YOLOv5x 也是同样的道理。

4. 空间金字塔池化(spatial pyramid pooling,SPP)

图 5 -28 中,在 CSP 上添加 SPP 块,因为它显著增加了感受野,分离出最重要的上下文特征,并且几乎不会降低网络运行速度

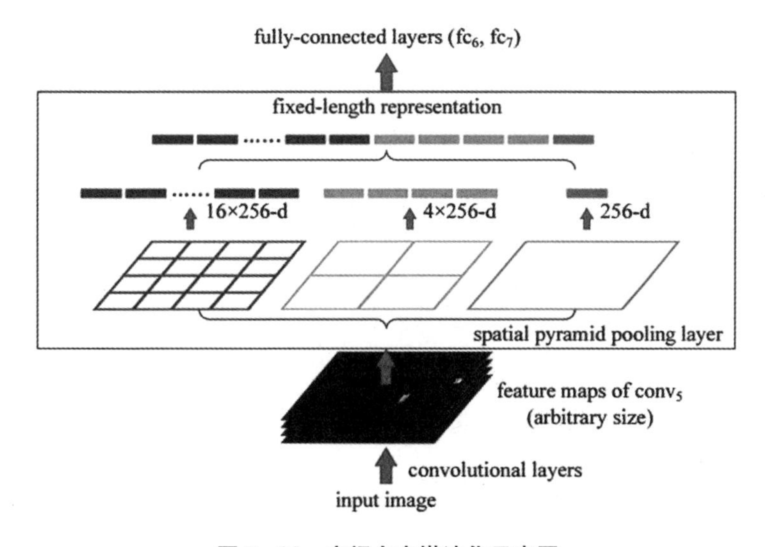

图 5 -28　空间金字塔池化示意图

5. Hard Swish 激活函数

Swish 激活函数代替 ReLU,显著提高了神经网络的准确性,具体定义为 Swish $(x) = x\sigma(x)$。虽然这种非线性提高了精度,然而 sigmoid 函数是由指数构成的,在移动设备上的计算成本要高得多。sigmoid 激活函数可以用分段线性函数 Hardsigmoid 拟合,如图 5 -29 所示。

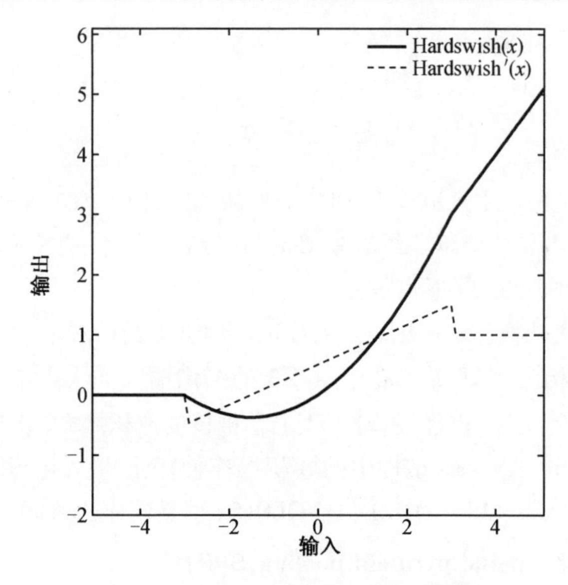

图 5－20　Hardswish 激活函数与导数

$$\text{Hardsigmoid}(x)=\begin{cases}0, & x\leqslant -3\\ 1, & x\geqslant 3\\ \dfrac{x}{6}+\dfrac{1}{2}, & \text{otherwise}\end{cases}$$

因此，用 Hardsigmoid 替代 sigmoid 可以大大减少运算成本。由此诞生了 Hardswish，其具体的公式为。

$$\text{Hardswish}(x)=x\cdot\text{Hardsigmoid}(x)=x\cdot\frac{\text{ReLU }6(x+3)}{6}$$

$$=x\cdot\begin{cases}1, & x\geqslant 3\\ \dfrac{x}{6}+\dfrac{1}{2}, & 0<x<3\\ 0, & x\leqslant -3\end{cases}$$

该函数对 x 的导数为

$$\text{Hardswish}'(x)=\begin{cases}1, & x\geqslant 3\\ \dfrac{x}{3}+\dfrac{1}{2}, & 0<x<3\\ 0, & x\leqslant -3\end{cases}$$

6. 路径聚合网络（path－aggregation network，PANet）

为了简洁起见，我们省略了图 5－30（a）和图 5－30（b）中特征映射的通道维度，对图 5－30 进行以下说明：

（1） FPN 主干网络（FPN backbone）；

（2）自底向上路径扩充（bottom－up path augmentation）；

（3）自适应特征池（adaptive feature pooling）；

（4）box 分支（box branch）；

(5)全连通结合(fully - connected fusion)。

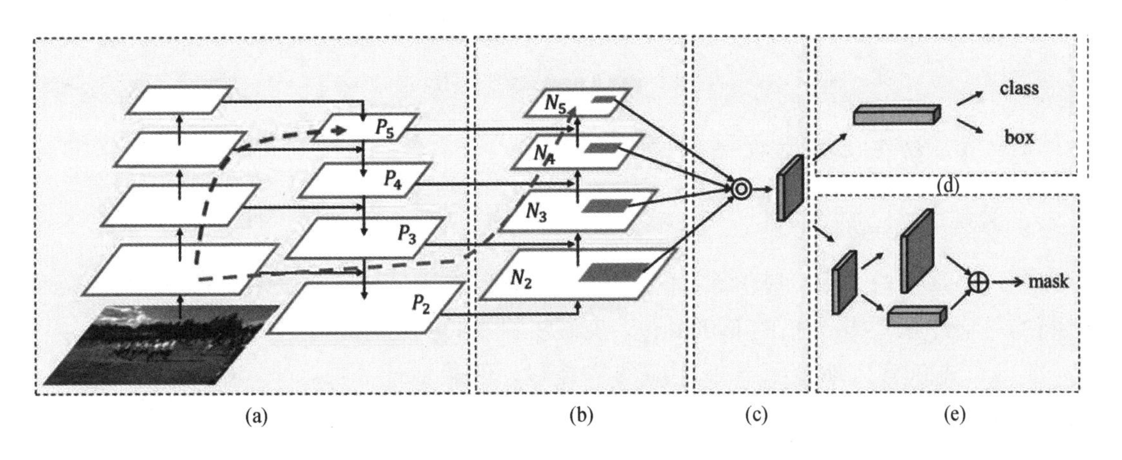

图 5 - 30　路径聚合网络

7. 损失函数

YOLOv5 损失函数包括分类损失(classification loss)、定位损失(localization loss)和置信度损失(confidence loss)。

总的损失函数 = classification loss + localization loss + confidence loss。

YOLOv5 使用二元交叉熵损失函数计算类别概率和目标置信度得分的损失。YOLOv5 使用 C - LoU Loss 作为 bounding box 回归的损失,如图 5 - 31 所示。

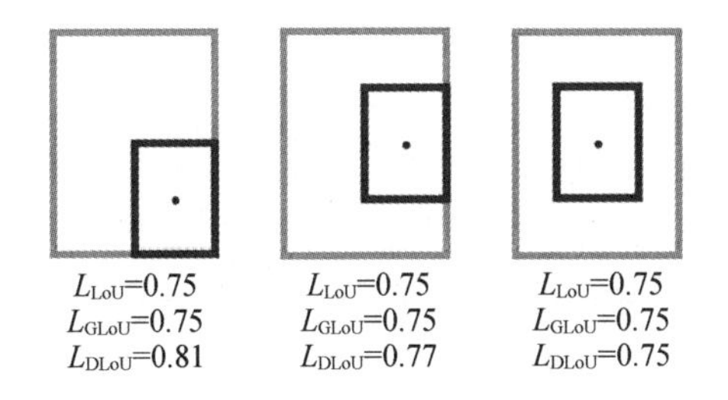

图 5 - 31　DLoU 损失

针对包围盒回归提出了一种距离 LoU 损失,即 DLoU 损失,它比 LoU 损失和 GLoU 损失具有更快的收敛速度。

通过考虑重叠面积、中心点距离和纵横比这三个几何度量,进一步提出了完整的 LoU 损失,即 CLoU 损失,它更好地描述了矩形盒的回归。

5.5　YOLOv5 实战

5.5.1　软件安装及环境配置

1. 安装 Anaconda

Anaconda 是一个用于科学计算的 Python 发行版，支持 Linux、Mac、Windows，包含了众多流行的科学计算、数据分析的 Python 包。安装步骤如下：

（1）首先从官方地址下载好对应的安装包。下载地址：https://www.anaconda.com/download/#linux。

（2）然后安装 Anaconda。

```
bash Anaconda3 -2021.05 -Linux -x86_64.sh
```

Anaconda 会自动将环境变量添加到 PATH 里面，如果发现输入 conda 提示没有该命令，那么你需要执行命令 source ~/.bashrc 更新环境变量，就可以正常使用了。如果发现这样还是没用，那么需要添加环境变量。编辑 ~/.bashrc 文件，在最后面加上

```
export PATH = /home /user /anaconda3 /bin: $ PATH
```

注意：路径应改为自己机器上的路径。

保存退出后执行 source ~/.bashrc。再次输入 conda list 测试。

2. 安装 Anaconda 国内镜像配置

清华 TUNA 提供了 Anaconda 仓库的镜像，运行以下三个命令进行配置。

```
conda config --add channels
https://mirrors.tuna.tsinghua.edu.cn/anaconda/pkgs/free/
conda config --add channels
https://mirrors.tuna.tsinghua.edu.cn/anaconda/pkgs/main/
conda config --set show_channel_urls yes
```

3. 安装 pytorch

如果使用 YOLOv5 版本 v5.0 以上的代码，使用 pytorch1.80 首先为 pytorch 创建一个 Anaconda 虚拟环境，环境名字可自己确定，这里使用 pytrain 作为环境名为例。

```
conda create -n pytrain python =3.8
```

安装成功后激活 pytrain 环境。

```
conda activate pytrain
```

在所创建的 pytorch 环境下安装 pytorch 的 1.8 版本，执行如下命令。

```
conda install pytorch torchvision cudatoolkit =10.2 -c pytorch
```

注意：10.2 处应为 cuda 的安装版本号

编辑 ~/.bashrc 文件，设置使用 pytrain 环境下的 python3.8。

```
alias python ='/home/bai/anaconda3/envs/pytrain/bin/python3.8'
```

注意:python 路径应改为自己机器上的路径。

保存退出后执行 source ~/. bashrc。该命令将自动回到 base 环境,再执行 conda activate pytrain 到 pytorch 环境。

5.5.2　YOLOv5 项目克隆和安装

1. 克隆 YOLOv5 项目

网址:https://github. com/ultralytics/yolov5。

```
git clone https://github.com/ultralytics/yolov5.git
```

或者直接下载 YOLOv5 的 5.0 版本的代码。下载后可重命名项目文件夹。

2. 安装所需库

在 yolov5 目录下执行命令。

```
pip install -r requirements.txt -i \
https://pypi.tuna.tsinghua.edu.cn/simple
```

注意:simple 不能少, 是 https 而不是 http

3. 下载预训练权重文件

下载:下载 yolov5s. pt、yolov5m. pt、yolov5l. pt、yolov5x. pt 权重文件。并放置在 weights 文件夹下。百度网盘下载链接为:https://pan. baidu. com/s/1p1HS0gpWZy55dShj3ihLRQ。提取码为 0sao。

更新:如果使用 YOLOv5 版本 v5.0 以上的代码,下载相应的权重。

安装测试。

```
python detect.py --source ./data/images/ --weights \
weights/yolov5s.pt
```

5.5.3　标注自己的数据集

1. 安装图像标注工具 labelImg

这里的安装有两种方式,一种是直接 pip install,另一种是克隆源码进行编译,推荐优先使用第一种。

第一种安装方式:

```
conda create -n label python=3.8
conda activate label
pip installlabelImg
```

在 label 环境下,命令行输入 labelImg 打开即可。

第二种安装方式:克隆 labelImg。

```
git clone https://github.com/tzutalin/labelImg.git
```

使用 Anaconda,安装到 labelImg 路径下,执行如下命令。

```
conda install pyqt=5
pip installlxml
pyrcc5 -o libs/resources.pyresources.qrc
python labelImg.py
```

2. 添加自定义类别

修改文件 labelImg/data/predefined_classes. txt,在文件中添加自定义类别,例如:

```
ball
messi
trophy
```

3. 使用 labelImg 进行图像标注

打开 labelImg,可以看到如图 5 – 32 所示界面。

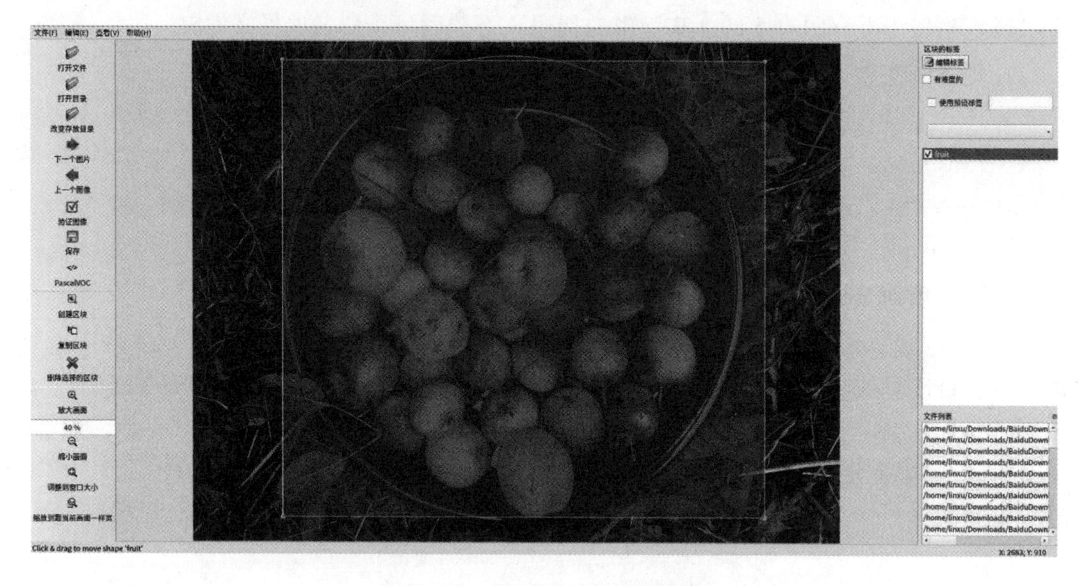

图 5 – 32　用 labelImg 标注样本

说明:由于这里是直接应用 pip install 安装,且系统语言是中文,因此界面语言也保持一致。最左边一栏相当于标注的操作栏,我们通过创建区块,即标注边界框并界定分类标签名。对一张样本图片操作完毕后,通过 Ctrl + S 进行保存,这时会采用默认的 PascalVOC 格式,即将标记信息存在同名的 xml 文件。

需要说明的是,对上图来说,图像的坐标原点在左上角,水平方向为 X 轴,竖直方向为 Y 轴。图中边界框由几个要素组成,即 x_min,y_min,x_max,y_max,这些通过 xml 的结构存储为标注信息文件,如图 5 – 33 所示。

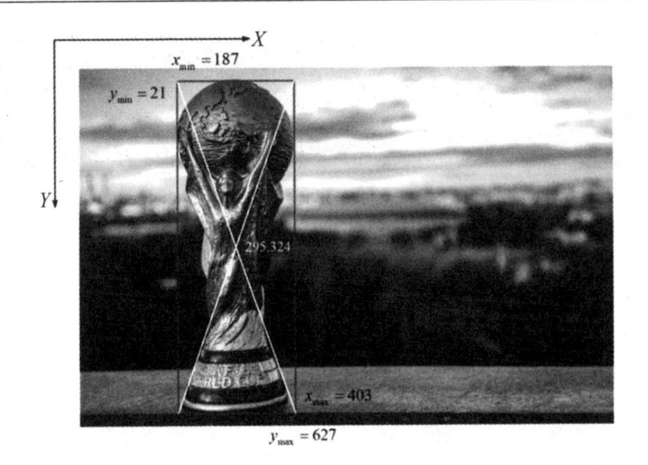

图 5-33　标注坐标系说明

查看 xml 对应的格式，如下：

This XML file does not appear to have any style information associated with it. The document tree is shown below.

```
▼<annotation>
   <folder>test-multiple_fruits</folder>
   <filename>apples_peaches1.jpg</filename>
   <path>/home/linxu/Downloads/BaiduDownload/Fruits 360/fruits-360/test-
   multiple_fruits/apples_peaches1.jpg</path>
  ▼<source>
     <database>Unknown</database>
   </source>
  ▼<size>
     <width>4032</width>
     <height>3024</height>
     <depth>3</depth>
   </size>
   <segmented>0</segmented>
  ▼<object>
     <name>fruit</name>
     <pose>Unspecified</pose>
     <truncated>0</truncated>
     <difficult>0</difficult>
    ▼<bndbox>
       <xmin>563</xmin>
       <ymin>113</ymin>
       <xmax>3561</xmax>
       <ymax>2875</ymax>
     </bndbox>
   </object>
 </annotation>
```

但由于 YOLO 系列对于标注文件的要求格式为 YOLO 类型，因此还需要将其转换为对应的 txt 格式。YOLO 格式的 txt 标记文件如下：

class_id x y w h

class_id：类别的 id 编号。

x：目标的中心点 x 坐标（横向）/图片总宽度。

y：目标的中心的 y 坐标（纵向）/图片总高度。

w：目标框的宽带/图片总宽度。

h：目标框的高度/图片总高度。

标注坐标示例如图 5-34 所示。

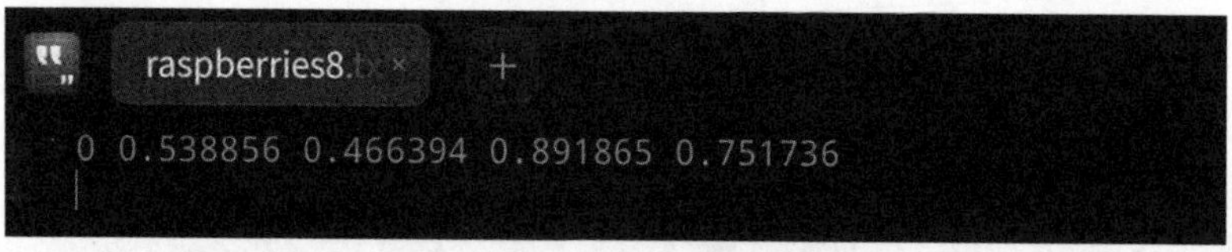

raspberries8.tx
0 0.538856 0.466394 0.891865 0.751736

图 5－34　标注坐标示例

可以用 python 代码实现两种标记格式的转换。

```
defconvert(size, box):
    dw = 1./size[0]
    dh =1./size[1]
        # box[0]:xmin,box[1]: xmax
    x = (box[0] + box[1])/2.0
        #box[2]: ymin,box[3]: ymax
    y = (box[2] + box[3])/2.0
    w =box[1] - box[0]
    h =box[3] - box[2]
    x = x*dw
    w = w*dw
    y = y*dh
    h = h*dh
    return (x,y,w,h)
```

当然，图 5－35 中，也可以在操作栏中直接更换保存为 YOLO 格式的 txt 文件，这样就可以直接使用，无须转换。

上一个图像
验证图像
保存
yolo
YOLO
更改存储格式
创建区块
复制区块
删除选择的区块

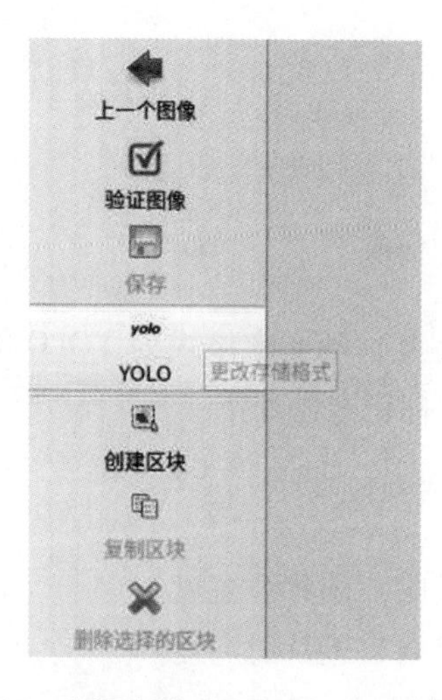

图 5－35　直接存储为 YOLO 格式的 txt 文件

5.5.4　准备自己的数据集

1. 下载项目文件

从百度文件下载到 yolov5 目录下并解压。

```
VOCdevkit_ball.zip
testfiles.zip
prepare_data.py
```

2. 解压建立或自行建立数据集

使用 PASCAL VOC 数据集的目录结构。建立文件夹层次为 yolov5/data/VOCdevkit/VOC2007。VOC2007 下建立两个文件夹：Annotations 和 JPEGImages。JPEGImages 放所有的训练和测试图片；Annotations 放所有的 xml 标记文件。

3. 生成训练集和验证集文件

新建 Python 脚本。

```
touch prepare_data.py
gedit prepare_data.py
```

prepare_data. py 的文件内容如下：

```
importxml.etree.ElementTree as ET
import pickle
importos
fromos import listdir, getcwd
fromos.path import join
import random
fromshutil import copyfile
#分类类别
classes = ["ball", "messi"]
# classes =["ball"]
#划分训练集比率
TRAIN_RATIO = 80
defclear_hidden_files(path):
'''
清除目录下隐藏文件
:param path:
:return:
'''
dir_list = os.listdir(path)
fori in dir_list:
abspath = os.path.join(os.path.abspath(path), i)
ifos.path.isfile(abspath):
```

```
ifi.startswith("._"):
os.remove(abspath)
else:
clear_hidden_files(abspath)


defconvert(size, box):
'''
转换格式
:param size:
:param box:
:return:
'''
dw = 1。/size[0]
dh = 1。/size[1]
x = (box[0] + box[1]) /2.0
y = (box[2] + box[3]) /2.0
w =box[1] - box[0]
h =box[3] - box[2]
x = x * dw
w = w * dw
y = y×dh
h = h×dh
return (x, y, w, h)


defconvert_annotation(image_id):
'''
转换 annotation
:param image_id:
:return:
'''
in_file = open('data/VOCdevkit/VOC2007/Annotations/% s.xml' % image_id)
out_file = open('data/VOCdevkit/VOC2007/YOLOLabels/% s.txt' % image_id, 'w')
tree =ET.parse(in_file)
root =tree.getroot()
size =root.find('size')
w = int(size.find('width').text)
h = int(size.find('height').text)
```

```
for obj inroot.iter('object'):
difficult =obj.find('difficult').text
cls = obj.find('name').text
ifcls not in classes or int(difficult) = = 1:
continue
cls_id = classes.index(cls)
xmlbox = obj.find('bndbox')
b =(float(xmlbox.find('xmin').text), float(xmlbox.find('xmax').text), float
(xmlbox.find('ymin').text),
float(xmlbox.find('ymax').text))
bb =convert((w, h), b)
out_file.write(str(cls_id) + " " + " ".join([str(a) for a in bb]) + '\n')
in_file.close()
out_file.close()

if __name__ = = '__main__':

wd =os.getcwd()
data_base_dir = os.path.join(wd, "data/VOCdevkit/")
if notos.path.isdir(data_base_dir):
os.mkdir(data_base_dir)
work_sapce_dir = os.path.join(data_base_dir, "VOC2007/")
if notos.path.isdir(work_sapce_dir):
os.mkdir(work_sapce_dir)
annotation_dir = os.path.join(work_sapce_dir, "Annotations/")
if notos.path.isdir(annotation_dir):
os.mkdir(annotation_dir)
clear_hidden_files(annotation_dir)
image_dir = os.path.join(work_sapce_dir, "JPEGImages/")
if notos.path.isdir(image_dir):
os.mkdir(image_dir)
clear_hidden_files(image_dir)
yolo_labels_dir = os.path.join(work_sapce_dir, "YOLOLabels/")
if notos.path.isdir(yolo_labels_dir):
os.mkdir(yolo_labels_dir)
clear_hidden_files(yolo_labels_dir)
yolov5_images_dir =os.path.join(data_base_dir, "images/")
if notos.path.isdir(yolov5_images_dir):
os.mkdir(yolov5_images_dir)
clear_hidden_files(yolov5_images_dir)
```

```
yolov5_labels_dir =os.path.join(data_base_dir, "labels/")
if notos.path.isdir(yolov5_labels_dir):
os.mkdir(yolov5_labels_dir)
clear_hidden_files(yolov5_labels_dir)
yolov5_images_train_dir =os.path.join(yolov5_images_dir, "train/")
if notos.path.isdir(yolov5_images_train_dir):
os.mkdir(yolov5_images_train_dir)
clear_hidden_files(yolov5_images_train_dir)
yolov5_images_test_dir =os.path.join(yolov5_images_dir, "val/")
if notos.path.isdir(yolov5_images_test_dir):
os.mkdir(yolov5_images_test_dir)
clear_hidden_files(yolov5_images_test_dir)
yolov5_labels_train_dir =os.path.join(yolov5_labels_dir, "train/")
if notos.path.isdir(yolov5_labels_train_dir):
os.mkdir(yolov5_labels_train_dir)
clear_hidden_files(yolov5_labels_train_dir)
yolov5_labels_test_dir =os.path.join(yolov5_labels_dir, "val/")
if notos.path.isdir(yolov5_labels_test_dir):
os.mkdir(yolov5_labels_test_dir)
clear_hidden_files(yolov5_labels_test_dir)

train_file = open(os.path.join(wd, "data/yolov5_train.txt"), 'w')
test_file = open(os.path.join(wd, "data/yolov5_val.txt"), 'w')
train_file.close()
test_file.close()
train_file = open(os.path.join(wd, "data/yolov5_train.txt"), 'a')
test_file = open(os.path.join(wd, "data/yolov5_val.txt"), 'a')
list_imgs = os.listdir(image_dir)  # list image files
prob =random.randint(1, 100)
print("Probability: % d" % prob)
fori in range(0, len(list_imgs)):
path =os.path.join(image_dir, list_imgs[i])
ifos.path.isfile(path):
image_path = image_dir + list_imgs[i]
voc_path = list_imgs[i]
(nameWithoutExtention, extention) = os.path.splitext(os.path.basename(image
_path))
(voc_nameWithoutExtention, voc_extention) = os.path.splitext(os.path.
basename(voc_path))
annotation_name = nameWithoutExtention + '.xml'
annotation_path = os.path.join(annotation_dir, annotation_name)
```

```
label_name = nameWithoutExtention + '.txt'
label_path = os.path.join(yolo_labels_dir, label_name)
prob = random.randint(1, 100)
print("Probability: % d" % prob)

#训练集
if (prob < TRAIN_RATIO):
ifos.path.exists(annotation_path):
train_file.write(image_path + '\n')
#转换 label
convert_annotation(nameWithoutExtention)
copyfile(image_path, yolov5_images_train_dir + voc_path)
copyfile(label_path, yolov5_labels_train_dir + label_name)
else:
#测试集
ifos.path.exists(annotation_path):
test_file.write(image_path + '\n')
#转换 label
convert_annotation(nameWithoutExtention)
copyfile(image_path, yolov5_images_test_dir + voc_path)
copyfile(label_path, yolov5_labels_test_dir + label_name)
train_file.close()
test_file.close()
```

执行 Python 脚本。

```
python prepare_data.py
```

注意:classes = [“ball”,“messi”]要根据自己的数据集类别做相应的修改。

在 VOCdevkit/VOC2007 目录下可以看到生成了文件夹 YOLOLabels。YOLOLabels 下的文件是 images 文件夹下每一个图像的 yolo 格式的标注文件,这是由 annotations 的 xml 标注文件转换来的。

在 VOCdevkit 目录下生成了 images 和 labels 文件夹,images 文件夹下有 train 和 val 文件夹,分别放置训练集和验证集图片;labels 文件夹有 train 和 val 文件夹,分别放置训练集和验证集标签(yolo 格式)。

在 yolov5 下生成了两个文件 yolov5_train. txt 和 yolov5_val. txt。yolov5_train. txt 和 yolov5_val. txt 分别给出了训练图片文件和验证图片文件的列表,含有每个图片的路径和文件名。

5.5.5　修改配置文件

1. 新建文件 data/voc_ball. yaml

为了对于定制数据集进行专门的训练,这里需要新建对应的配置文件。可以复制

data/voc.yaml,再根据自己情况和需要进行修改;将复制后得到的文件重命名为voc_ball.yaml,然后修改配置参数。

```
#download command/URL (optional)
#download: bash data/scripts/get_voc.sh
#train and val data as 1) directory: path/images/, 2) file: path/images.txt, or
3) list: [path1/images/, path2/images/]
train: ./VOCdevkit/images/train/
val: ./VOCdevkit/images/val/
#number of classes
nc: 1
#class names
names: ['ball']
```

2. 新建文件 models.yolov5s_ball.yaml

可以复制 models/yolov5s.yaml,再根据自己的情况修改;可以重命名为 models/yolov5s_ball.yaml,然后修改相应的配置参数,如类别数。

```
nc: 1  # number of classes
```

5.5.6 使用 wandb 训练可视化工具

wandb(Weight&Biases)是一个类似于 tensorboard 的在线模型训练可视化工具。YOLOv5(v4.0 release 开始)集成了 Weights&Biases,可以方便地追踪模型训练的整个过程,包括模型的性能、超参数、GPU 的使用情况、模型预测等。

1. 注册和安装 wandb

到 wandb 的官网 https://wandb.ai/home 注册,安装 wandb,如下:

```
pip installwandb
```

wandb 有本地使用方式,为我们提供了本地建立服务器的功能,参考 https://docs.wandb.ai/self-hosted/local,配置好后可以本地访问。

如需要关闭 wandb,可把代码文件 utils/wandb_logging/wandb_utils.py 中的代码

```
try:
import wandb
from wandb import init, finish
except ImportError:
wandb = None
```

注释掉,添加以下语句:

```
wandb = None
```

2. 在代码中修改项目名称

在 utils/wandb_logging/wandb_utils.py 中把 project 参数改成自己项目名:

```
    self.wandb_run = wandb.init(config = opt,resume = "allow",project ='YOLOv5 -
Ball - Ubuntu' if opt.project
     = = 'runs/train' else Path(opt.project).stem,
    name = name,
    job_type = job_type,
    id = run_id) if not wandb.run else wandb.run
```

5.5.7 训练自己的数据集

1. 训练命令

在 yolov5 路径下执行,使用 yolov5s 训练命令,具体代码如下:

```
python train.py --data data/voc_ball.yaml --cfg models/yolov5s_ball.yaml --
weights weights/yolov5s.pt --batch-size 16 --epochs 50 --workers 4 --name
bm-yolov5s
```

使用 yolov5x 训练命令,具体代码如下:

```
python train.py --data data/voc_ball.yaml --cfg models/yolov5x_ball.yaml --
weights weights/yolov5x.pt --batch-size 8 --epochs 100 --workers 4 --name
bm-yolov5x
```

注意:如果出现显存溢出,可减少 batch - size。

开始训练,如图 5 - 36 所示。

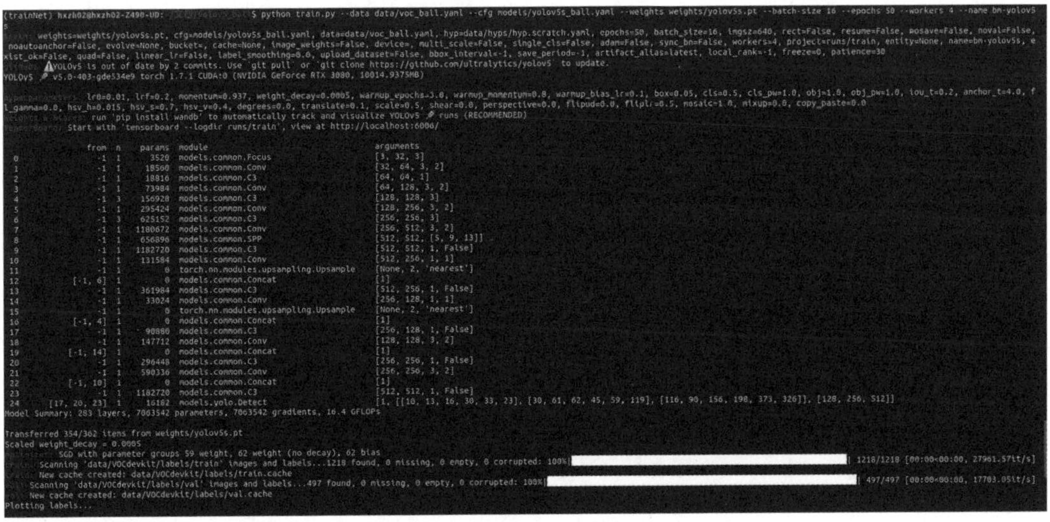

图 5 - 36 YOLOv5 模型训练过程

2. 训练过程可视化

在 yolov5 路径下执行,结果如图 5 - 37 所示。

```
tensorboard --logdir=./runs
```

```
(trainNet) hxzh02@hxzh02-Z490-UD:/media/hxzh02/SB@home/hxzh/MyGithub/TrainNetHub
/YOLO/yolov5_master$ tensorboard --logdir runs/train
2021-12-06 16:19:28.567568: I tensorflow/stream_executor/cuda/cuda_gpu_executor.
cc:937] successful NUMA node read from SysFS had negative value (-1), but there
must be at least one NUMA node, so returning NUMA node zero
2021-12-06 16:19:28.575332: W tensorflow/stream_executor/platform/default/dso_lo
ader.cc:64] Could not load dynamic library 'libcudnn.so.8'; dlerror: libcudnn.so
.8: cannot open shared object file: No such file or directory; LD_LIBRARY_PATH:
/usr/local/cuda-11.0/lib64:
2021-12-06 16:19:28.575350: W tensorflow/core/common_runtime/gpu/gpu_device.cc:1
835] Cannot dlopen some GPU libraries. Please make sure the missing libraries me
ntioned above are installed properly if you would like to use GPU. Follow the gu
ide at https://www.tensorflow.org/install/gpu for how to download and setup the
required libraries for your platform.
Skipping registering GPU devices...

NOTE: Using experimental fast data loading logic. To disable, pass
    "--load_fast=false" and report issues on GitHub. More details:
    https://github.com/tensorflow/tensorboard/issues/4784

Serving TensorBoard on localhost; to expose to the network, use a proxy or pass
--bind_all
TensorBoard 2.6.0 at http://localhost:6006/ (Press CTRL+C to quit)
```

(a)

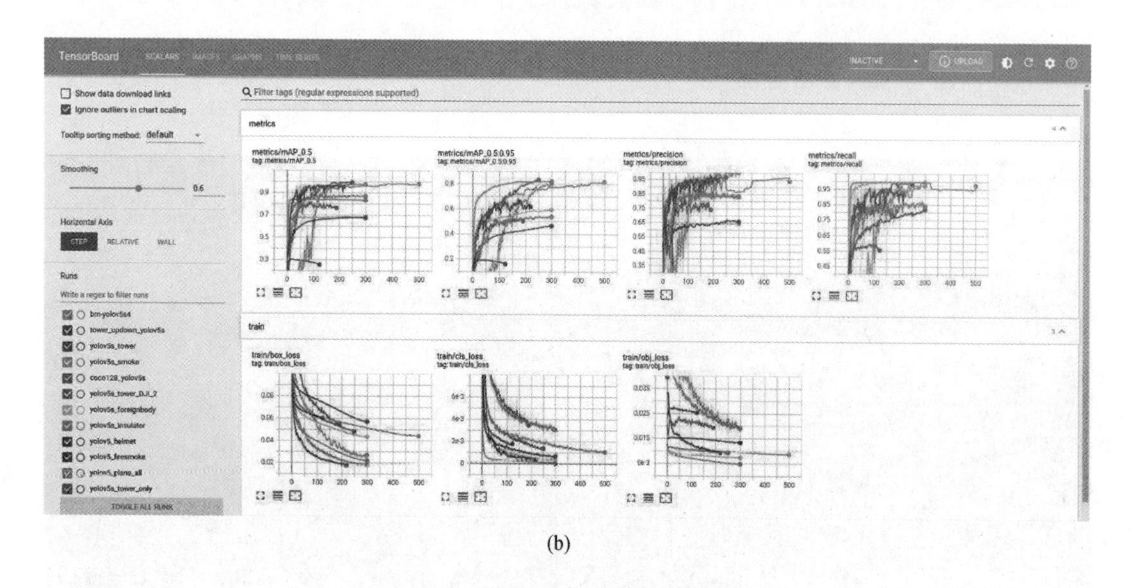

(b)

图 5－37　YOLOv5 模型训练可视化

3. 训练结果的查看

查看 runs 目录下的文件,我们可以看到图 5－38 所示。

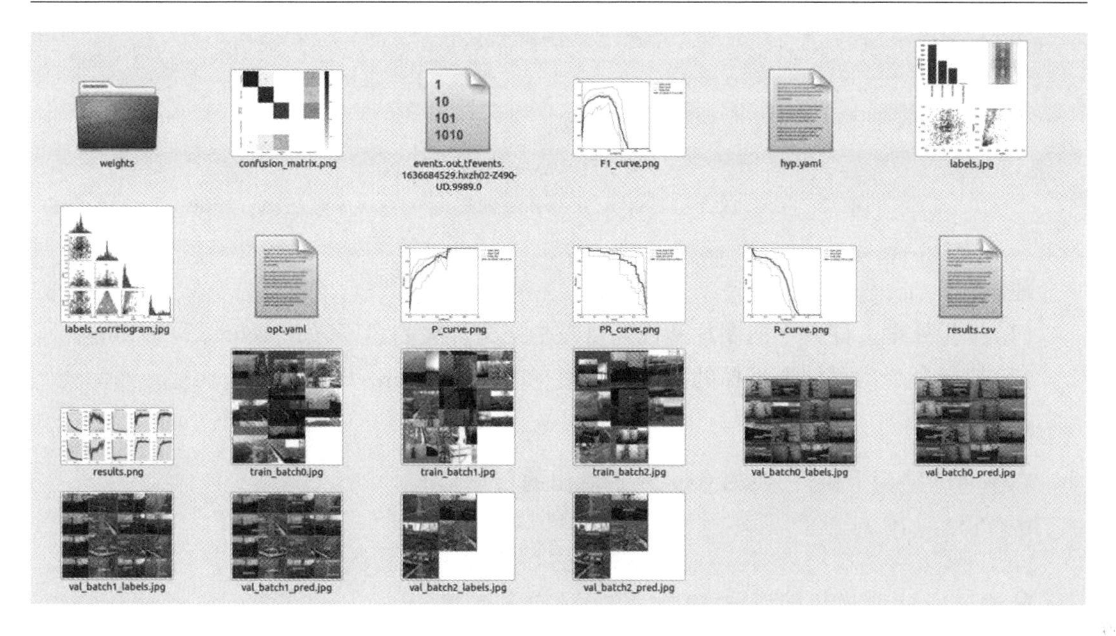

图 5-38　YOLOv5 模型训练结果

5.5.8　测试训练出的网络模型

1. 测试图片

在 yolov5 路径下执行，使用 yolov5s 训练出的权重进行测试，得到图 5-39 所示结果。

```
python detect.py --source ./testfiles/img1.jpg --weights \
runs/train/bmyolov5s/weights/best.pt
```

图 5-39　YOLOv5 模型测试

同理，可以通过下面代码使用 yolov5x 训练的权重进行测试。

```
python detect.py --source ./testfiles/messi.mp4 --weights \
runs/train/bmyolov5x/weights/best.pt
```

2. 测试视频

在 yolov5 路径下执行，使用 yolov5s 训练出的权重进行测试。

```
python detect.py --source ./testfiles/messi.mp4 --weights \
runs/train/bmyolov5s/weights/best.pt
```

使用 yolov5x 训练出的权重进行视频测试。

```
P
ython detect.py --source ./testfiles/messi.mp4 --weights \runs/train/bmy-
olov5x/weights/best.pt
```

注意:

(1)批量处理文件夹下的图片和视频可以指定文件夹的名字,如 - source ./testfiles。

(2)执行命令后可加上目标的置信度阈值,如 - conf - thres 0.4。

3. 性能统计

在 yolov5 路径下执行,使用 yolov5s 训练出的权重。

```
python val.py --data data/voc_bm.yaml --weights \
runs/train/bmyolov5s/weights/best.pt --batch-size 16
```

使用 yolov5x 训练出的权重,得到图 5-40 所示结果。

```
python val.py --data data/voc_bm.yaml --weights \
runs/train/bmyolov5x/weights/best.pt --batch-size 16
```

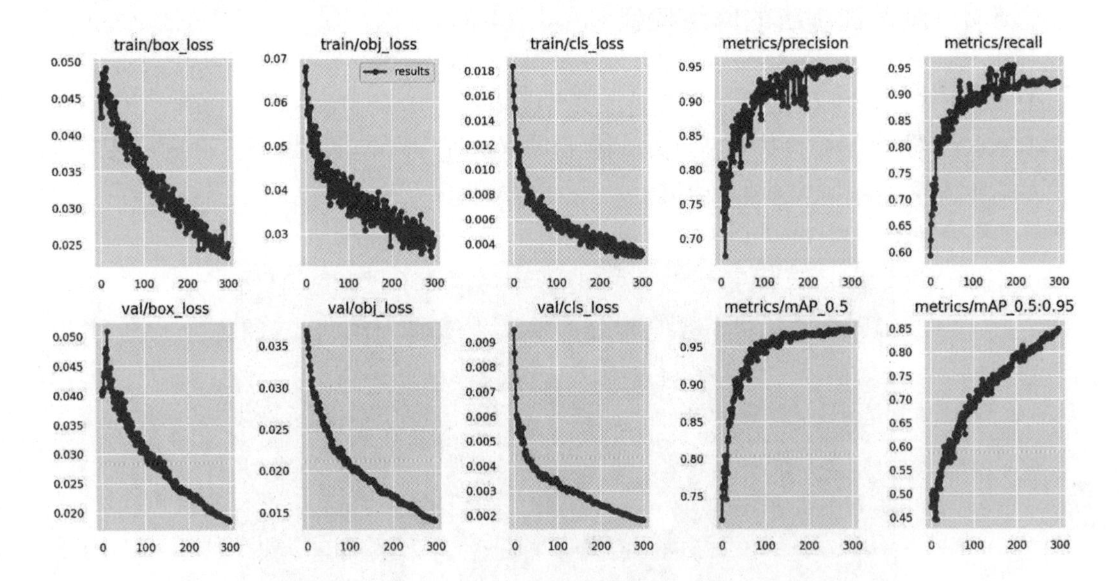

图 5-40 YOLOv5 模型性能评估

第6章　图像分割开发实践

6.1　图像分割基本概念

图像分割是计算机视觉领域研究的一个重要方向，也是对图像理解研究的热点和难点。图像分割是指根据颜色、纹理、形状等特征将图像划分成若干区域，其中位于同一区域内的部分具有一致性或相似性，不同区域之间表现出明显区别。通常图像分割运用于图像前景和背景的分离，也就是把图像中前景目标从背景中提取出来。具体来说，如果只需要对图像中不同类别的对象进行分割，称之为语义分割（semantic segmentation）；如果还需要对每一类别中各不同个体进行分割，称之为实例分割（instance segmentation）；全景分割（panoptic segmentation）则是二者的结合，如图6－1所示。

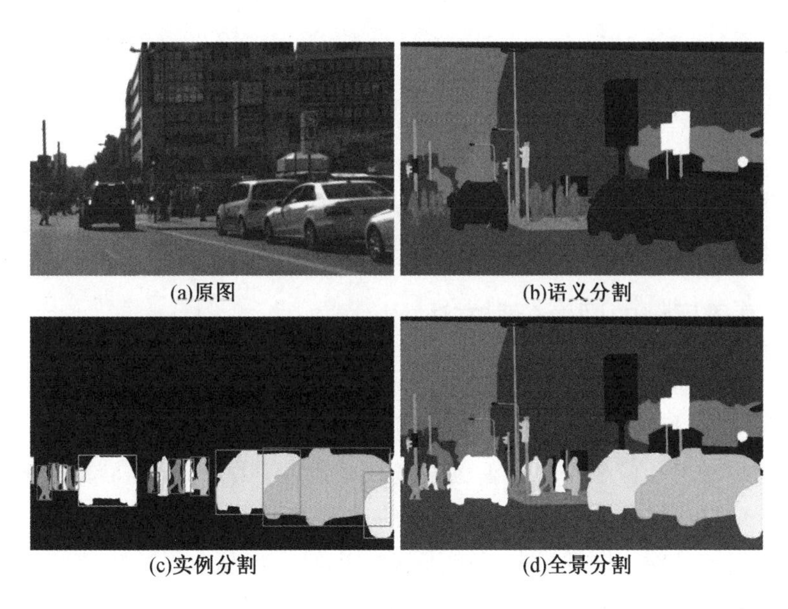

图6－1　图像分割主要类别

一般图像目标检测任务只需要找出目标在图像中的大致区域，通常用矩形框来标识，并附带目标类别标签。相比之下，图像分割任务要求更加精细化，需要在像素层面上进行准确划分，理想状态下获取的前景部分不包含任何背景像素，这也是图像分割问题困难之处。图像分割有助于确定目标的具体位置和范围及目标之间的相对关系，在照片美化处理、医学影像分析、自动驾驶等领域具有广泛而重要的应用价值。

20 世纪 70 年代开始,研究者对图像分割相关技术研究付出了大量的努力,形成了很多重要的研究成果,产生了很多具体的实现方法。其主要可以分为传统的方法和基于深度学习的方法两大类。

6.2 传统图像分割方法

传统图像分割方法主要是从图像的基础特征(颜色、灰度、形状、边缘等)出发,根据使用的不同原则可以分为以下几种。

6.2.1 基于阈值的图像分割方法

基于阈值的图像分割方法基本思路比较简单。例如,针对灰度图像,首先可以根据像素灰度特征设定一个或者多个灰度阈值,然后将图像中每一个像素的灰度值与该阈值进行比较,根据比较结果就可以将该像素分到不同的类别中。单个目标与背景的分割只需要一个阈值,多个目标则需要多个阈值。可以看到,基于阈值的图像分割方法具有计算量小、计算速度快的优点,但是由于只利用了灰度特征,对噪声敏感,适应性不高。基于阈值的图像分割实现代码如下。

```
import cv2
importnumpy as np
from matplotlib importpyplot as plt
img = cv2.imread('1.jpg')
img = cv2.cvtColor(img, cv2.COLOR_BGR2RGB)
ret, thresh1 = cv2.threshold(img, 128, 255, cv2.THRESH_BINARY)
plt.imshow(thresh1);
```

6.2.2 基于区域的图像分割方法

基于区域的图像分割方法是从图像中部分区域出发进行分割的,主要包括区域生长和区域分裂合并两种。区域生长法首先找出类别相对明确的部分像素作为种子像素,归为初始生长区域,然后对种子像素与其邻近像素进行相似性判断,如果符合条件则将该邻近像素划分到生长区域内,以此类推,直到没有新的像素满足条件能够合并为止。区域分裂合并法与之相反,首先从整个图像出发,分成任意大小的不重叠的子区域,如果相邻两个区域满足相似性条件则进行合并。其代表算法是分水岭算法。

分水岭算法基本思想最初由 Fernand Meyer 提出,该算法把图像中低密度的区域(通常变化较少)想象成山谷,把高密度的区域(通常变化较多)想象成山峰,不断向山谷中注入水,水深到一定程度时,不同山谷之间的水开始交汇。同时,为了防止不同山谷之间水的交汇,可以根据条件构筑大坝,如图 6-2 所示。

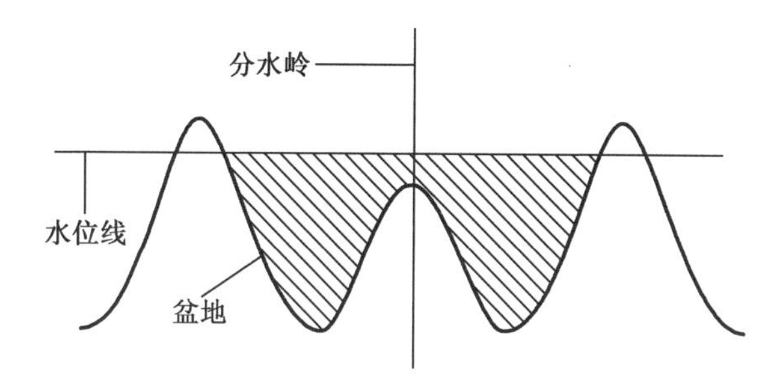

图 6 - 2　分水岭图示

分水岭算法具体实现如下。

```
#导入必要的库
import cv2
importnumpy as np
from matplotlib importpyplot as plt

#读取待分割图像文件,进行色彩空间转换,注意 OpenCV 默认图像颜色通道顺序依次为 B(蓝色)、G(绿色)、R(红色),而 matplotlib 绘制图像颜色通道顺序依次为 R、G、B。为了便于处理,再将图像转换为灰度图像。
img = cv2.imread('3.jpg')
img = cv2.cvtColor(img,cv2.COLOR_BGR2RGB)
plt.subplot(241)
plt.imshow(img)
gray = cv2.cvtColor(img,cv2.COLOR_BGR2GRAY)
#使用 OTSU 方法对图像进行二值化操作
ret, thresh = cv2.threshold(gray,0,255,cv2.THRESH_BINARY_INV + cv2.THRESH_OTSU)
plt.subplot(242)
plt.imshow(thresh)

#去除图像中的噪声
kernel = np.ones((3,3),np.uint8)
opening = cv2.morphologyEx(thresh,cv2.MORPH_OPEN,kernel, iterations = 2)

#通过腐蚀操作,移除边界,找出肯定是前景的部分。有助于当个体之间局部相连的情况下,区分开不同的个体
sure_bg = cv2.dilate(opening,kernel,iterations =3)
dist_transform = cv2.distanceTransform(opening,cv2.DIST_L2,5)
ret,sure_fg = cv2.threshold(dist_transform,0.7 * dist_transform.max(),255,0)
plt.subplot(243)
plt.imshow(sure_fg)
```

```
#找出不确定的部分
sure_fg = np.uint8(sure_fg)
unknown = cv2.subtract(sure_bg,sure_fg)

#标记操作,利用 connectedComponents 对不同联通区域用不同的颜色进行显示,不确定的区域标记为 0
ret, markers = cv2.connectedComponents(sure_fg)
plt.subplot(244)
plt.imshow(markers)
markers = markers +1
markers[unknown = =255] = 0

#基于之前的标记结果,利用分水岭算法对图像中的前景和背景进行分离,将边界部分显示为红色
markers = cv2.watershed(img,markers)
img[markers = = -1] = [255,0,0]
plt.subplot(245)
plt.imshow(markers)
plt.subplot(246)
plt.imshow(img)
plt.show()
```

首先,我们引入需要使用的库文件,包括用于矩阵变换和计算的 numpy、用于计算机视觉处理的 cv2(也就是 OpenCV 库)、用于结果图形化绘制和显示的 matplotlib. pyplot。然后,利用形态学相关方法,对图像进行阈值划分、去噪、腐蚀、膨胀等处理,粗略找出能够确定是前景和背景的区域,最后再利用分水岭算法进行整体性处理,实现图像分割。实验结果如图 6 -3 所示。

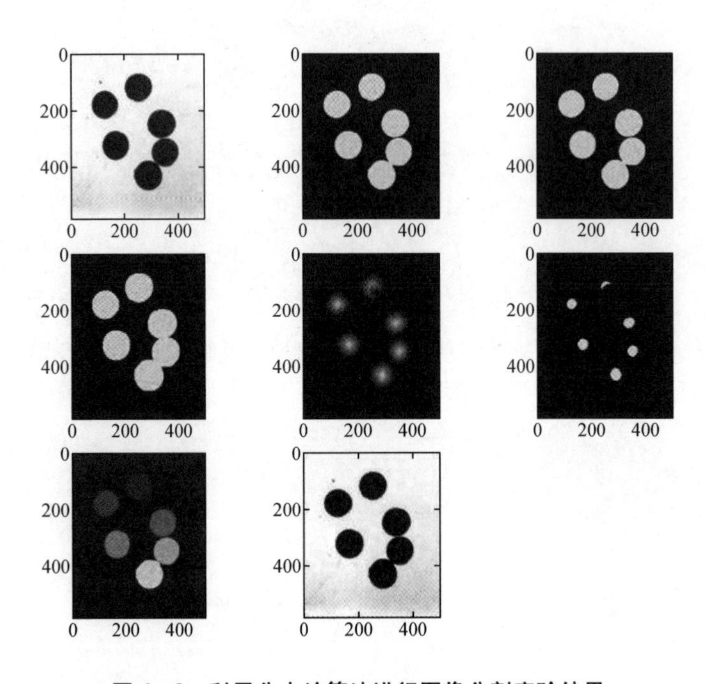

图 6 -3　利用分水岭算法进行图像分割实验结果

6.2.3　基于边缘检测的图像分割方法

基于边缘检测的图像分割方法是在获取不同区域之间的边缘(通常指图像中像素强度变化强烈的地方)的基础上进行的,这也是解决分割问题最为直观的思路之一。边缘检测通常利用空间微分算子来实现,可以利用一定的检测模板与图像进行卷积操作,常用的算子有 Canny 算子、Sobel 算子等。

6.2.4　基于图论的图像分割方法

基于图论的图像分割方法是以图论相关理论为基础进行的,其基本思路是将图像映射为带权重的无向图,把像素点映射为节点,相邻像素点之间用边连接,边的权重大小表示相邻像素在灰度、颜色、纹理等特征方面的相似程度,因此可以将图像分割问题转化为图分割问题。可以设定如下原则,即在图分割之后要使得各个子图内部边权重之和尽可能大、各子图之间的边权重之和尽可能小。其代表算法有 GraphCut 和 GrabCut。

GrabCut 算法由英国剑桥微软研究院的 Carsten Rother、Vladimir Kolmogorov 和 Andrew Blake 设计提出,其主要步骤如下:

(1)需要用户根据图像内容预先定义一个或多个矩形,要求前景完全包含在矩形内,所有矩形外的区域认定为背景。

(2)根据上一步的初始判定和标记,使用高斯混合模型(Gaussian Mixed Model,GMM)对前景和背景进行建模,并将未定义的像素标记为可能前景或背景。

(3)将图像抽象为图,图中节点代表像素点,带权重的边代表相邻像素点之间的关系。权重越大,表示相邻像素点之间的相似性越大。

(4)增加两个额外节点——源节点(source)和汇节点(sink),让每一个前景节点(像素)都和源节点连接,让每一个背景节点(像素)都和汇节点连接。每一条边的权重可以由像素作为前景/背景的概率定义。

(5)使用最小分割(min - cut)算法对图进行分割,使得源节点和汇节点分离,分别对应得到前景(与源节点仍然相连的所有节点)和背景(与汇节点仍然相连的所有节点)两个节点集合,当成本函数最小时认为是一个合理的解。成本函数定义为被切割所有边的权重之和。

GrabCut 算法具体实现如下。

```
importnumpy as np
import cv2
from matplotlib importpyplot as plt
img0 = cv2.imread('1.jpg')
img0 = cv2.cvtColor(img0,cv2.COLOR_BGR2RGB)
mask =np.zeros(img0.shape[:2],np.uint8)
bgdModel = np.zeros((1,65),np.float64)
```

```
fgdModel = np.zeros((1,65),np.float64)
rect = (200,100,280,220)#包含全景的初始矩形
cv2.grabCut(img0,mask,rect,bgdModel,fgdModel,5,cv2.GC_INIT_WITH_RECT)
mask2 =np.where((mask==2)|(mask==0),0,1).astype('uint8')
img = img0*mask2[:,:,np.newaxis]
plt.subplot(121)
plt.title('origin')
plt.imshow(img0)
plt.subplot(122)
plt.title('GrabCut')
plt.imshow(img)
plt.show()
```

其中,初始建立的矩形 rect 必须包含所有前景区域,根据实际图像进行自定义位置和大小,注意,rect 定义的好坏对分割结果影响较大。例如,根据图 6-4(a)中原图及坐标系可知,前景花朵大概位于横轴 200 px、纵轴 100 px、宽 280 px、高 220 px 的区域范围内。

实验结果如图 6-4(b)所示。

图 6-4 利用 GrabCut 算法进行图像分割实验结果

6.3 基于深度学习的图像分割方法

随着人工智能技术的研究和发展,尤其是深度学习相关技术在计算机视觉方向的应用,图像分割方法得到了进一步拓展,形成了新的技术途径。此类方法的基本思路是将已经分割好的图像数据和分割信息作为训练集,输入到深度神经网络中进行训练,经过迭代优化获取相对满意的模型及参数,依此对实际图像数据进行分割预测。常见网络模型有 FCN、UNet、Mask R-CNN 等,常见的训练数据集有 Coco Dataset、PASCAL VOC、Cityscapes、CamVid、Oxford-iiit-pet 等。

6.3.1　全卷积网络

全卷积网络(full covolution network,FCN)是图像分割应用领域最为著名的网络之一,后续很多其他分割网络模型都是在它的基础上进行改进的,可以说是进行语义分割的基本框架。对于一般卷积神经网络(如 AlexNet、VGGNet 等)而言,其一般网络结构是在进行卷积、池化等操作之后,在结尾处经过全连接层和 softmax 操作,获取目标分类及其概率信息。FCN 对卷积神经网络进行了修改,将全连接层也改为卷积层,并在后面加上了一个转置卷积层。FCN 基本思想如图 6－5 所示。

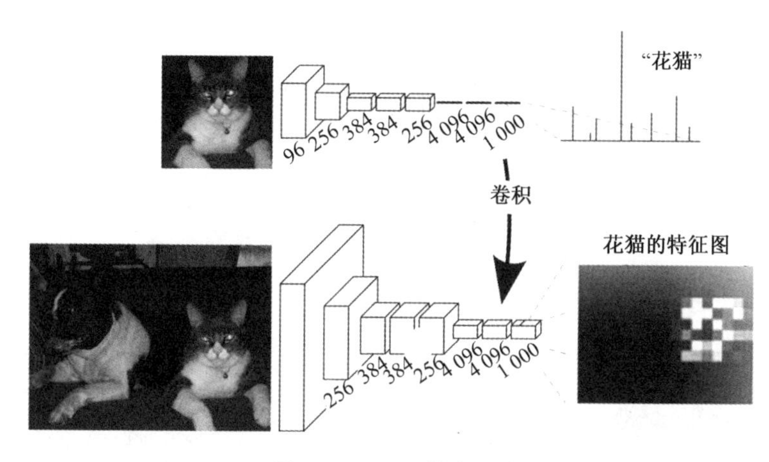

图 6－5　FCN 基本思路

转置卷积是一个上采样过程,其运算操作过程如图所示。其实际包括两个步骤:首先卷积核进行上下和左右的翻转变换,然后利用变换后的卷积核对前面得到的特征图进行卷积操作,得到一个放大的特征图。转置卷积具体操作可以根据需要进行定义,与卷积操作类似,主要有步长(stride)、填充(padding)和卷积核大小(kernel size)三个参数。在转置卷积之前,需要根据设定的参数对原始特征图进行预处理,方法是在周围添加 $k-p-1$ 行或列的"0",在行列之间添加 $s-1$ 行或列的"0"。同时,保证输出的特征图尺寸满足需要,转置卷积输出尺寸计算公式与卷积操作相反,即

$$\text{Output\_size} = (\text{Input\_size} - 1) \times \text{Stride} + \text{Kernel\_size} - 2 \times \text{Padding}$$

转置卷积操作图形化表示如图 6－6 所示。可以看出,转置卷积使得网络最终能够获取与原始输入图像同样大小的一个特征图,其中每一个像素对应其分类结果。同时,由于该上采样过程特征提取尺度较大,不能涵盖网络前面部分获取的较为细节的特征信息,FCN 对浅层网络的精细特征和深层网络的粗略特征进行了叠加,构成了最终更为合理的全卷积网络。

如图 6－7 所示,以 AlexNet 为例,最后三个全连接层已被转换为卷积层,然后通过一个 32 倍的转置卷积上采样过程,可以得到一个与原始图像同样大小的特征图 FCN－32s。但是,可以看到这个上采用过程,其采样幅度是比较大的,使用的特征图(图中 pool5)包含的是最后得到的比较粗略的特征。为了结合稍浅层网络的相对而言较为精细的特征,FCN 的做法是将较浅层网络的特征图与其后较深层网络特征图 2 倍上采样的结果进行一个叠加(同时把该结果

提供给下一步更浅网络叠加的部分),然后再进行相应倍数的上采样,最终同样得到一个与原始图像同样大小的特征图。例如,图中对 pool4 和 2 倍上采样后的 pool5 进行叠加,其结果进行一个 16 倍的上采样,得到特征图,称为 FCN-16s;将刚才叠加的结果再进行 2 倍上采样,并与 pool3 叠加,其结果进行一个 8 倍的上采样得到特征图,称为 FCN-8s。

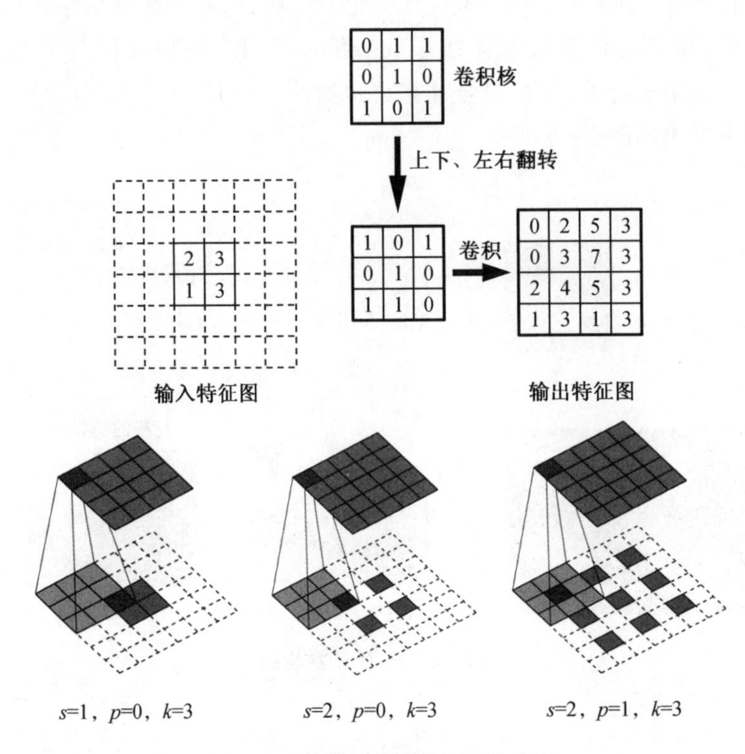

图 6-6 转置卷积操作图形化表示

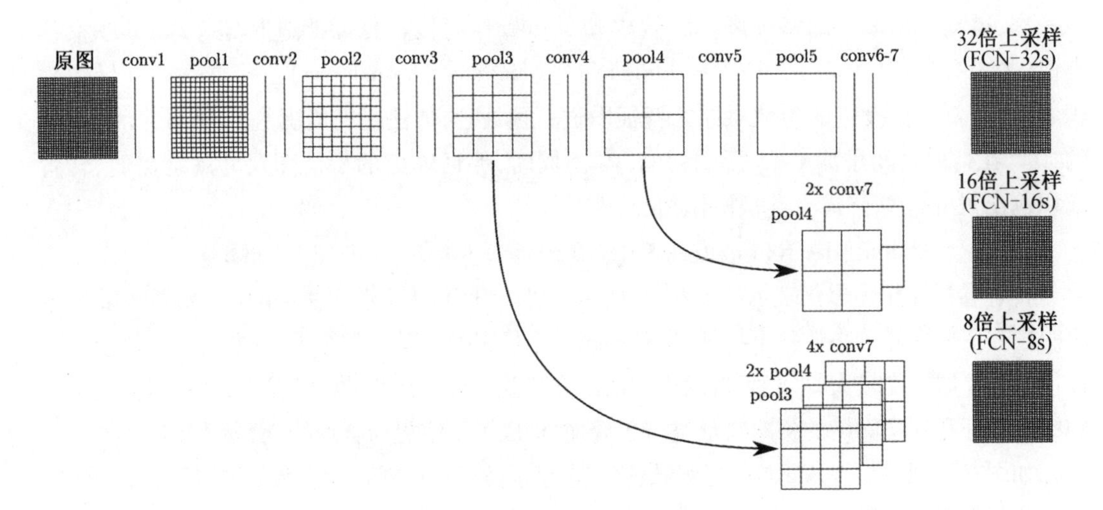

图 6-7 FCN 网络模型框架

6.3.2　UNet

UNet 是在 FCN 的基础上进行了改进,其网络模型形状像一个大写字母“U”,左侧可以视为一个编码器,主要进行下采样(收缩)操作;右侧可以视为一个解码器,主要进行上采样(扩张)操作。与 FCN 相比,UNet 最大的改进是采用了不同的特征融合方法,在上采样过程中将多种尺度的特征进行拼接,得到的特征信息更加“柔和”、更加“厚实”。UNet 起初是应用于医学图像的分割,后来在其他类型图像的分割上也取得了很好的效果。UNet 网络模型如图 6-8 所示。

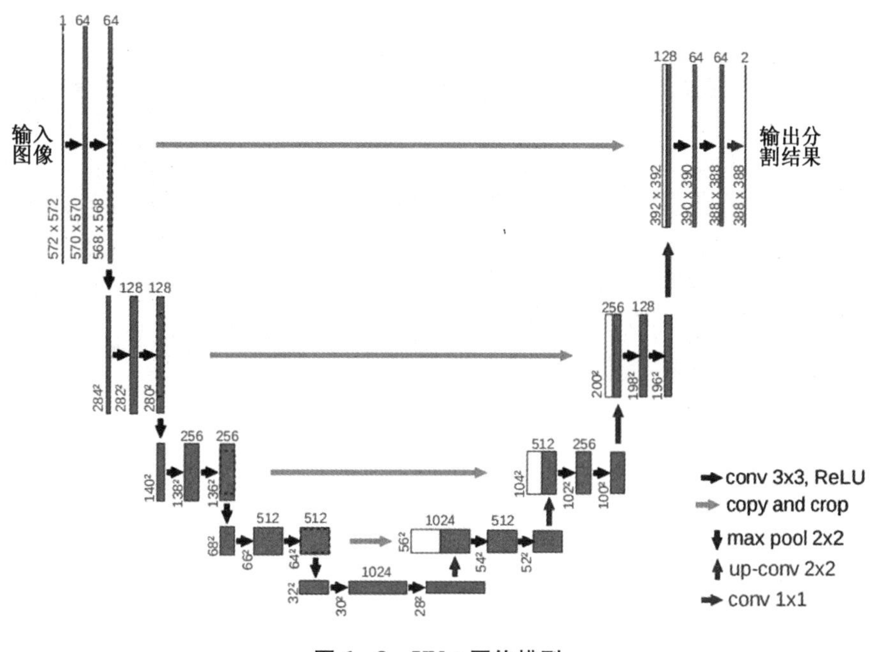

图 6-8　UNet 网络模型

6.3.3　UNet 图像分割算法实现

利用 TensorFlow 和 Keras 库构建 UNet 网络进行图像分割训练和预测,主要代码如下。

```
#导入必要的库
importtensorflow as tf
fromtensorflow.keras import layers
importnumpy as np
importmatplotlib.pyplot as plt
importtensorflow_datasets as tfds
```

其中,TensorFlow 是用于构建神经网络进行计算常用库,尤其是对 GPU(如果计算机配置有的话)的支持能够大大提高网络训练速度;layers 是 Keras 库中专门用于构建网络中各种层的; tensorflow_datasets 能够提供常见数据集,便于下载和预处理。

```
print(tf.__version__)
print(tf.test.is_gpu_available())
```

查看 TensorFlow 版本,并检查 Gpu 是否配置成功。

```
dataset, info =tfds.load('oxford_iiit_pet:3.*.*', with_info=True)
```

联网下载 oxford_iiit_pet 图像分割数据,通常会在系统用户目录下新建 tensorflow_datasets 文件夹用于存放。如果事先已下载好相关文件(通常包括 TensorFlow 处理后的 tfrecord 文件、dataset_info. json 文件等),假设存放于根目录下的 dataset 目录下,则可用如下程序实现本地加载。

```
dataset,info = tfds.load(name ='oxford_iiit_pet',data_dir ='./dataset',down-
load=False,with_info=True)
```

下载数据过程和所有文件如图 6-9 所示。

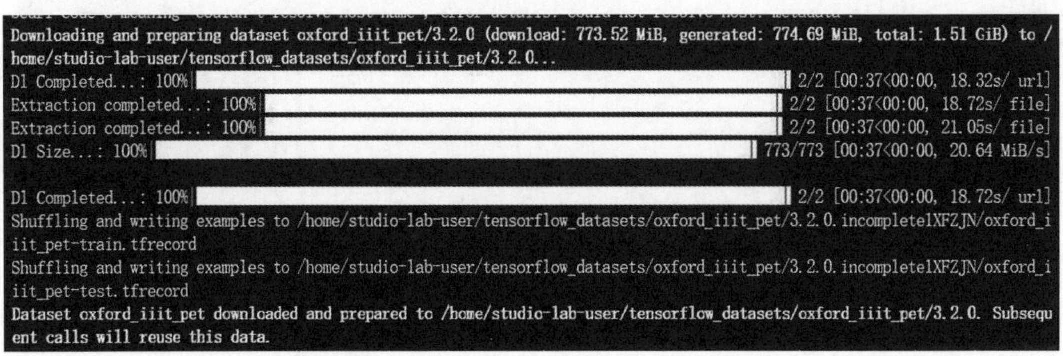

```
Downloading and preparing dataset oxford_iiit_pet/3.2.0 (download: 773.52 MiB, generated: 774.69 MiB, total: 1.51 GiB) to /
home/studio-lab-user/tensorflow_datasets/oxford_iiit_pet/3.2.0...
Dl Completed...: 100%|                                        | 2/2 [00:37<00:00, 18.32s/ url]
Extraction completed...: 100%|                                | 2/2 [00:37<00:00, 18.72s/ file]
Extraction completed...: 100%|                                | 2/2 [00:37<00:00, 21.05s/ file]
Dl Size...: 100%|                                             | 773/773 [00:37<00:00, 20.64 MiB/s]

Dl Completed...: 100%|                                        | 2/2 [00:37<00:00, 18.72s/ url]
Shuffling and writing examples to /home/studio-lab-user/tensorflow_datasets/oxford_iiit_pet/3.2.0.incomplete1XFZJN/oxford_i
iit_pet-train.tfrecord
Shuffling and writing examples to /home/studio-lab-user/tensorflow_datasets/oxford_iiit_pet/3.2.0.incomplete1XFZJN/oxford_i
iit_pet-test.tfrecord
Dataset oxford_iiit_pet downloaded and prepared to /home/studio-lab-user/tensorflow_datasets/oxford_iiit_pet/3.2.0. Subsequ
ent calls will reuse this data.
```

图 6-9 UNet 图像分割——下载 oxford_iiit_pet 数据集

```
#统一图像大小为128*128
defresize(input_image, input_mask):
input_image = tf.image.resize(input_image, (128, 128), method="nearest")
input_mask = tf.image.resize(input_mask, (128, 128), method="nearest")
returninput_image, input_mask

#可选,图像增强操作
defaugment(input_image, input_mask):
iftf.random.uniform(()) > 0.5:
# Random flipping of the image and mask
input_image = tf.image.flip_left_right(input_image)
input_mask = tf.image.flip_left_right(input_mask)

returninput_image, input_mask

#归一化,让图像各像素点取值再[0,1]范围
defnormalize(input_image, input_mask):
input_image = tf.cast(input_image, tf.float32) /255.0
input_mask -= 1
returninput_image, input_mask
```

```
#载入训练图像集(包括原始图像和分割结果)
defload_image_train(datapoint):
input_image = datapoint["image"]
input_mask = datapoint["segmentation_mask"]
input_image, input_mask = resize(input_image, input_mask)
input_image, input_mask = augment(input_image, input_mask)
input_image, input_mask = normalize(input_image, input_mask)

returninput_image, input_mask

#载入测试图像集(包括原始图像和分割结果)
defload_image_test(datapoint):
input_image = datapoint["image"]
input_mask = datapoint["segmentation_mask"]
input_image, input_mask = resize(input_image, input_mask)
input_image, input_mask = normalize(input_image, input_mask)

returninput_image, input_mask

train_dataset = dataset["train"].map(load_image_train,
num_parallel_calls=tf.data.experimental.AUTOTUNE)
test_dataset = dataset["test"].map(load_image_test,
num_parallel_calls=tf.data.experimental.AUTOTUNE)

#UNet 网络搭建
#下采样部分
defdownsample(x,n_filters):
c1 =layers.Conv2D(n_filters, 3, padding="same", activation="relu",kernel_
initializer="he_normal")(x)
c2 =layers.Conv2D(n_filters, 3, padding="same", activation="relu",kernel_
initializer="he_normal")(c1)
mp=layers.MaxPool2D(2)(c2)
d=layers.Dropout(0.3)(mp)
return c2,d

#上采样部分
defupsample(x,conv_features,n_filters):
ct=layers.Conv2DTranspose(n_filters,3,2,padding="same")(x)
ct=layers.concatenate([ct,conv_features])
d=layers.Dropout(0.3)(ct)
```

```
    c1 =layers.Conv2D(n_filters, 3, padding = "same", activation = "relu",kernel_
initializer = "he_normal")(d)
    c2 =layers.Conv2D(n_filters, 3, padding = "same", activation = "relu",kernel_
initializer = "he_normal")(c1)
    return c2

    #编码器
    inputs = layers.Input(shape = (128,128,3))
    c1,d1 = downsample(inputs,64)
    c2,d2 = downsample(d1,128)
    c3,d3 = downsample(d2,256)
    c4,d4 = downsample(d3,512)

    connect =layers.Conv2D(1024, 3, padding = "same", activation = "relu",
    kernel_initializer = "he_normal")(d4)
    connect =layers.Conv2D(1024, 3, padding = "same", activation = "relu",
    kernel_initializer = "he_normal")(connect)

    #解码器
    u1 = upsample(connect,c4,512)
    u2 = upsample(u1,c3,256)
    u3 = upsample(u2,c2,128)
    u4 = upsample(u3,c1,64)
    outputs =layers.Conv2D(3, 1, padding = "same", activation = "softmax")(u4)

    #构造模型,指定优化器、损失函数等
    unet_model = tf.keras.Model(inputs, outputs, name = "U-Net")
    unet_model.compile(
    optimizer = tf.keras.optimizers.Adam(),
    loss = "sparse_categorical_crossentropy",
    metrics = ["accuracy"]
    )
    #绘制模型结构
    tf.keras.utils.plot_model(model,show_shapes = True)
    #训练模型
    model_history = unet_model.fit(
    train_batches,
    epochs = 20,
    validation_data = test_batches
    )
    #对训练过程中的损失值进行统计显示
```

```
loss =model_history.history['loss']
val_loss = model_history.history['val_loss']
epochs =range(EPOCHS)
plt.figure()
plt.plot(epochs, loss, 'r', label ='Train_Loss')
plt.plot(epochs, val_loss, 'b', label ='Val_Loss')
plt.title('Training & Validation Loss')
plt.xlabel('Epoch')
plt.ylabel('Loss')
plt.ylim([0, 1])
plt.legend()
plt.show()
#保存模型训练结果
unet_model.save('UNet4Pets.h5')
```

利用构造的 UNet 网络对 oxford_iiit_pet 图像分割数据集进行训练后，我们得到结果模型。接下来我们可以利用该模型对现有数据进行分割预测。

```
#导入模型并预测
unet_model =tf.keras.models.load_model('./UNet4Pets.h5')
predicted_mask = unet_model.predict(image)
```

可以利用 kearas 库中 plot_model 绘制 UNet 模型结构。

```
plot_model(unet_model,to_file ='11.png',show_shapes =True)
```

得到模型图形化结果如图 6 – 10 所示。

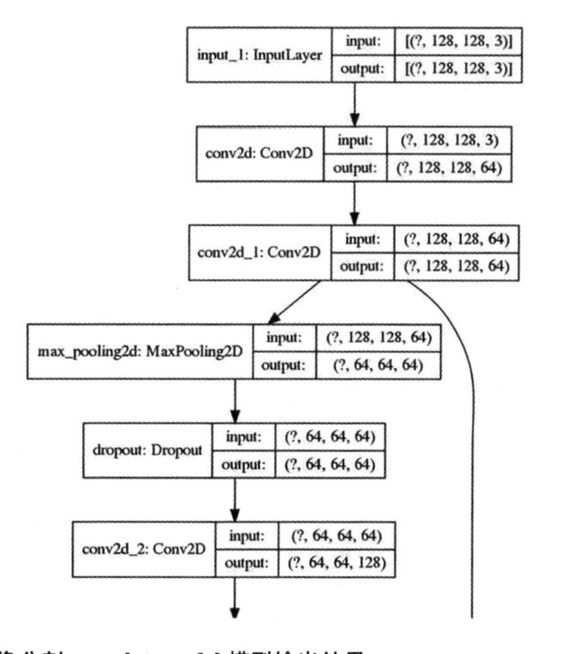

图 6 – 10　UNet 图像分割——plot_model 模型输出结果

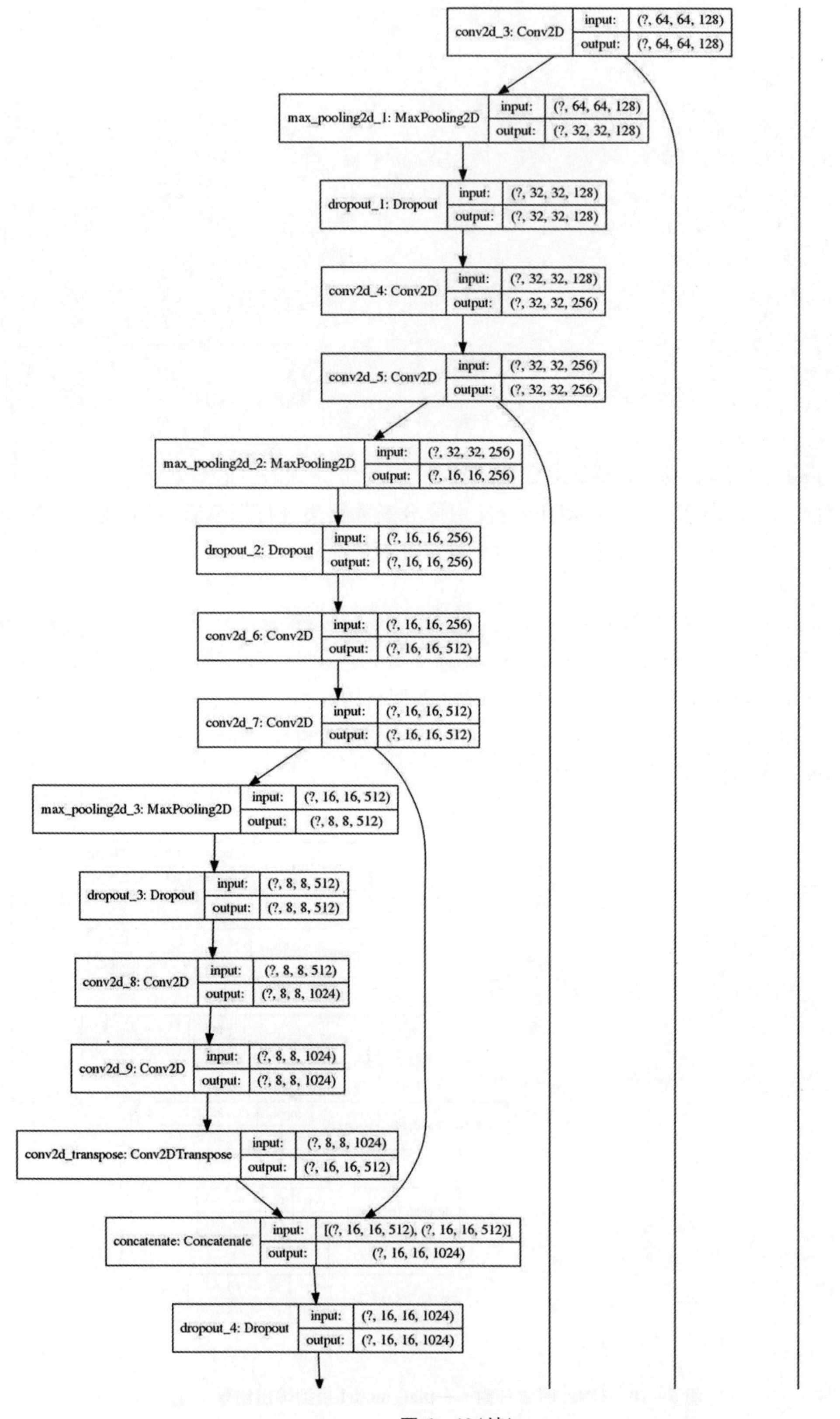
conv2d_3: Conv2D
input: (?, 64, 64, 128)
output: (?, 64, 64, 128)
max_pooling2d_1: MaxPooling2D
input: (?, 64, 64, 128)
output: (?, 32, 32, 128)
dropout_1: Dropout
input: (?, 32, 32, 128)
output: (?, 32, 32, 128)
conv2d_4: Conv2D
input: (?, 32, 32, 128)
output: (?, 32, 32, 256)
conv2d_5: Conv2D
input: (?, 32, 32, 256)
output: (?, 32, 32, 256)
max_pooling2d_2: MaxPooling2D
input: (?, 32, 32, 256)
output: (?, 16, 16, 256)
dropout_2: Dropout
input: (?, 16, 16, 256)
output: (?, 16, 16, 256)
conv2d_6: Conv2D
input: (?, 16, 16, 256)
output: (?, 16, 16, 512)
conv2d_7: Conv2D
input: (?, 16, 16, 512)
output: (?, 16, 16, 512)
max_pooling2d_3: MaxPooling2D
input: (?, 16, 16, 512)
output: (?, 8, 8, 512)
dropout_3: Dropout
input: (?, 8, 8, 512)
output: (?, 8, 8, 512)
conv2d_8: Conv2D
input: (?, 8, 8, 512)
output: (?, 8, 8, 1024)
conv2d_9: Conv2D
input: (?, 8, 8, 1024)
output: (?, 8, 8, 1024)
conv2d_transpose: Conv2DTranspose
input: (?, 8, 8, 1024)
output: (?, 16, 16, 512)
concatenate: Concatenate
input: [(?, 16, 16, 512), (?, 16, 16, 512)]
output: (?, 16, 16, 1024)
dropout_4: Dropout
input: (?, 16, 16, 1024)
output: (?, 16, 16, 1024)

图 6－10（续）

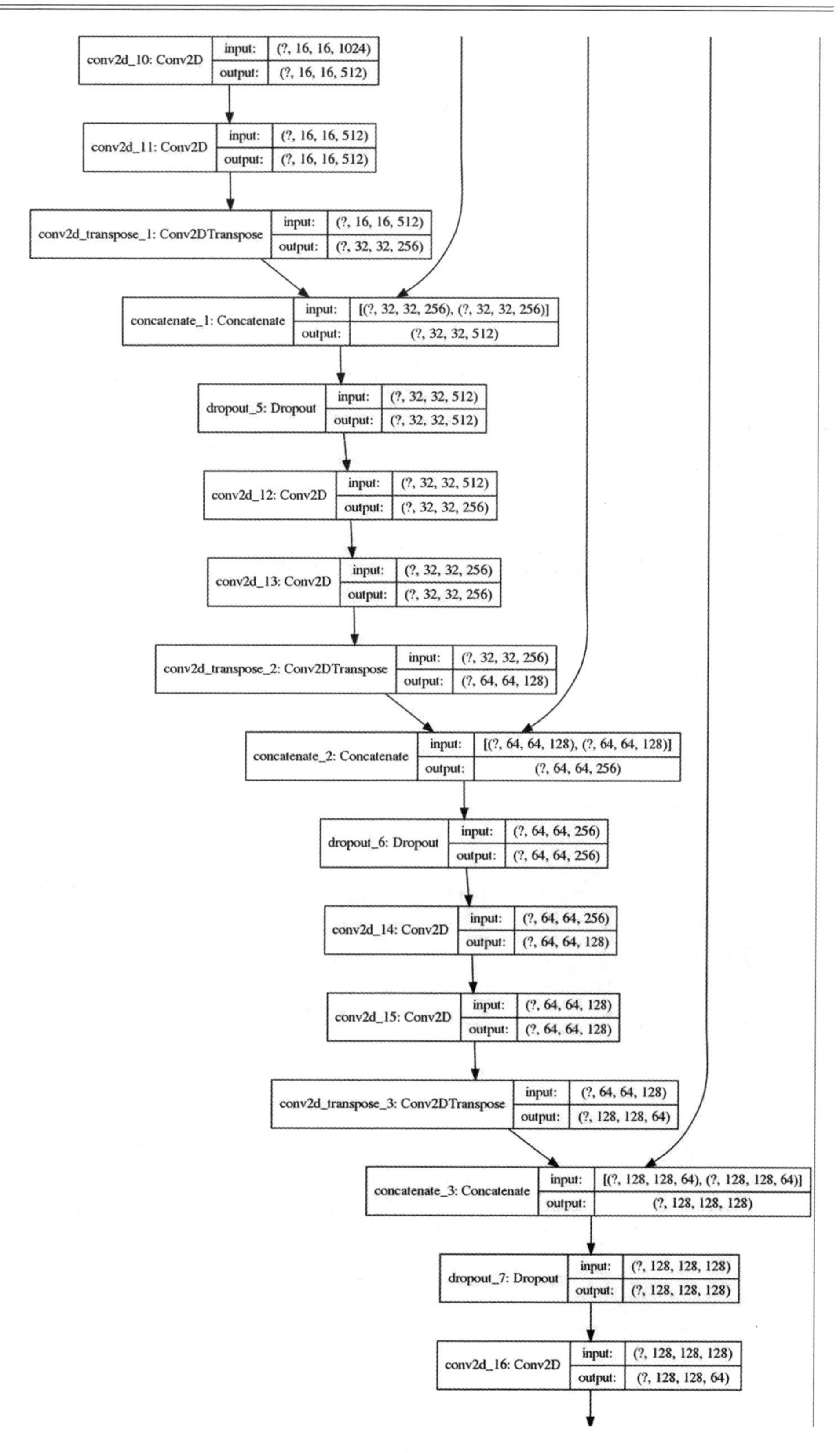

conv2d_10: Conv2D
input: (?, 16, 16, 1024)
output: (?, 16, 16, 512)
conv2d_11: Conv2D
input: (?, 16, 16, 512)
output: (?, 16, 16, 512)
conv2d_transpose_1: Conv2DTranspose
input: (?, 16, 16, 512)
output: (?, 32, 32, 256)
concatenate_1: Concatenate
input: [(?, 32, 32, 256), (?, 32, 32, 256)]
output: (?, 32, 32, 512)
dropout_5: Dropout
input: (?, 32, 32, 512)
output: (?, 32, 32, 512)
conv2d_12: Conv2D
input: (?, 32, 32, 512)
output: (?, 32, 32, 256)
conv2d_13: Conv2D
input: (?, 32, 32, 256)
output: (?, 32, 32, 256)
conv2d_transpose_2: Conv2DTranspose
input: (?, 32, 32, 256)
output: (?, 64, 64, 128)
concatenate_2: Concatenate
input: [(?, 64, 64, 128), (?, 64, 64, 128)]
output: (?, 64, 64, 256)
dropout_6: Dropout
input: (?, 64, 64, 256)
output: (?, 64, 64, 256)
conv2d_14: Conv2D
input: (?, 64, 64, 256)
output: (?, 64, 64, 128)
conv2d_15: Conv2D
input: (?, 64, 64, 128)
output: (?, 64, 64, 128)
conv2d_transpose_3: Conv2DTranspose
input: (?, 64, 64, 128)
output: (?, 128, 128, 64)
concatenate_3: Concatenate
input: [(?, 128, 128, 64), (?, 128, 128, 64)]
output: (?, 128, 128, 128)
dropout_7: Dropout
input: (?, 128, 128, 128)
output: (?, 128, 128, 128)
conv2d_16: Conv2D
input: (?, 128, 128, 128)
output: (?, 128, 128, 64)

图 6 –10（续）

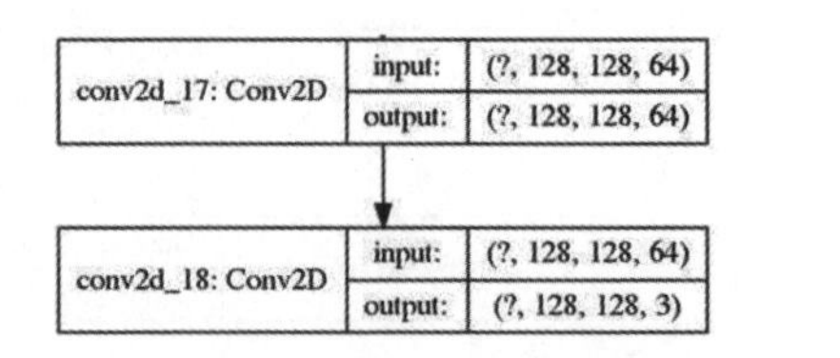

图 6 – 10(续)

训练过程如图 6 – 11 所示。

```
Epoch 1/20
Corrupt JPEG data: 240 extraneous bytes before marker 0xd9
Corrupt JPEG data: premature end of data segment
57/57 [==============================] - 86s 1s/step - loss: 0.9240 - accuracy: 0.5808 - val_loss: 0.8240 - val_accuracy: 0.5869
Epoch 2/20
57/57 [==============================] - 56s 978ms/step - loss: 0.8264 - accuracy: 0.6002 - val_loss: 0.7571 - val_accuracy: 0.6676
```

……

```
Epoch 19/20
57/57 [==============================] - 57s 1s/step - loss: 0.2668 - accuracy: 0.8965 - val_loss: 0.3319 - val_accuracy: 0.8781
Epoch 20/20
57/57 [==============================] - 57s 1s/step - loss: 0.2754 - accuracy: 0.8937 - val_loss: 0.3378 - val_accuracy: 0.8784
```

图 6 – 11　UNet 图像分割——训练过程

利用训练获得的模型对数据集和实际图像进行分割实验,部分结果如图 6 – 12 所示。

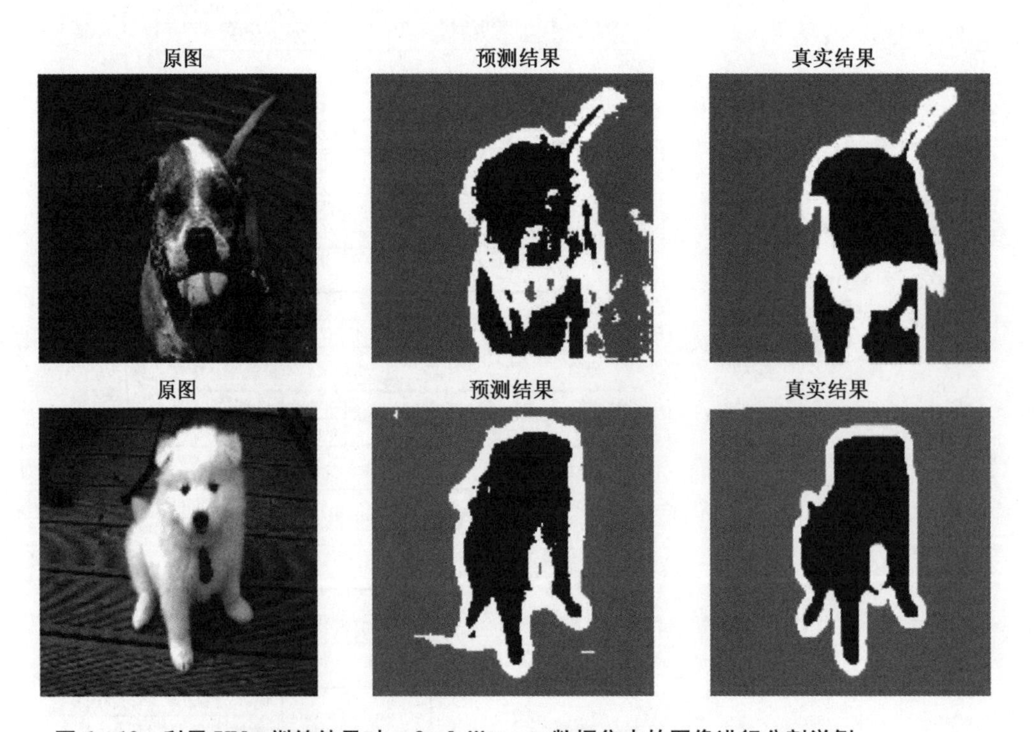

图 6 – 12　利用 UNet 训练结果对 oxford_iiit_pets 数据集中的图像进行分割举例

原图

预测结果

真实结果

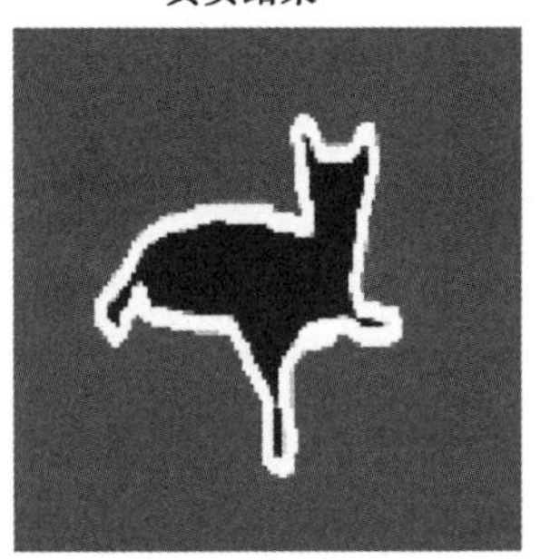

图 6－12（续）

第7章　图像生成技术

目前，图像生成领域内主流的图像生成技术有三类，分别是 Pixel CNN 像素卷积网络、VAE 变分自编码器和 GAN 生成对抗网络。

1. Pixel CNN

我们知道每张图片都是由很多像素点构成，当一个图像的像素满足一种特定 RGB 分布时，就构成了我们常见的照片。我们尝试生成一张照片的时候，其实是在为每个像素点生成灰度值下的概率分布，如想要生成一只白色的猫，那么猫的身子那里灰度值大概率是白色。当图像可以按照我们的要求生成任意一种分布，那么我们就可以生成任何想要生成的东西。Pixel CNN 一次生成一个像素，并使用该像素生成下一个像素，然后使用前两个像素生成第三个像素。在 Pixel CNN 中，有一个概率密度模型，该模型可以学习所有图像的密度分布，并根据该分布生成图像。同时，这个模型也试图通过使用之前所有预测的联合概率来限制在所有先前生成的像素的基础上生成的每个像素。

2. VAE

VAE 全称为 Variational Auto - Encoder，它的前身是自动编码器。自动编码器由 Encoder 和 Decoder 组成，Encoder 将图像编码成隐藏向量，Decoder 将图像解码，通过训练，可以使模型生成与训练图像相同类型的图像。自动编码器有一个缺点是我们不知道隐藏向量的分布形式，不能生成任意的图片。VAE 很好地解决了这个问题，它通过将隐藏向量重参数化使其服从一个高斯分布，这样我们只需要给出一个服从高斯分布的隐藏向量就可以生成想要的图片了。

3. GAN

与以上两种图像生成的方法不一样，GAN 是以两个网络不断博弈的方式，在一个黑匣子里直接训练。它具有以下优点：

(1)擅长无监督学习。在现实世界中，没有标签的数据多于有标签的数据。

(2)在多种生成模型中，GAN 可以生成最逼真的图像。

(3)GAN 有强大的表达能力，可以在潜在空间(向量空间)中执行算数运算，并将其转换为对应特征空间内的运算。自 2014 年 Ian Goodfellow 提出 GAN 的概念后，生成对抗网络成了学术界的研究热点，Yann LeCun 更是称之为“过去十年间机器学习领域最让人激动的点子”。本章首先介绍了生成对抗网络的基本思想及其基础，其次对生成对抗网络的算法进行了推导，重点介绍了 WGAN(wasserstein GAN)的原理，最后利用一个案例让大家了解 GAN 网络的训练与测试方法。

7.1　图像生成的基本思想

如图 7 -1 所示,有一个生成器(generator,G),也就是一个神经网络,或者可以更简单地理解为一个函数(function)。输入一组向量,经由生成器,产生一组目标矩阵,如果要生成图片,那么矩阵就是图片的像素集合,具体的输出视所选任务而定。它的目的是使得自己造样本的能力尽可能强,以致判别网络无法判断是真样本还是假样本。

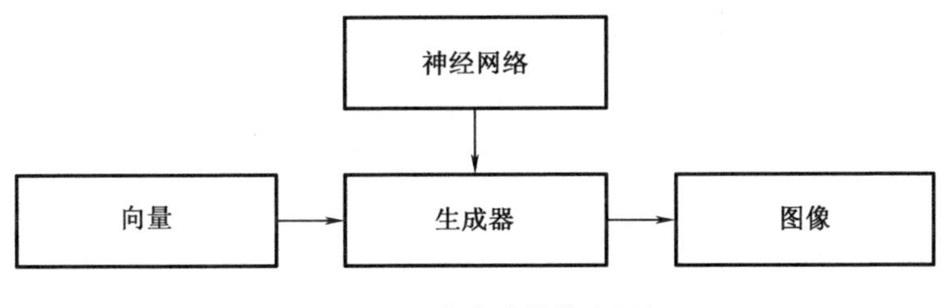

图 7 -1　图像生成的基本思想

如图 7 -2 所示,同时还有一个判别器(discriminator,D)。判别器的功能就是用来判别一张图是来自真实样本集还是假样本集。若输入的是真样本,则网络输出接近 1;若输入的是假样本,则网络输出接近 0,可达到很好的判别目的。

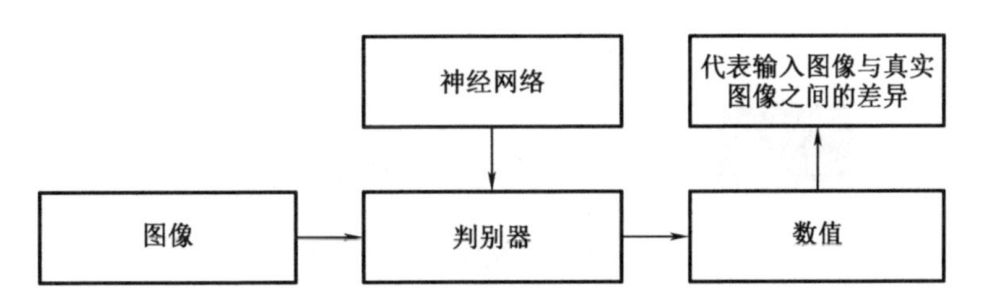

图 7 -2　检验图像生成好坏的判别器

GAN 在结构上受博弈论中零和博弈 (即二人的利益之和为零,一方的所得正是另一方的所失)的启发,系统由一个生成模型和一个判别模型构成。生成模型捕捉真实数据样本的潜在分布,并生成新的数据样本;判别模型是一个二分类器,判别输入是真实数据还是生成的样本。生成器和判别器均可以采用深度神经网络。GAN 的优化过程是一个极小极大博弈(minimax game)问题,优化目标是达到纳什均衡。图 7 -3 直观地展示了 GAN 的算法的基本结构和流程。

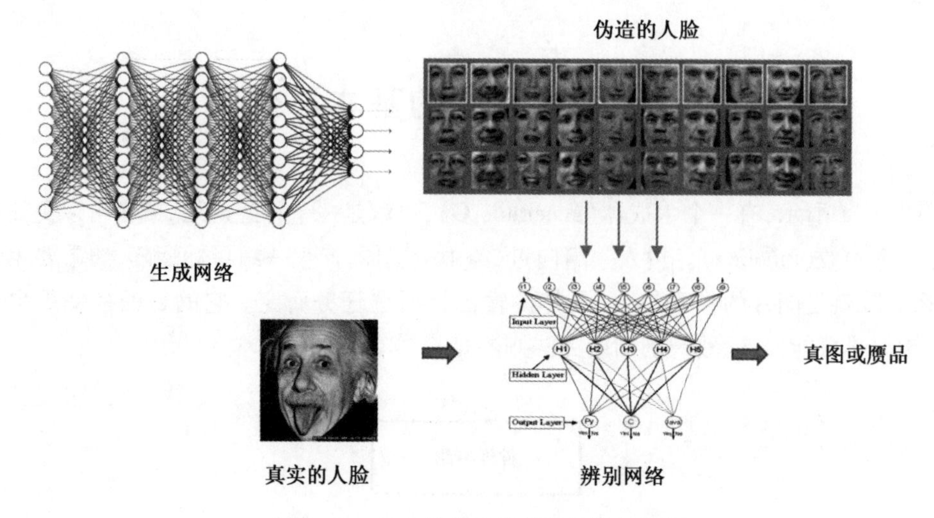

图 7－3　GAN 的算法的基本结构和流程

我们再来看图 7－4 所示，来解释 GAN 的迭代和更新原理。

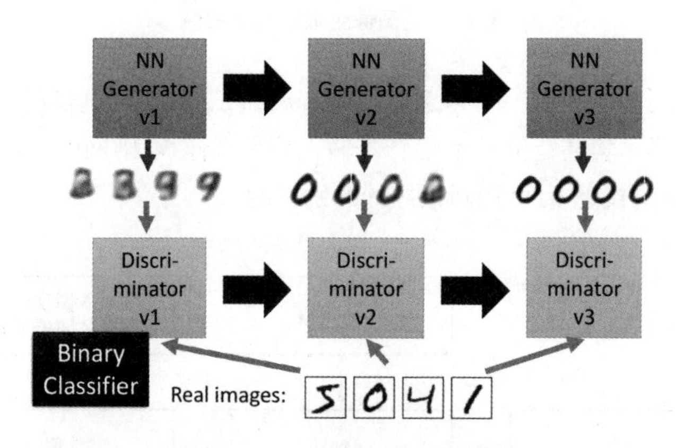

图 7－4　GAN 的迭代和更新

首先我们有两个关键组件：生成器和判别器。一开始我们的 Generator v1 生成了一些手写体的图片，然后丢给 Discriminator v1，同时我们也需要把真实图片也送给 Discriminator v1，然后 Discriminator v1 根据自己的“经验”（其实就是当前的网络参数），结合真实图片数据来判断 Generator v1 生成的图片是否符合要求。很明显，第一代的生成器是无法骗过判别器的，之后，Generator v1 就“进化”为 Generator v2，以此生成更加高质量的图片来骗过 Discrininator v1。然后，为了识别进化后生成更高质量图的图片 Generator v2，Discriminator v1 也升级为 Discriminator v2……就这样一直迭代下去，直到生成网络 Generator v*n* 生成的假样本进去了判别网络 Discriminator v*n* 以后，判别网络给出的结果是一个接近 0.5 的值，极限情况就是 0.5，也就是说判别不出来了，这就是纳什平衡了。这时候回过头去看生成的图片，发现它们真的很逼真了。它们是如何互相学习的呢？我们简单解释如下。

1. 判别器的学习

如图 7－5 所示，首先我们随机初始化生成器，并输入一组随机向量（randomly sample a

vactor)，以此产生一些图片，并把这些图片标注成 0(假图片)。同时把来自真实分布中的图片标注成 1(真图片)。两者同时丢进判别器中，以此来训练判别器。实现当输入是真图片的时候，判别器给出接近于 1 的分数，而输入假图片的时候，判别器给出接近于 0 的低分。

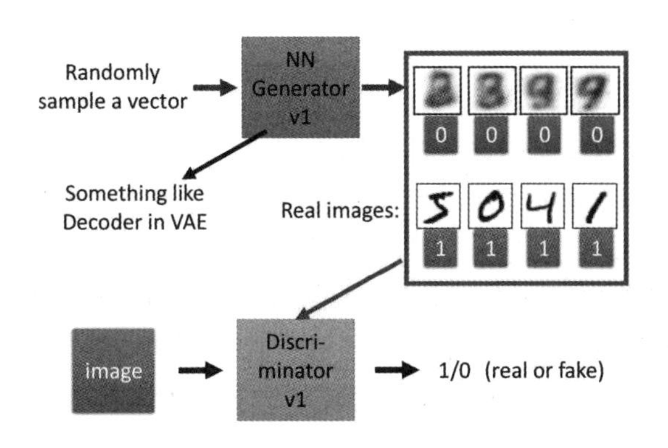

图 7－5　判别器的学习过程

2. 生成器的学习

如图 7－6 所示，对于生成网络，目的是生成尽可能逼真的样本。所以在训练生成网络的时候，我们需要联合判别网络一起才能达到训练的目的。也就是说，通过将两者串接的方式来产生误差从而得以训练生成网络。步骤是：我们通过随机向量(噪声数据)经由生成网络产生一组假数据，并将这些假数据都标记为 1。然后将这些假数据输入到判别网络里，火眼金睛的判别器会发现这些标榜为真实数据(标记为 1)的输入都是假数据(给出低分)，这样就产生了误差。在训练这个串接的网络时，一个很重要的操作就是不要让判别网络的参数发生变化，只是把误差一直传，传到生成网络那块后更新生成网络的参数。这样就完成了生成网络的训练了。在完成了生成网络的训练之后，我们又可以产生新的假数据去训练判别网络。我们把这个过程称作单独交替训练。同时要定义一个迭代次数，交替迭代到一定次数后停止即可。

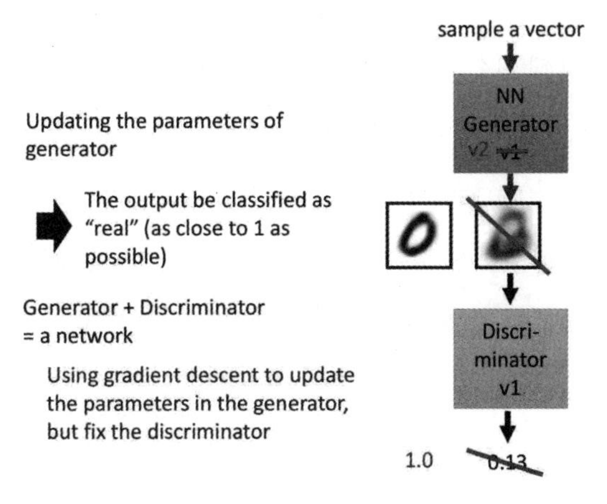

图 7－6　生成器的学习过程

7.2 图像生成网络理论

7.2.1 最大似然估计

最大似然估计(maximum likelihood estimation, MLE),就是利用已知的样本结果信息,反推最具有可能(最大概率)导致这些样本结果出现的模型参数值。样本从某一个客观存在的模型中抽样得来,然后根据样本来计算该模型的数学参数,即模型已定,参数未知。考虑一组含有 m 个样本的数据集 $X = \{x^{(1)}, x^{(2)}, x^{(3)}, \cdots, x^{(m)})$,独立地由未知参数的现实数据生成分布 $P_{\text{data}}(x)$ 生成。令 $P_{\text{model}}(x;\theta)$ 是一个由参数 θ(未知)确定在相同空间上的概率分布。也就是说,我们的目的就是找到一个合适的 θ 使 $P_{\text{model}}(x;\theta)$ 尽可能地去接近 $P_{\text{data}}(x)$。利用真实分布 $P_{\text{data}}(x)$ 中生成出来的数据集 X 去估算总体概率,从真实分布 $P_{\text{data}}(x)$ 中抽样 m 个正例:

$$L = \prod_{i=1}^{m} P_{\text{model}}(x^{(i)};\theta)$$

然后,算出使得 L 最大的参数 θ_{ML}。也就是说,对 θ 的最大似然估计被定义为

$$\theta_{\text{ML}} = \underset{\theta}{\operatorname{argmax}} P_{\text{model}}(X;\theta) = \arg\max_{\theta} \prod_{i=1}^{m} P_{\text{model}}(x^{(i)};\theta)$$

$$P_{\text{model}}(X;\theta) \to f(x^{(1)}, x^{(2)}, x^{(3)}, \cdots, x^{(m)} \mid \theta)$$

$$\prod_{i=1}^{m} P_{\text{model}}(x^{(i)};\theta) \to f(x^{(1)} \mid \theta) \cdot f(x^{(2)} \mid \theta) \cdot f(x^{(3)} \mid \theta) \cdots f(x^{(m)} \mid \theta)$$

为什么要让 L 最大?我们可以这样想:我们从真实的分布中取得了这些数据 $X = \{x^{(1)}, x^{(2)}, x^{(3)}, \cdots, x^{(m)}\}$,那为什么我们会偏偏在无穷的真实分布中取得这些数据呢?是因为取得的这些数据的概率更大一点。而此时我们做的就是人工的设计一个由参数 θ 控制的分布 $P_{\text{model}}(x;\theta)$ 来去拟合真实分布 $P_{\text{data}}(x)$。换而言之,我们通过一组数据 X 去估算一个参数 θ,使得这组数据 X 在人工设计的分布中 $P_{\text{model}}(x;\theta)$ 被抽样出来的可能性最大,所以让 L 最大就感觉合乎情理了。多个概率的乘积会因为很多原因不便于计算。例如,计算中很可能会出现数值下溢。为了得到一个便于计算的等价优化问题,我们观察到似然对数不会改变其 argmax,于是将成绩转换为了便于计算的求和形式:

$$\theta_{ML} = \underset{\theta}{\operatorname{argmax}} \sum_{i=1}^{m} \log P_{\text{model}}(x^{(i)};\theta)$$

因为当重新缩放代价函数的时候 argmax 不会改变,所以可以除以 m 得到和训练数据 X 的经验分布 $\hat{P}_{\text{data}}$(当 $m\to\infty$, $\hat{P}_{\text{data}} \to P_{\text{data}}(x)$)相关期望作为准则:

$$\theta_{ML} = \underset{\theta}{\operatorname{argmax}} \sum_{i=1}^{m} \log P_{\text{model}}(x^{(i)};\theta)$$

7.2.2 KL 散度

一种解释最大似然估计的观点就是将它看作是最小化训练集上的经验分布 $\hat{P}_{\text{data}}$ 和模型分布

$P_{model}(x^{(i)};\theta)$之间的差异，两者之间的差异程度就可用 KL(Kullback - Leibler divergence)散度来度量。KL 散度被定义为

$$\theta_{ML} = \underset{\theta}{\arg\max} E_{x \sim \hat{P}_{data}} \log P_{model}(x;\theta)$$

左边一项仅涉及数据的原始分布，与模型无关。这意味着当训练模型最小化 KL 散度的时候，我们只需要最小化：

$$D_{KL}(\hat{P}_{data} \parallel P_{model}) = E_{x \sim \hat{P}_{data}}[\log \hat{P}_{data}(x) - \log P_{model}(x)]$$

$$\begin{aligned}
\theta_{ML} &= \underset{\theta}{\arg\max} \prod_{i=1}^{m} P_{model}(x^{(i)};\theta) \\
&= \underset{\theta}{\arg\max} \log \prod_{i=1}^{m} P_{model}(x^{(i)};\theta) \\
&= \underset{\theta}{\arg\max} \sum_{i=1}^{m} \log P_{model}(x^{(i)};\theta) \\
&\approx \underset{\theta}{\arg\max} E_{x \sim \hat{P}_{data}}[\log P_{model}(x;\theta)] \\
&= \underset{\theta}{\arg\max}\left[\int_{x} \hat{P}_{data}(x) \log P_{model}(x;\theta)\,dx - \int_{x} \hat{P}_{data}(x) \log \hat{P}_{data}(x)\,dx\right] \\
&= \underset{\theta}{\arg\max}\left[\int_{x} \hat{P}_{data}(x)[\log P_{model}(x;\theta) - \log \hat{P}_{data}(x)]\,dx\right] \\
&= \underset{\theta}{\arg\max}\left[-\int_{x} \hat{P}_{data}(x) \log \frac{\hat{P}_{data}}{P_{model}(x;\theta)}\,dx\right] \\
&= \underset{\theta}{\arg\min} KL(\hat{P}_{data}(x) \parallel P_{model}(x;\theta))
\end{aligned}$$

另外，它是非对称的，也就是说

$$D_{KL}(\hat{P}_{data} \parallel P_{model}) \neq D_{KL}(P_{model} \parallel \hat{P}_{data})$$

结合上边对最大似然的解释，我们推导了 θ_{ML}。

最小化 KL 散度其实就是在最小化分布之间的交叉熵，任何一个由负对数似然组成的损失都是定义在训练集 X 上的经验分布 $\hat{P}_{data}$和定义在模型上的概率分布 P_{model}之间的交叉熵。例如，均方误差就是定义在经验分布和高斯模型之间的交叉熵。我们可以将最大似然看作是使模型分布 P_{model}尽可能地与经验分布 $\hat{P}_{data}$相匹配的尝试。理想情况下，我们希望模型分布能够匹配真实数据生成分布 P_{data}，但我们无法直接指导这个分布(无穷)。虽然最优 θ 在最大化似然和最小化 KL 散度的时候是相同的，在编程中，我们通常将两者都称为最小化代价函数。因此最大化似然变成了最小化负对数似然(NLL)，或者等价的最小化交叉熵。怎么找到一个比较好的 $P_{model}(x;\theta)$呢？传统的不管是高斯混合模型还是其他的基本模型，都显得过于简单，所以 $P_{model}(x;\theta)$在生成对抗网络里是一个神经网络产生的分布，具体如下。

如图 7-7 所示，假设 Z 从高斯分布 $P_{prior}(z)$中采样而来，然后通过一个神经网络得到 x，这个 x 满足另一个分布，然后我们要找到这个分布的参数 θ 使得它和真实分布越相近越好，在这里 $P_{model}(x;\theta)$可以写作

$$P_{model}(x;\theta) = \int_{z} P_{prior}(z)\, I_{(G(z)=x)}\,dx$$

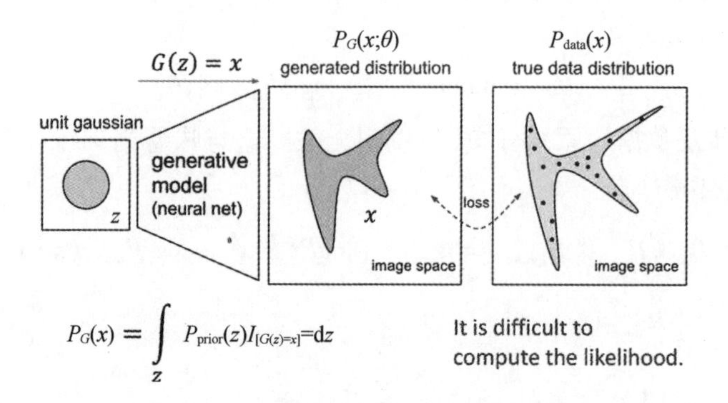

图 7－7　由神经网络产生的分布

式中，$I(G(z)=x)$是指示函数。其难点就在于现实中因为$G(z)$的复杂性，基本上很难找到X的经验分布$P_{model}(x;\theta)$，而 GAN 的作用就是在不知道分布的情况下，通过调整参数θ，让生成模型产生的分布尽量接近真实分布。

7.2.3　JS 散度

JS 散度（Jensen－Shannon divergence）度量了两个概率分布的相似度，基于 KL 散度的变体，解决了 KL 散度非对称的问题。一般地，JS 散度是对称的，其取值是 0 到 1 之间。定义如下：

$$\mathrm{JS}(P \parallel Q) = \frac{1}{2}\mathrm{KL}\left(P \parallel \frac{P+Q}{2}\right) + \frac{1}{2}\mathrm{KL}\left(Q \parallel \frac{P+Q}{2}\right)$$

在后边推导 GAN 代价函数的时候会用到，现摆在这里。KL 散度和 JS 散度度量的时候存在一个问题，即如果两个分布离得很远，完全没有重叠的时候，那么 KL 散度值是没有意义的，而 JS 散度值是一个常数。这在学习算法中是比较致命的，意味着这一点的梯度为 0，梯度消失了。

7.3　生成对抗网络算法推导

首先，重申以下重要参数和名词。

生成器：generator 是一个函数，输入是z，输出是X；给定一个先验分布$P_{prior}(z)$和反映生成器的分布$P_G(x)$，$P_G(x)$对应的就是上一节的$P_{model}(x;\theta)$。

判别器：discriminator 也是一个函数，输入是x，输出是一个标量；主要评估$P_G(x)$和$P_{data}(x)$之间到底有多不同，也就是求他们之间的交叉熵，$P_{data}(x)$对应的是上一节的$P_{data}(x)$。

引入目标公式：

$$V(G,D) = E_{x \sim P_{data}}[\log D(x)] + E_{x \sim P_G}[\log(1-D(x))]$$

该公式用来衡量$P_G(x)$和$P_{data}(x)$之间的不同程度。对于 GAN，我们的做法就是给定G，找到一个D^*使得$V(G,D)$最大，即$\max\limits_D V(G,D)$。可理解为在生成器固定的时候，通过判别器尽可能地将生成图片和真实图片区别开来,也就是要最大化两者之间的交叉熵。

$$D^* = \arg\max_D V(G,D)$$

固定 D,使得 $\max_D V(G,D)$ 最小的这个 G 的代表的就是最好的生成器。所以 G 的终极目标就是找到G^*，找到了G^*就找到了分布 $P_G(x)$ 对应的参数 θ_G。

$$G^* = \arg\min_G \max_D V(G,D)$$

以上步骤已经给出了常用的组件和一个我们期望的优化目标,现在我们按照步骤来对目标进行推导。

7.3.1　寻找最好的 D^*

首先是第一步,给定 G ,找到一个 D^* 使得 $V(G,D)$ 最大,即求$\max_D V(G,D)$ 。

$$\begin{aligned} V &= E_{x\sim P_{\text{data}}}[\log D(x)] + E_{x\sim P_G}[\log(1-D(x))] \\ &= \int_x P_{\text{data}}(x)\log D(x)\mathrm{d}x + \int_x P_G(x)\log(1-D(x))\mathrm{d}x \\ &= \int_x [P_{\text{data}}(x)\log D(x) + P_G(x)\log(1-D(x))]\mathrm{d}x \end{aligned}$$

这里假定 $D(x)$可以代表任何函数。对每一个固定的 x 而言,我们只要让 $P_{\text{data}}(x)\log D(x) + P_G(x)\log(1-D(x))$ 最大,那么积分后的值 V 也是最大的。于是,设

$$f(D) = P_{\text{data}}(x)\log D + P_G(x)\log(1-D)$$

其中 $D = D(x)$,而 $P_{\text{data}}(x)$是给定的,因为真实分布是客观存在的,而因为 G 也是给定的,所以 $P_G(x)$也是固定的。

那么,对$f(D)$求导,然后令$f'(D)=0$,发现

$$D^* = \frac{P_{\text{data}}(x)}{P_{\text{data}}(x) + P_G(x)}$$

于是,我们就找出了在给定的 G 的条件下,最好的 D 要满足的条件。图 7-8 表示给定三个不同的 $G1$、$G3$、$G3$,分别求得的令 $V(G,D)$ 最大的那个 D^*,横轴代表了 P_{data},曲线代表了可能的 P_G,虚线的距离代表了 $V(G,D)$。

$$\max_D V(G,D)\ G^* = \arg\min_G \max_D V(G,D)$$

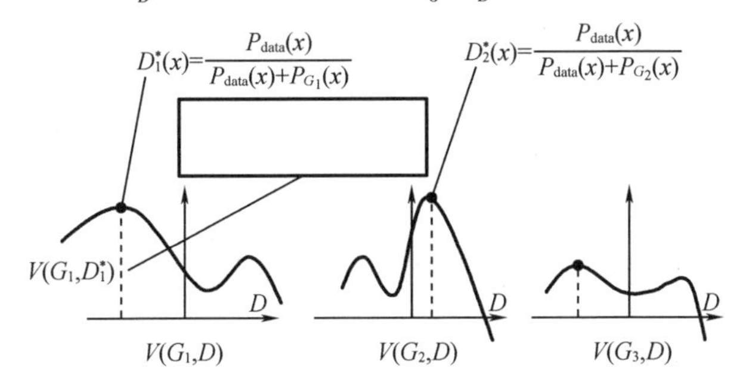

图 7-8　满足$\max_D V(G,D)$的 D^*

此时,我们求$\max_D V(G,D)$就非常简单了,直接把前边的 D^*代进去即可。

$$
\begin{aligned}
\max_D V(G,D) &= V(G,D^*) \\
&= E_{x\sim P_{\text{data}}}[\log D^*(x)] + E_{x\sim P_G}[\log(1-D^*(x))] \\
&= E_{x\sim P_{\text{data}}}\left[\log\frac{P_{\text{data}}(x)}{P_{\text{data}}(x)+P_G(x)}\right] + E_{x\sim P_G}\left[\log\frac{P_G(x)}{P_{\text{data}}(x)+P_G(x)}\right] \\
&= \int_x P_{\text{data}}(x)\log\frac{P_{\text{data}}(x)}{P_{\text{data}}(x)+P_G(x)}\mathrm{d}x + \int_x P_G(x)\log\frac{P_G(x)}{P_{\text{data}}(x)+P_G(x)}\mathrm{d}x \\
&= \int_x P_{\text{data}}(x)\log\frac{\frac{1}{2}P_{\text{data}}(x)}{\frac{P_{\text{datd}}(x)+P_G(x)}{2}}\mathrm{d}x + \int_x P_G(x)\log\frac{\frac{1}{2}P_G(x)}{\frac{P_{\text{datd}}(x)+P_G(x)}{2}}\mathrm{d}x \\
&= \int_x P_{\text{data}}(x)\left[\log\frac{1}{2}+\log\frac{P_{\text{data}}(x)}{\frac{P_{\text{datd}}(x)+P_G(x)}{2}}\right]\mathrm{d}x + \\
&\quad \int_x P_G(x)\left[\log\frac{1}{2}+\log\frac{P_G(x)}{\frac{P_{\text{dath}}(x)+P_G(x)}{2}}\right]\mathrm{d}x \\
&= \int_x P_{\text{data}}(x)\log\frac{1}{2}\mathrm{d}x + \int_x P_{\text{data}}(x)\log\frac{P_{\text{data}}(x)}{\frac{P_{\text{dat}\varphi}(x)+P_G(x)}{2}}\mathrm{d}x + \\
&\quad \int_x P_G(x)\log\frac{1}{2}\mathrm{d}x + \int_x P_G(x)\log\frac{P_G(x)}{\frac{P_{\text{datk}}(x)+P_G(x)}{2}}\mathrm{d}x \\
&= 2\log\frac{1}{2} + \int_x P_{\text{data}}(x)\log\frac{P_{\text{data}}(x)}{\frac{P_{\text{dat}}(x)+P_G(x)}{2}}\mathrm{d}x + \int_x P_G(x)\log\frac{P_G(x)}{\frac{P_{\text{dat}}(x)+P_G(x)}{2}}\mathrm{d}x \\
&= 2\log\frac{1}{2} + 2\times\left[\frac{1}{2}KL\left(P_{\text{data}}(x)\,\Big\|\,\frac{P_{\text{data}}(x)+P_G(x)}{2}\right)\right] + 2\times \\
&\quad \left[\frac{1}{2}KL\left(P_G(x)\,\Big\|\,\frac{P_{\text{data}}(x)+P_G(x)}{2}\right)\right] \\
&= -2\log 2 + 2\mathrm{JSD}(P_{\text{data}}(x)\,\|\,P_G(x))
\end{aligned}
$$

补充一点,$\mathrm{JSD}(P_{\text{data}}(x)||P_G(x))$的取值范围是从 0 到 log 2。那么,$\max\limits_D V(G,D)$的范围是从 0 到 $-2\log 2$。

7.3.2 寻找最好的G^*

这是第二步,给定 D ,找到一个G^*使得 $\max\limits_D V(G,D)$最小,即求$\min\limits_G\max\limits_D V(G,D)$。

根据求得的 D^* 我们有。

$$
\begin{aligned}
G^* &= \arg\min_G\max_D V(G,D) \\
&= \arg\min_G\max_D(-2\log 2 + 2\mathrm{JSD}(P_{\text{data}}(x)\,\|\,P_G(x)))
\end{aligned}
$$

根据上式,使得最小化 G 需要满足的条件是

$$P_{\text{data}}(x) = P_G(x)$$

直观上我们也可以知道，当生成器的分布和真实数据的分布一样的时候，就能让 $\max_D V(G,D)$ 最小。至于如何让生成器的分布不断拟合真实数据的分布，在训练的过程中可以使用梯度下降来计算：

$$\theta_G := \theta_G - \eta \frac{\partial \max_D V(G,D)}{\partial \theta_G}$$

因此，生成对抗网络算法可以总结如下。

(1)给定一个初始的G_0；

(2)找到 D_0^*，最大化 $V(G_0,D)$(这个最大化的过程其实就是最大化 $P_{\text{data}}(x)$ 和 $P_{G_0}(x)$ 的交叉熵的过程)。

(3)使用梯度下降更新 G 的参数 $\theta_G := \theta_G - \eta \frac{\partial \max_D V(G,D_0^*)}{\partial \theta_G}$，得到$G_1$。

(4)找到 D_1^*，最大化 $V(G_1,D)$(这个最大化的过程其实就是最大化 $P_{\text{data}}(x)$ 和 $P_{G_1}(x)$ 的交叉熵的过程)。

(5)使用梯度下降更新 G 的参数 $\theta_G := \theta_G - \eta \frac{\partial \max_D V(G,D_1^*)}{\partial \theta_G}$，得到$G_2$。

(6)循环……

7.3.3 实际过程中的算法推导

前面的推导都是基于理论上的推导，实际上是有很多限制的，回顾以下在理论推导的过程中，其中的函数

$$\begin{aligned} V &= E_{x \sim P_{\text{data}}}[\log D(x)] + E_{x \sim P_G}[\log(1 - D(x))] \\ &= \int_x P_{\text{data}}(x) \log D(x) \mathrm{d}x + \int_x P_G(x) \log(1 - D(x)) \mathrm{d}x \\ &= \int_x [P_{\text{data}}(x) \log D(x) + P_G(x) \log(1 - D(x))] \mathrm{d}x \end{aligned}$$

如前所述，$P_{\text{data}}(x)$是给定的，因为真实分布是客观存在的，G 也是给定的，所以 $P_G(x)$ 也是固定的。但是样本空间是无穷大的，我们没办法获得它的真实期望，只能使用估测的方法。

比如从真实分布 $P_{\text{data}}(x)$ 中抽样$\{x^{(1)}, x^{(2)}, x^{(3)}, \cdots, x^{(m)}\}$；从 $P_G(x)$ 中抽样$\{\tilde{x}^{(1)}, \tilde{x}^{(2)}, \tilde{x}^{(3)}, \cdots, \tilde{x}^{(m)}\}$，而函数 V 就应该改写为

$$\tilde{V} = \frac{1}{m} \sum_{i=1}^{m} \log D(x^i) + \frac{1}{m} \sum_{i=1}^{m} \log(1 - D(\tilde{x}^i))$$

也就是我们要最大化 $\tilde{V}$，即最小化交叉熵损失函数 L。

$$L = -\left(\frac{1}{m} \sum_{i=1}^{m} \log D(x^i) + \frac{1}{m} \sum_{i=1}^{m} \log(1 - D(\tilde{x}^i))\right)$$

也就是说 D 是一个由 θ_G决定的二元分类器，从 $P_{\text{data}}(x)$ 中抽样$\{x^{(1)}, x^{(2)}, x^{(3)}, \cdots, x^{(m)}\}$作为正例；从 $P_G(x)$ 中抽样$\{\tilde{x}^{(1)}, \tilde{x}^{(2)}, \tilde{x}^{(3)}, \cdots, \tilde{x}^{(m)}\}$作为反例。通过计算损失函数，就能够

迭代梯度下降法从而得到满足条件的 D。

实际情况下的算法总结如下：

(1)初始化一个 由 θ_D 决定的 D 和由 θ_G决定的 G。

(2)循环迭代训练过程。

①训练判别器的过程,循环 k 次。

a. 从真实分布 $P_{\text{data}}(x)$ 中抽样 m 个正例:

$$\{x^{(1)},x^{(2)},x^{(3)},\cdots,x^{(m)}\}$$

b. 从先验分布 $P_{\text{prior}}(x)$ 中抽样 m 个噪声向量:

$$\{z^{(1)},z^{(2)},z^{(3)},\cdots,z^{(m)}\}$$

c. 利用生成器 $\tilde{x}^i = G(z^i)$ 输入噪声向量生成 m 个反例:

$$\{\tilde{x}^{(1)},\tilde{x}^{(2)},\tilde{x}^{(3)},\cdots,\tilde{x}^{(m)}\}$$

d. 最大化 $\tilde{V}$ 更新判别器参数 θ_D:

$$\tilde{V} = \frac{1}{m}\sum_{i=1}^{m}\log D(x^i) + \frac{1}{m}\sum_{i=1}^{m}\log(1 - D(\tilde{x}^i))$$

$$\theta_D: = \theta_D - \eta \nabla\tilde{V}(\theta_D)$$

②训练生成器的过程,循环 1 次。

a. 从先验分布 $P_{\text{prior}}(x)$ 中抽样 m 个噪声向量

$$\{z^{(1)},z^{(2)},z^{(3)},\cdots,z^{(m)}\}$$

b. 最小化 V 更新生成器参数 θ_G。

$$\tilde{V} = \frac{1}{m}\sum_{i=1}^{m}\log D(x^i) + \frac{1}{m}\sum_{i=1}^{m}\log(1 - D(G(z^i)))$$

$$\theta_G: = \theta_G - \eta \nabla\tilde{V}(\theta_G)$$

7.3.4 生成对抗训练的几个问题

1. 关于最小化 V 以训练生成器的经验操作

在训练生成器的过程中,我们实际上并不是去最小化 $V = E_{x\sim P_G}[\log(1 - D(x))]$,而是最小化 $V = E_{x\sim P_G}[-\log(D(x))]$

如图 7 -9 所示,如果使用 $\log(1 - D(x))$训练网络,我们在刚开始迭代的时候,由于生成器的分布和真实分布差别很大,也就是在横轴的左边,会导致训练的速度很慢。而换用 $-\log(D(x))$训练网络,刚开始训练的速度就会很快,然后慢慢变慢,这种趋势比较符合我们的直觉认知。

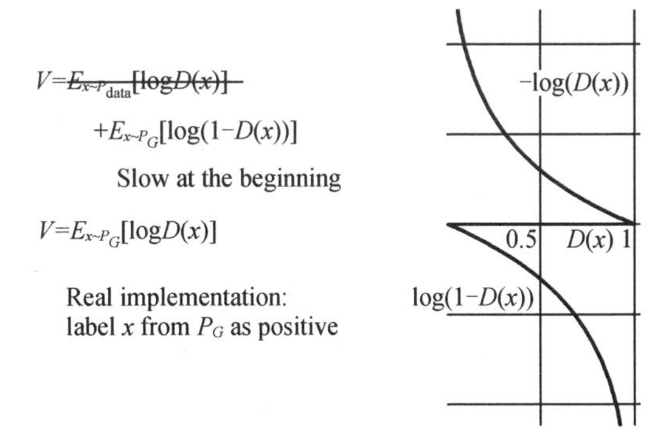

图 7－9　用 $-\log(D(x))$ 训练网络

2. 训练不稳定

训练原始 GAN 是一件非常困难的事情，主要体现在训练过程中可能并不收敛、训练出的生成器根本不能产生有意义的内容等方面。另一方面，我们优化的目标函数是 JSD，它能体现出两个分布的距离，并且这个距离最好一开始比较大，后来随着训练过程的深入，这个距离应该慢慢变小才比较好。但实际上这只是我们理想中的情况。在实际应用中我们会发现，判别器的 Loss Function 非常容易变成 0，而且在后面的训练中也一直保持着 0，很难发生改变。这个现象是为什么呢？其实这个道理很简单。虽然说 JSD 能够衡量两个分布之间的距离，但实际上有两种情况可能会导致 JSD 永远判定两个分布距离“无穷大”（$\mathrm{JSD}(P_{\text{data}}(x)\parallel P_G(x))=\log 2$）。从而使得 Loss Function 永远是 0。

$$\max_D V(G,D)=-2\log 2+2\underbrace{\mathrm{JSD}(P_{\text{data}}(x)\parallel P_G(x))}\log 2=0$$

第一种情况，判别器太“强”了导致产生了过拟合。如图 7－10 所示。

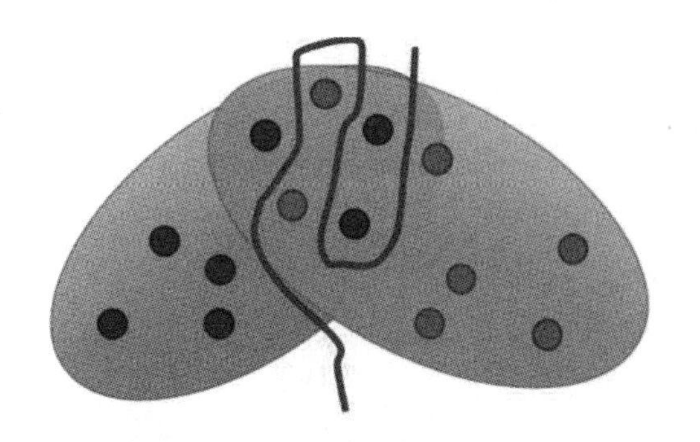

图 7－10　判别器导致产生了过拟合

图 7－10 中，两个分布之间有一些重叠，所以按理 JSD 不应该是 log 2。但由于我们是采样一部分样本进行训练，所以当判别器足够“强”的时候，就很有可能找到一条分界线强行将两类样本分开，从而让两类样本之间被认为完全不存在重叠。我们可以尝试传统的正则化方法（regularization 等），也可以减少模型的参数让它变得弱一些。但是我们训练的目的就是要找到一个“很强”的判别器，我们在实际操作中是很难界定到底要将判别器调整到什么水平才能满足我们的需要（既不会太强，也不会太弱）。还有一点就是我们之前曾经认为这个判别器应该能够测量 JSD，但它能测量 JSD 的前提就是它必须非常强，能够拟合任何

数据。这就跟我们"不想让它太强"的想法有了矛盾,所以实际操作中用 regularization 等方法很难做到好的效果。

第二种情况,就是数据本身的特性。一般来说,生成器产生的数据都是一个映射到高维空间的低维流型。而低维流型之间本身就"不是那么容易"产生重叠的。如图 7 - 11 所示。

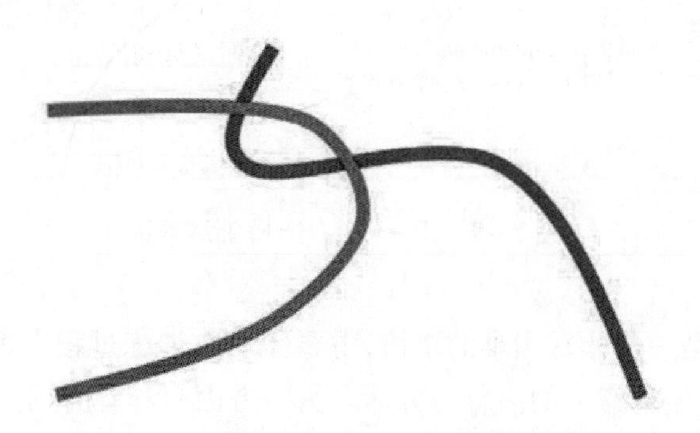

图 7 - 11　数据本身导致距离评判标准失效

也就是说,想要让两个概率分布"碰"到一起的概率并不是很高,他们之间的 "Divergence" 永远是 log 2。这会导致在整个训练过程中,JSD 作为距离评判标准无法为训练提供指导。解决方法有两种:一种是给数据加噪声,让生成器和真实数据分布"更容易"重叠在一起。但是这个方法缺点在于我们的目标是训练准确的数据(例如高清图片等),加入噪声势必会影响我们生成数据的质量。图 7 - 12 中,一个简单的做法是让噪声的幅度随着时间缩小。不过操作起来也是比较困难的。另一种方法是既然 JSD 效果不好,那我们可以换一个 Loss Function,使得哪怕两个分布一直毫无重叠,但是都能提供一个不同的连续的的"距离的度量"——WGAN。

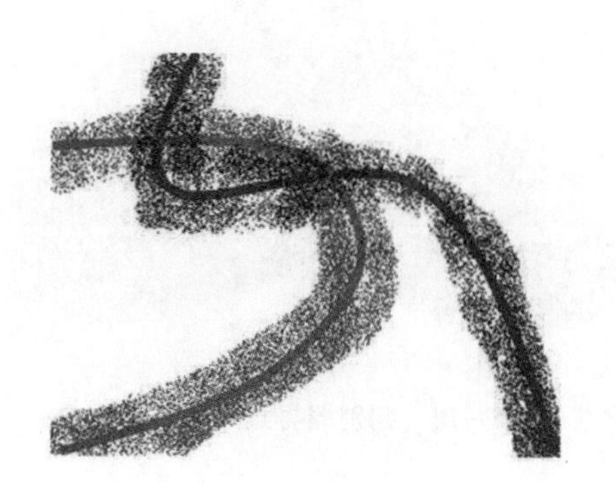

图 7 - 12　对数据施加噪声

7.4　WGAN 的原理

WGAN 解决问题的关键在于使用 Wasserstein 距离衡量两个分布之间的距离。其优越性在于 即使两个分布没有任何重叠,也可以反应他们之间的距离。下面我们进行具体的分析。

7.4.1　F Divergence

原始 GAN 采用的是 JS Divergence 来衡量两个分布之间的距离。除此之外,还存在着各种各样的 Divergence,如 KL divergence 、Reverse KL Divergence。这些 Divergence 之间有统一的模式存在,即 F Divergence。设定 P 和 Q 是两个不同的分布,$p(x)$和 $q(x)$ 代表着分别从 P 和 Q 采样出 x 的概率,则我们将 F Divergence 定义为

$$D_f(P \| Q) = \int_x q(x) f\left(\frac{p(x)}{q(x)}\right) \mathrm{d}x$$

上述公式衡量 P 和 Q 有多不一样,公式里边的函数 f 可以是很多不同的版本,只要满足条件:它是一个凸函数,同时 $f(1)=0$ 即可。稍微分析一下这个公式:

(1)假设对于所有的 x 来说,都有 $p(x)=q(x)$,则有 $D_f(P,Q)=0$,也就意味着两个分布没有区别,和假设一样。

(2)同时,0 是 D_f 能取到的最小值。

$$D_f(p \| q) = \int_x q(x) f\left(\frac{p(x)}{q(x)}\right) \mathrm{d}x \geqslant f\left(\int q(x) \frac{p(x)}{q(x)} \mathrm{d}x\right) = f(1) = 0$$

也就是说,只要两个分布稍有不同,就能通过 D_f 得到的正值反映出来。这个时候我们发现之前常用的 KL Divergence 其实就是 F Divergence 的一种。当设置 $f(x)=x\log x$,即将 F Divergence 转换为了 KL Divergence。

$$D_f(P \| Q) = \int_x q(x) \frac{p(x)}{q(x)} \log\left(\frac{p(x)}{q(x)}\right) \mathrm{d}x = \int_x p(x) \log\left(\frac{p(x)}{q(x)}\right) \mathrm{d}x$$

当设置 $f(x) = -\log x$,即将 F Divergence 转换为了 Reverse KL Divergence。

$$D_f(P \| Q) = \int_x q(x)\left(-\log\left(\frac{p(x)}{q(x)}\right)\right) \mathrm{d}x = \int_x q(x) \log\left(\frac{q(x)}{p(x)}\right) \mathrm{d}x$$

当设置 $f(x)=(x-1)^2$,即将 F Divergence 转换为了 Chi Square。

$$D_f(P \| Q) = \int_x q(x)\left(\frac{p(x)}{q(x)} - 1\right)^2 \mathrm{d}x = \int_x \frac{(p(x) - q(x))^2}{q(x)} \mathrm{d}x$$

7.4.2　Fenchel 共轭

每一个凸函数 $f(x)$ 都有对应的一个共轭函数取作 $f^*(x)$。

$$f^*(x) = \max_{x \in \mathrm{dom}(f)} xt - f(x)$$

图 7 - 13 中,给定 t 找出一个在 $f(x)$ 里边有定义的 X 使得 $xt - f(x)$ 最大,当然 t 可以

无限取值,那么假定我们取值 $t=t_1$ 和 $t=t_2$ 则有:

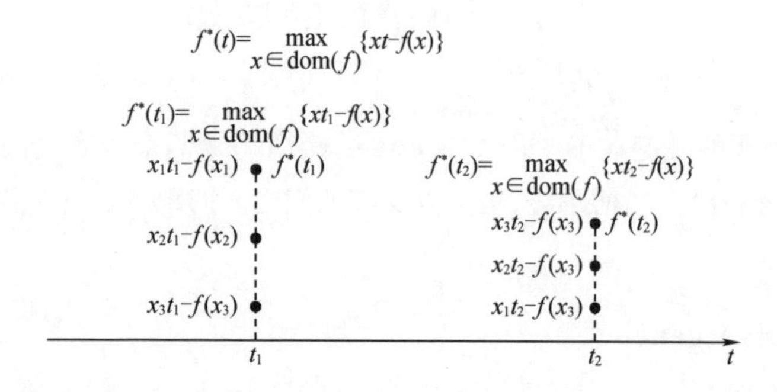

图 7-13　$xt-f(x)$ 最大化描述

对于所有可能的变量 t,$xt-f(x)$ 对应了无数条直线。

图 7-14 中,这个时候给定某个 t 看看哪个 x 可以取得最大值。当 $t=t_1$ 的时候,找到最大点 $f^*(t_1)$;当 $t=t_2$ 的时候,找到最大点 $f^*(t_2)$。遍历所有的 t 即可得到函数 $f^*(t)$。

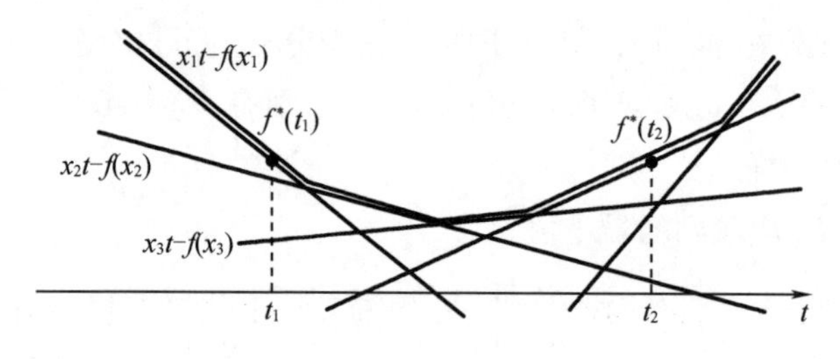

图 7-14　$f^*(t)$ 的求解

下面我们看一个具体一些的例子,当 $f(x)=x\log x$ 时,我们可以将对应的 $f^*(t)$ 画出来。

图 7-15 实际上是一个指数函数,当 $f(x)=x\log x$ 时,$f^*(t)=\mathrm{e}^{(t-1)}$。由于 $f^*(t)=\max\limits_{x\in \mathrm{dom}(f)} xt-f(x)$,假设让 $g(x)=xt-x\log x$,那么现在的问题就变成了给定一个 t 时,求 $g(x)$ 的最大值问题。对 $g(x)$ 求导并让导数为 0:

$$\mathrm{d}g(x)/\mathrm{d}x=t-\log x-1=0$$

可解得

$$x=\mathrm{e}^{(t-1)}$$

再带回原公式可得

$$f^*(t)=\mathrm{e}^{(t-1)}\times t-\mathrm{e}^{(t-1)}\times(t-1)=\mathrm{e}^{(t-1)}$$

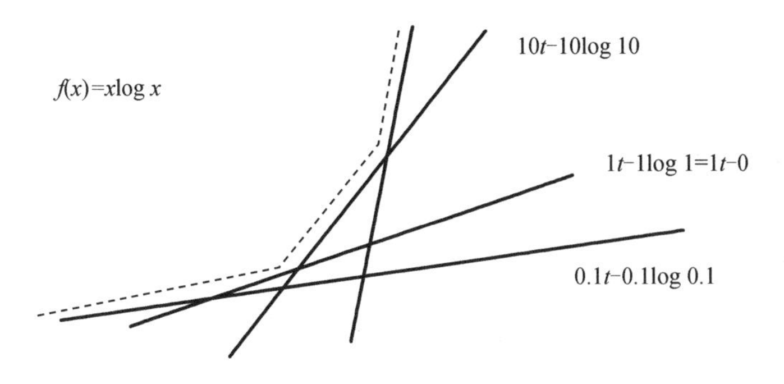

图 7－15　$f(x)=x\log x$ 的 $f^*(t)$

7.4.3　F Divergence GAN

$f^*(t)$ 和 $f(x)$ 的转换关系式为

$$f^*(t)=\sup_{x\in \mathrm{dom}(f)}\{xt-f(x)\}\Leftrightarrow f(x)=\max_{t\in \mathrm{dom}(f^*)}\{xt-f^*(t)\}$$

利用这个关系，我们能够将 F Divergence 的定义变形为一个类似于 GAN 的式子。

$$\begin{aligned}D_f(P\parallel Q)&=\int_x q(x)f\left[\frac{p(x)}{q(x)}\right]\mathrm{d}x\\&=\int_x q(x)\left\{\max_{t\in \mathrm{dom}(f^*)}\left[\frac{p(x)}{q(x)}t-f^*(t)\right]\right\}\mathrm{d}x\\&\geqslant\int_x q(x)\left\{\frac{p(x)}{q(x)}D(x)-f^*[D(x)]\right]\mathrm{d}x\\&=\int_x p(x)D(x)\mathrm{d}x-\int_x q(x)f^*[D(x)]\mathrm{d}x\\&\approx\max_D\int_x p(x)D(x)\mathrm{d}x-\int_x q(x)f^*[D(x)]\mathrm{d}x\end{aligned}$$

解释一下上面公式：

(1)第一行就是 F Divergence 的定义式。

(2)第三行将 t 替换成 $D(x)$，并将 = 替换成≥。其原因是我们要求得的是给定 x 找到一个 t 使得式子最大，也就是说不管 $D(x)$ 取什么值都一定小于或者等于第二行的式子。

(3)最后一步就是要找到一个 D，使得式子最大，上界等于第二行的式子。

现在我们推导出关于 F Divergence 的变式：

$$\begin{aligned}D_f(P\parallel Q)&\approx\max_D\int_x p(x)D(x)\mathrm{d}x-\int_x q(x)f^*(D(x))\mathrm{d}x\\&=\max_D(E_{x\sim P}[D(x)]-E_{x\sim Q}\{f^*[D(x)]\})\end{aligned}$$

我们知道，GAN 的目的是训练生成器，使其产生的数据分布 P_G 与真实数据的分布 P_{data} 尽可能小。换言之，如果我们用 F Divergence 来表达 P_G 与 P_{data} 的差异，则希望最小化 $D_f(P_{\text{data}}||P_G)$。

$$D_f(P_{\text{data}}\parallel P_G)=\max_D(E_{x\sim P_{\text{data}}}[D(x)]-E_{x\sim P_G}\{f^*[D(x)]\})$$

对于生成器来说，我们就是要找到一个 P_G 使得有

$$G^*=\arg\min_G D_f(P_{\text{data}}\parallel P_G)$$

$$= \arg \min_{G} \max_{D} (E_{x \sim P_{\text{data}}}[D(x)] - E_{x \sim P_G}\{f^*[D(x)]\})$$
$$= \arg \min_{G} \max_{D} V(G,D)$$

综上所述,从数学推导上给出了 $V(G,D)$ 的定义方式。但实际上要注意,此处的 $V(G,D)$ 不一定就是原生 GAN 的形式。F Divergence GAN 是对 GAN 模型的统一,对任意满足条件的 f 都可以构造一个对应的 GAN。事实上,在将其应用到 GAN 时,有非常多的不同生成器函数可供使用。在这个体系下,你只需要挑选不同的 $f^*(t)$ 就可以得到不同的 F Divergence。而公式中的 $D(x)$,就是我们 GAN 中的判别器。

7.5 WGAN 的实现

前面我们介绍了使用 F Divergence 来将距离定义到一个统一框架之中的方法。而 Fenchel Conjugate 则将这个 F Divergence 与 GAN 联系在一起。这么做的目的在于,我们只要能找到一个符合 F Divergence 要求的函数,就能产生一个距离的度量,从而定义一种不同的 GAN。对于传统的 GAN 来说,选定特定的度量函数之后,会导致目标函数变成生成器分布和真实分布的 JS Divergence 度量。但是使用 JS Divergence 有很多问题,其中最严重的问题就是当两个分布之间完全没有重叠时,分布间距离的大小并不会直接反映在 Divergence 上。这对基于迭代的优化算法是个致命问题。

7.5.1 基础 WGAN

用一句话描述 EM 距离(earth mover' s distance):将一个分布 P 通过搬运的方式变成另一个分布 Q 所需要的最少搬运代价。比如说我们有下面的两个分布,如何将 P 上的内容“匀一匀”得到 Q 呢? 图 7-16 展示了其中两种办法,但显然不仅仅只有这两种。既然移动的方法有很多种,如果每一种都表示了一种代价,那么显然有“好”方法,就会有“坏”方法。假设我们衡量移动方法好坏的总代价是“移动的数量”×“移动的距离”。那这两个移动的方案肯定是能分出优劣的。

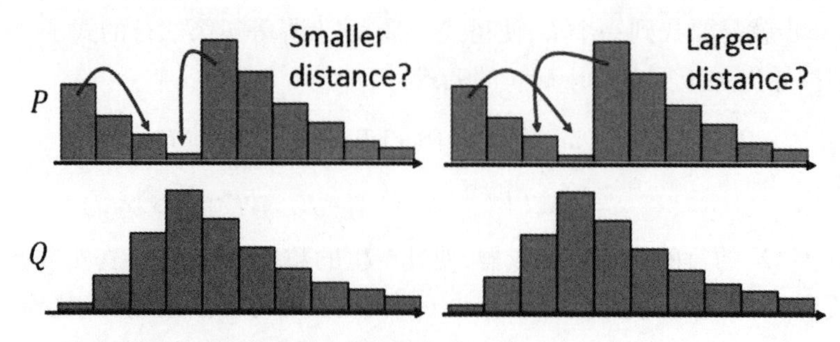

图 7-16　由 P 分布移动得到 Q

当我们用分布 Q 上的色块对应分布 P 的相应位置,就可以将最好的移动方案画成图 7－17 这个样子。

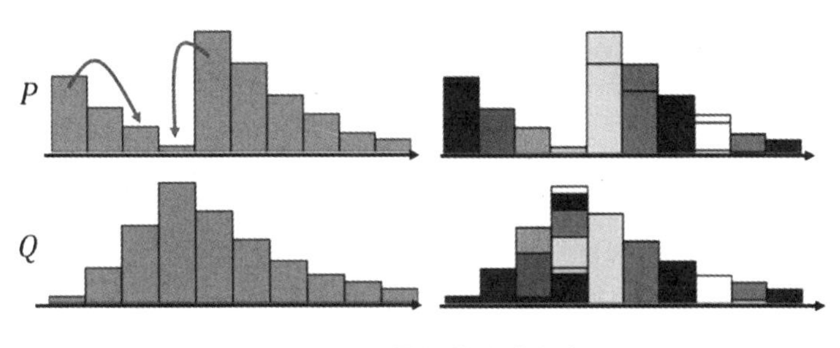

图 7－17　最好的移动方案

为了便于形式化定义,我们可以将这个变化画为一个矩阵,如图 7－18 所示。

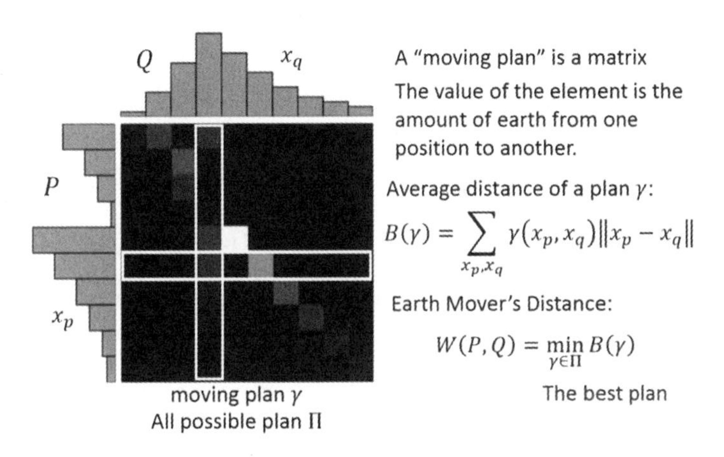

图 7－18　最好的移动方案矩阵表示

对于每一个移动方案 γ,都能有这样一个矩阵。矩阵的每一行表示分布 P 的一个特定位置。该行中的每一列表示需要将该行的内容移动到分布 Q 对应位置的数量。即矩阵中的一个元素(x_p,x_q)表示从 $P(x_p)$移动到 $Q(x_q)$ 的数量。而对于方案 γ 我们可以定义一个平均移动距离

$$B(\gamma) = \sum_{x_p,x_q} \gamma(x_p,x_q) \|x_p - x_q\|$$

而 EM 距离就是指所有方案中平均移动距离最小的那个方案:

$$W(P,Q) = \min_{\gamma \in \prod} B(\gamma)$$

其中 $\prod$ 是所有可能的方案。为什么说这个 EM 距离比较好呢? 因为它没有 JS Divergence 的问题。比如说,当第 0,50,100 次迭代时,两个分布的样子如图 7－19 所示。

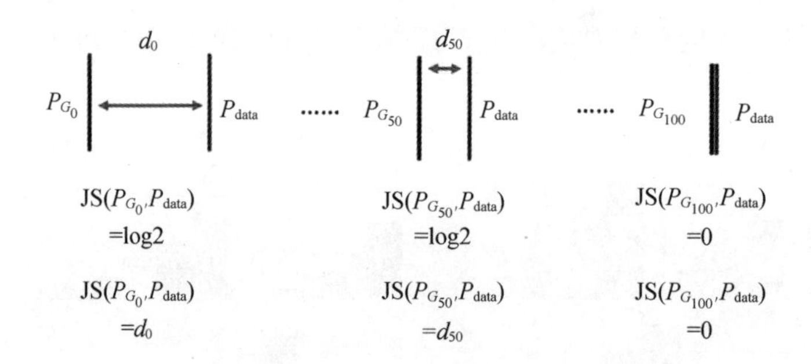

图 7－19　第 0,50,100 次迭代的分布情况

从图 7－19 的训练过程中能看出来迭代过程中 JSD 总是不变的(永远是 log 2),直到两个分布重叠的一瞬间,JSD 降为 0 。而当我们换成 EM 距离的时候,即便在两次迭代中两个分布完全没有重叠,但一定有 EM 距离上的区别。接下来我们就将 EM 距离与 GAN 联系起来。回忆一下 F Divergence:

$$D_f(P_{\text{data}} \| P_G) = \max_D (E_{x \sim P_{\text{data}}}[D(x)] - E_{x \sim P_G}\{f^*[D(x)]\})$$

EM 距离也可以类似 F Divergence,用一个式子表示出来:

$$W(P_{\text{data}}, P_G) = \max_{D \in 1-\text{Lipschitz}} \{E_{x \sim P_{\text{data}}}[D(x)] - E_{x \sim P_G}[D(x)]\}$$

公式中, 1－Lipschitz 表示一个函数集。当 f 是一个 Lipschitz 函数时,它应该受到以下约束: $\|f(x_1) - f(x_2)\| \leq K\|x_1 - x_2\|$。当 $K = 1$ 时,这个函数就是 1－Lipschitz 函数。直观来说,就是让这个函数的变化缓慢一些。图 7－20 中虚线属于 1－Lipschitz 函数,而曲线肯定不是 1－Lipschitz 函数。

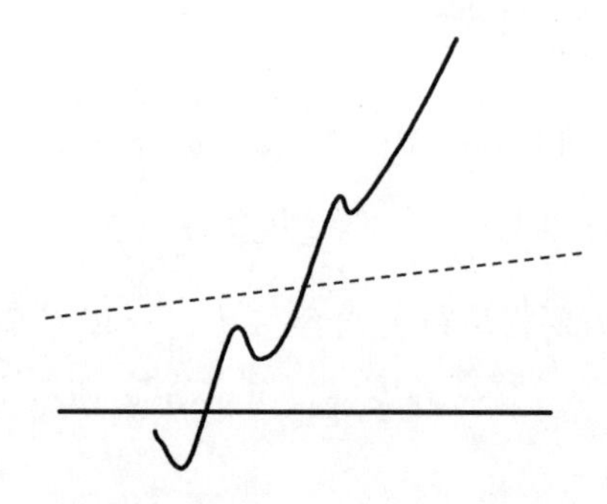

图 7－20　限制生成器 D 时 1－Lipschitz 函数

为什么要限制生成器时 1－Lipschitz 函数呢?我们考虑一下如果不限制它是 1－Lipschitz 函数时会发生什么。

假设我们现在有两个一维分布, x_1 和 x_2 的距离是 d,显然他们之间的 EM 距离也是 d,如图 7－21 所示。

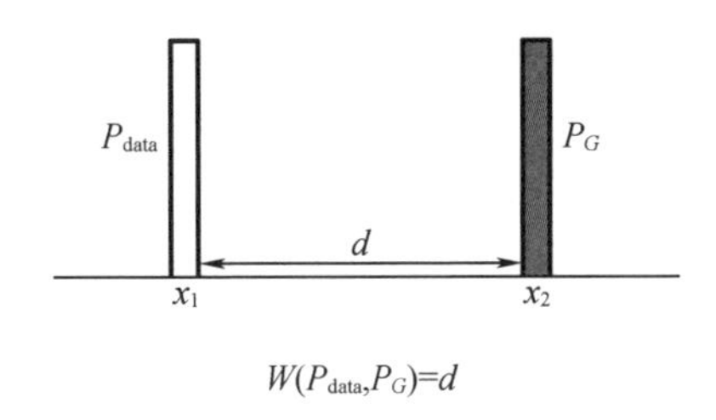

图 7－21　两个一维分布

此时，如果我们想要去优化：

$$W(P_{\text{data}},P_G)=\max_{D\in 1-\text{Lipschitz}} E_{x\sim P_{\text{data}}}[D(x)]-E_{x\sim P_G}[D(x)],$$

只需要让 $D(x_1)=+\infty$，而让 $D(x_2)=-\infty$ 就可以了。也就是说，如果不加上 1－Lipschitz 的限制的话，只需要让判别器判断 P_{data} 时大小是正无穷，判断 P_G 时是负无穷就足够了。这样的判别器可能会导致训练起来非常困难，判别器区分能力太强，很难驱使生成器提高生成分布数据质量。这个时候我们需要加上这个限制，也就是 $\|D(x_1)-D(x_2)\|\leqslant\|x_1-x_2\|=d$。此时，如果想要满足上面的优化目标，就可以让 $D(x_1)=k+d$，让 $D(x_2)=k$。其中 k 具体是什么无所谓，关键是我们通过 d 将判别器在不同分布上的结果限制在了一个较小的范围中。这样做有什么好处呢？因为我们传统的 GAN 所使用的判别器是一个最终经过 sigmoid 输出的神经网络，它的输出曲线肯定是一个 S 型。在真实分布附近是 1，在生成分布附近是 0。而现在我们对判别器施加了这个限制，同时不再在最后一层使用 sigmoid，它有可能是任何形状的线段，只要能让 $D(x_1)-D(x_2)\leqslant d$ 即可。如图 7－22 所示。

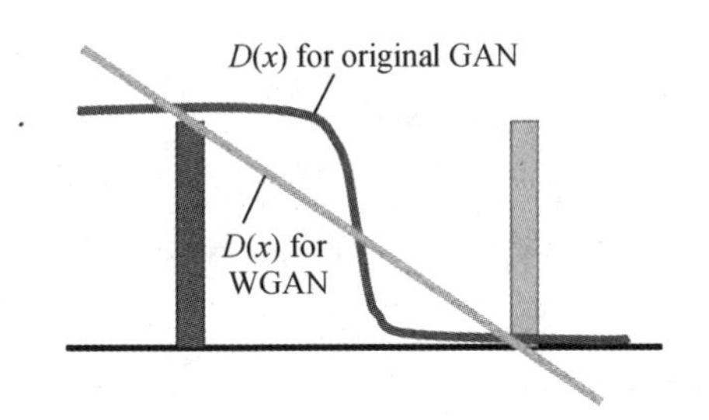

图 7－22　满足 $D(x_1)-D(x_2)\leqslant d$ 要求的 $D(x)$

传统 GAN 的判别器是有饱和区的（靠近真实分布和生成分布的地方，函数变化平缓，梯度趋于 0）。而现在的 GAN 如果是一条直线，那就能在训练过程中无差别地提供一个有意义的梯度。

前面说了这么多，核心的观点就是：

（1）不要用 sigmoid 输出。

（2）换成受限的 1－Lipschitz 来实现一个类似 sigmoid 的范围限制功能。

然而，这个 1－Lipschitz 限制应该如何施加？很多论文中所用的方法非常简单粗暴（截断权重）。一个判别器的形状由其参数决定，当我们需要这个判别器满足 1－Lipschitz 限制，那么可以通过调整其参数来满足限制。由于我们的函数是一个缓慢变化的函数，想要让函数缓慢变化，只需要让权值变小一些即可。在每次参数更新之后，让每个大于 c 的参数 w 等于 c、让每个小于 c 的参数 w 等于 c，即将所有权值参数 w 截断在 $[c,c]$之间。然而这么做实际上保证的并不是 1 – Lipschitz，而是 K – Lipschitz，这个 K 是多少，我们可以通过调参来测试。

图 7 – 23 中斜率比较陡峭的就是没有截断的函数。而截断的函数将会逆时针旋转，从而产生一个类似 1 – Lipschitz 限制的效果。

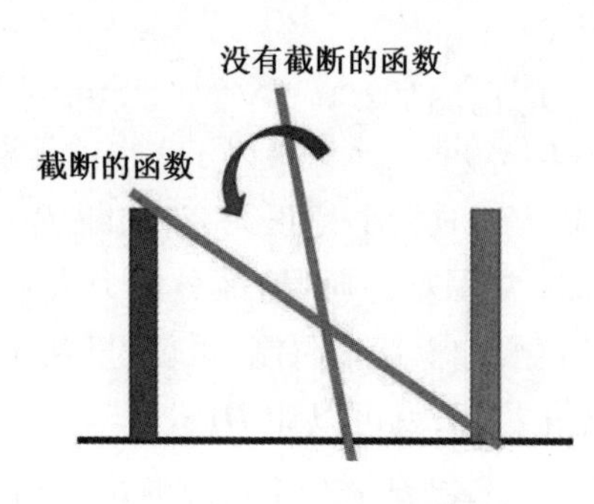

图 7 – 23 截断函数

下面我们来对原始的 GAN 算法流程做修改，先给出原始算法。

(1)初始化一个由 θ_D决定的 D 和由 θ_G决定的 G。

(2)循环迭代训练过程：

①训练判别器的过程，循环 k 次。

a. 从真实分布 $P_{\text{data}}(x)$ 中抽样 m 个正例：

$$\{x^{(1)},x^{(2)},x^{(3)},\cdots,x^{(m)}\}$$

b. 从先验分布 $P_{\text{prior}}(x)$ 中抽样 m 个噪声向量

$$\{z^{(1)},z^{(2)},z^{(3)},\cdots,z^{(m)}\}$$

c. 利用生成器 $\tilde{x}^i = G(z^i)$ 输入噪声向量生成 m 个反例

$$\{\tilde{x}^{(1)},\tilde{x}^{(2)},\tilde{x}^{(3)},\cdots,\tilde{x}^{(m)}\}$$

d. 最大化 $\tilde{V}$，更新判别器参数 θ_D：

$$\tilde{V} = \frac{1}{m}\sum_{i=1}^{m}\log D(x^i) + \frac{1}{m}\sum_{i=1}^{m}\log(1 - D(\tilde{x}^i))$$

$$\theta_D := \theta_D - \eta\,\nabla\tilde{V}(\theta_D)$$

(2)训练生成器的过程，循环 11 次。

a. 从先验分布 $P_{\text{prior}}(x)$ 中抽样 m 个噪声向量

$$\{z^{(1)},z^{(2)},z^{(3)},\cdots,z^{(m)}\}$$

b. 最小化 $\tilde{V}$，更新生成器参数 θ_G：

$$\tilde{V} = \frac{1}{m}\sum_{i=1}^{m}\log D(x^i) + \frac{1}{m}\sum_{i=1}^{m}\log(1 - D(G(z^i)))$$

$$\theta_G := \theta_G - \eta \nabla \widetilde{V}(\theta_G)$$

WGAN 的算法修改如下。

(1)初始化一个 由 θ_D决定的 D 和由 θ_G决定的 G。

(2)循环迭代训练过程：

①训练判别器的过程,循环 k 次。

a. 从真实分布 $P_{\text{data}}(x)$中抽样 m 个正例

$$\{x^{(1)}, x^{(2)}, x^{(3)}, \cdots, x^{(m)}\}$$

b. 从先验分布 $P_{\text{prior}}(x)$中抽样 m 个噪声向量

$$\{z^{(1)}, z^{(2)}, z^{(3)}, \cdots, z^{(m)}\}$$

c. 利用生成器 $\tilde{x}^i = G(z^i)$输入噪声向量生成 m 个反例

$$\{\tilde{x}^{(1)}, \tilde{x}^{(2)}, \tilde{x}^{(3)}, \cdots, \tilde{x}^{(m)}\}$$

d. 最大化 $\widetilde{V}$,更新判别器参数 θ_D：

$$\widetilde{V} = \frac{1}{m}\sum_{i=1}^{m} D(x^i) - \frac{1}{m}\sum_{i=1}^{m} D(\tilde{x}^i)$$

$$\theta_D := \theta_D - \eta \nabla \widetilde{V}(\theta_D)$$

更新参数后,截断参数。

(2)训练生成器(G)的过程,循环 1 次：

a. 从先验分布 $P_{\text{prior}}(x)$中抽样 m 个噪声向量

$$\{z^{(1)}, z^{(2)}, z^{(3)}, \cdots, z^{(m)}\}$$

b. 最小化 $\widetilde{V}$,更新生成器参数 θ_G：

$$\widetilde{V} = \frac{1}{m}\sum_{i=1}^{m} \log D(x^i) - \frac{1}{m}\sum_{i=1}^{m} D(G(z^i))$$

$$\theta_G := \theta_G - \eta \nabla \widetilde{V}(\theta_G)$$

尤其需要注意的是,判别器的输出不再需用 sigmoid 函数了,并且需要训练 k 次的判别器,然后只训练一次生成器。

7.5.2　改进 WGAN

在基础的 WGAN 中,我们通过 weight clipping 的方法来实现对判别器的 1 - Lipschitz 的等效限制。1 - Lipschitz 函数有一个特性:当一个函数是 1 - Lipschitz 函数时,它的梯度的 norm 将永远小于等于 1。

$$D \in 1 - \text{Lipschitz} \leftrightarrow \|\nabla_x D(x)\| \leqslant 1 \text{ for all } x$$

此时,WGAN 的优化目标是在 1 - Lipschitz 中挑一个函数作为判别器。而 Improved WGAN 则是这样：

$$W(P_{\text{data}}, P_G) = \max_D \left\{ E_{x \sim P_{\text{data}}}[D(x)] - E_{x \sim P_G}[D(x)] - \lambda \int_x \max(0, \|\nabla_x D(x)\| - 1)\,\mathrm{d}x \right\}$$

也就是说,现在我们寻找判别器的函数集不再是 1 - Lipschitz 中的函数了,而是任意函数。但是后面增加了一项惩罚项。这个惩罚项就能够让选中的判别器函数倾向于是一个输入梯度为 1 的函数。这样,也能实现类似 weight clipping 的效果。但与之前遇到的问题一样,求积分无法计算,所以我们用采样的方法去加这个惩罚项,即

$$W(P_{\text{data}},P_G) = \max_D\{E_{x\sim P_{\text{data}}}[D(x)] - E_{x\sim P_G}[D(x)] - \lambda E_{x\sim P_{\text{penalty}}}[\max(0,\|\nabla_x D(x)\|-1)]\}$$

也就是说,在训练过程中,我们更倾向于得到一个判别器,它能对从 P_{penalty} 中采样得到的每一个 X 都能 $\|\nabla_x D(x)\|\leqslant 1$

Improved WGAN 设计了一个特别的 P_{penalty}。它的产生过程如下:

(1)从 P_{data} 中采样一个点;

(2)从 P_G 中采样一个点;

(3)将这两个点连线;

(4)在连线之上再采样得到一个点,就是一个从 P_{penalty} 采样的一个点。

重复上面的过程就能不断采样得到 $x\sim P_{\text{penalty}}$。最终得到图 7-24 中的阴影区域就可以看作是 P_{penalty}。

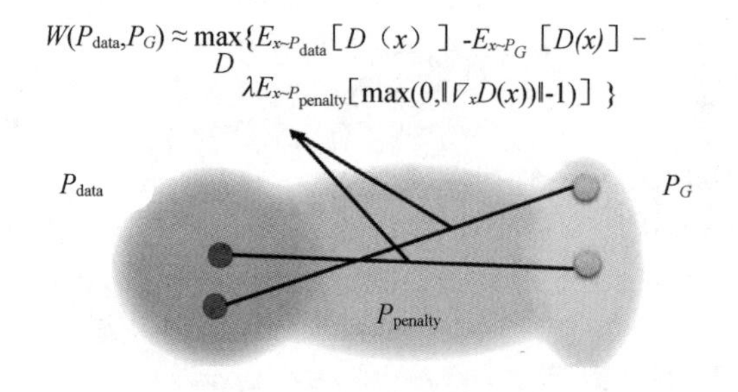

图 7-24 改进的 WGAN

也就是说,我们采样的范围不是整个 x,只是 P_G 和 P_{data} 中间的空间中的一部分。再更进一步,Improved WGAN 真正做的事是这样:

$$W(P_{\text{data}},P_G) = \max_D\{E_{x\sim P_{\text{datal}}}[D(x)] - E_{x\sim P_G}[D(x)] - \lambda E_{x\sim P_{\text{penalt}}}[(\|\nabla_x D(x)\|-1)^2]\}$$

这个惩罚项的目的是让梯度尽可能趋向于等于 1,即当梯度大于 1 或小于 1 时都会受到惩罚。而原来的惩罚项仅仅在梯度大于 1 时受到惩罚而已。这样做是有好处的,就像我们在 SVM 中强调最大类间距离一样,虽然有多个可以将数据区分开的分类面,但我们希望找到不但能区分数据,还能让区分距离最大的那个分类面。这里这样做的目的是由于可能存在多个判别器,我们想要找到的那个判别器应该有一个“最好的形状”。一个“好”的判别器应该在 P_{data} 附近是尽可能大,要在 P_G 附近尽可能小。也就是说处于 P_{data} 和 P_G 之间的 P_{penalty} 区域应该有一个比较陡峭的梯度,但是这个陡峭程度是有限制的,这个限制就是 1。

7.6　WGAN 图像生成实战

WGAN 代码相比原始 GAN 的算法改进了四点:

(1)判别器最后一层去掉 sigmoid;

(2)生成器和判别器的 loss 不取 log ;

(3)每次更新判别器的参数之后把它们的绝对值截断到不超过一个固定常数;

(4)不要用基于动量的优化算法(包括 momentum 和 Adam),推荐用 RMSProp 或 SGD。

WGAN 代码的结构如图 7 -25 所示。

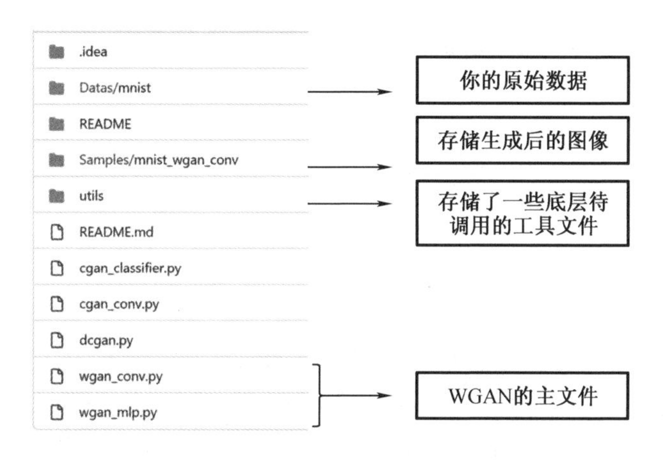

图 7 -25　WGAN 代码的结构

7.6.1　主结构

我们下载好了代码之后,用 Pycharm 打开代码,首先看一下 wgan_conv 主函数,打开之后首先直接到最底 main 的位置,如下:

```
if __name__ = = '__main__':

os.environ['CUDA_VISIBLE_DEVICES'] = '0'
#the dir of pic generated
sample_folder = 'Samples/mnist_wgan_conv'
if notos.path.exists(sample_folder):
os.makedirs(sample_folder)

#net param
```

```
generator =G_conv_mnist()
discriminator =D_conv_mnist()
#data param
data =mnist()

#run
wgan = WGAN(generator, discriminator, data)
wgan.train(sample_folder)
```

这里对 main 函数做几点阐述,首先创建一个目录用来存储生成图像,程序会每隔一段时间输出一个图像;定义了三个类,生成器网络、判别器类、数据类;声明一个对象 WGAN 网络,然后调用它的 train 函数。

7.6.2 Generator 生成器网络

Generator 是生成器网络,其实就是搭了一个上采样的网络,先将噪声输入一维向量,通过全连接到更多的数据,然后把它展开成二维的图像,这里我们先用的灰度,你也可以改成彩色。然后再上采样,随意搞得,反正最后你要上采样到和你的正样本图像维度一致。如下所示:

```
classG_conv_mnist(object):
def __init__(self):
self.name = 'G_conv_mnist'

def __call__(self, z):
with tf.variable_scope(self.name) as scope:
#step 1 全连接层,把 z 白噪声变为 8 * 15 * 128 图
g = tcl.fully_connected(z, 8 * 15 * 128, activation_fn = tf.nn.relu, normalizer_
fn = tcl.batch_norm,
weights_initializer = tf.random_normal_initializer(0, 0.02))
g = tf.reshape(g, ( -1, 8, 15, 128))
#step 2 反卷积/上采样 到 16 * 30 * 64 图     4 代表卷积核大小
g = tcl.conv2d_transpose(g, 64, 4,stride =2,
activation_fn = tf.nn.relu, normalizer_fn = tcl.batch_norm, padding ='SAME',
weights_initializer = tf.random_normal_initializer(0, 0.02))
#step 3 反卷积/上采样 到 32 * 60 * 1 的图,此时和真实手写体的数据是一样的图
g = tcl.conv2d_transpose(g, 1, 4, stride =2,activation_fn = tf.nn.sigmoid, pad-
ding ='SAME', weights_initializer = tf.random_normal_initializer(0, 0.02))
print(g.shape)
return g
@ property
def vars(self):
return tf.get_collection(tf.GraphKeys.TRAINABLE_VARIABLES, scope = self.name)
```

注意：这里你会看到一个 call 函数。一个类下面有个 call 函数，就可以在生成一个对象后，直接把它当成方法使用。

7.6.3　判别器类 Discriminator

Discriminator 与 Generator 干了差不多的事情，它把 x 和 $G(x)$ 输进去，然后搭建一个卷积网络判别真假。

```
classD_conv_mnist(object):
def __init__(self):
self.name = 'D_conv_mnist'
def __call__(self, x, reuse = False):
with tf.variable_scope(self.name) as scope:
if reuse:
scope.reuse_variables()
size = 64
#step 1 卷积 4 * 4 卷积核 bzx30x60x1 - > bzx15x30x64
shared = tcl.conv2d(x, num_outputs = size, kernel_size = 4,
stride = 2, activation_fn = lrelu)
#step 2 卷积 4 * 4 卷积核 bzx15x30x64 - > bzx7x15x128
shared = tcl.conv2d(shared, num_outputs = size x2, kernel_size = 4,
stride = 2, activation_fn = lrelu, normalizer_fn = tcl.batch_norm)
#step 3 展开向量 bzx7x15x128 - > bzx6372
shared = tcl.flatten(shared)
#step 4 全连接层
d = tcl.fully_connected(shared, 1, activation_fn = None, weights_initializer =
tf.random_normal_initializer(0, 0.02))
q = tcl.fully_connected(shared, 128, activation_fn = lrelu, normalizer_fn =
tcl.batch_norm)
q = tcl.fully_connected(q, 10, activation_fn = None) # 10 classes
return d, q
@ property
def vars(self):
return tf.get_collection(tf.GraphKeys.TRAINABLE_VARIABLES, scope = self.name)
```

7.6.4　数据的导入改写

这里的代码是直接导入的 MINIST 数据集，也可以要导入其他图像数据集，可以根据需求进行修改。这里的代码做了一些改变，增加了 next_batch 函数，先生成随机序列，然后读取 batch 图像，存到数据集中。

```
classmnist():
def __init__(self, flag='conv', is_tanh = False):
self.datapath = prefix + 'bus_data/
self.X_dim = 784 # for mlp
self.z_dim = 100
self.y_dim = 10
self.sizex = 32 # for conv
self.sizey = 60 # for conv
self.channel = 1 # for conv
#self.data = input_data.read_data_sets(datapath, one_hot=True)
self.flag = flag
self.is_tanh = is_tanh
self.Train_nums = 17

def __call__(self,batch_size):
batch_imgs = self.next_batch(self.datapath,batch_size)
#batch_imgs,y = self.next_batch(prefix,batch_size)
if self.flag == 'conv':
batch_imgs = np.reshape(batch_imgs, (batch_size, self.sizex, self.sizey,
self.channel))
if self.is_tanh:
batch_imgs = batch_imgs*2 - 1
#return batch_imgs, y
return batch_imgs

defnext_batch(self,data_path, batch_size):
#defnext_batch(self,data_path, lable_path, batch_size):
train_temp = np.random.randint(low=0, high=self.Train_nums, size=batch_
size) # 生成元素的值在[low,high)区间,随机选取
train_data_batch = np.zeros([batch_size,self.sizex,  self.sizey]) # 其中[img_
row,  img_col,3]是原数据的 shape,相应变化
#train_label_batch = np.zeros([batch_size, self.size, self.size]) #
count = 0 # 后面就是读入图像,并打包成四维的 batch
#print(data_path)
img_list = os.listdir(data_path)
#print(img_list)

for i in train_temp:
img_path = os.path.join(data_path, img_list[i])  # 图片文件
img = cv.imread(img_path)
```

```
gray = cv.cvtColor(img,cv.COLOR_RGB2GRAY)
train_data_batch[count, :, :]  = cv.resize(gray,(self.sizey,  self.sizex))
count + =1
return train_data_batch#, train_label_batch
def data2fig(self, samples):
if self.is_tanh:
samples = (samples + 1)/2
fig = plt.figure(figsize=(4, 4))
```

```
gs = gridspec.GridSpec(4, 4)
gs.update(wspace=0.05, hspace=0.05)

for i, sample in enumerate(samples):
ax = plt.subplot(gs[i])
plt.axis('off')
ax.set_xticklabels([])
ax.set_yticklabels([])
ax.set_aspect('equal')
plt.imshow(sample.reshape(self.sizex,self.sizey), cmap='Greys_r')
return fig
```

7.6.5　WGAN 网络

首先是搭网络 NET。Discriminator 分别把真实的正样本 X 投进去，把噪声产生的 G_sample投进去，得到正负结果。

```
#nets
self.G_sample = self.generator(self.z)

self.D_real, _ = self.discriminator(self.X)
self.D_fake, _ = self.discriminator(self.G_sample, reuse = True)
```

然后就是计算损失。我们利用上面结果分别计算 D 和 G 的损失，有两个优化器，分别对应 D 和 G。

```
#loss
self.D_loss = - tf.reduce_mean(self.D_real) + tf.reduce_mean(self.D_fake)
self.G_loss = - tf.reduce_mean(self.D_fake)

self.D_solver = tf.train.RMSPropOptimizer(learning_rate=1e-4).minimize
(self.D_loss, var_list=self.discriminator.vars)
self.G_solver = tf.train.RMSPropOptimizer(learning_rate=1e-4).minimize
(self.G_loss, var_list=self.generator.vars)
```

这里网络就搭建好了，对于 train 函数，主要是先优化 D 再优化 G 这个步骤，这里我们优化 G 和 D 的次数相同，当然你也可以去调整这个 n_d。

```
for epoch in range(training_epoches):
#update D
n_d = 20 if epoch < 250 or (epoch +1) % 500 = = 0 else 10
for _ in range(n_d):
#X_b, _ = self.data(batch_size)
X_b = self.data(batch_size)
self.sess.run(self.clip_D)
self.sess.run(
self.D_solver,
feed_dict = {self.X: X_b, self.z: sample_z(batch_size, self.z_dim)}
)
# update G
for _ in range(n_d):
#X_b, _ = self.data(batch_size)
X_b = self.data(batch_size)
self.sess.run(self.clip_D)
self.sess.run(
self.G_solver,
feed_dict = {self.z: sample_z(batch_size, self.z_dim)})
```

对于 WGAN 的全部代码如下：

```
classWGAN():
def __init__(self, generator, discriminator, data):
self.generator = generator
self.discriminator = discriminator
self.data = data

self.z_dim = self.data.z_dim
self.sizex = self.data.sizex
self.sizey = self.data.sizey
self.channel = self.data.channel

self.X = tf.placeholder(tf.float32, shape = [None, self.sizex, self.sizey,
self.channel])
self.z = tf.placeholder(tf.float32, shape = [None, self.z_dim])
#nets
self.G_sample = self.generator(self.z)

self.D_real, _ = self.discriminator(self.X)
self.D_fake, _ = self.discriminator(self.G_sample, reuse = True)
```

```
    #loss
    self.D_loss = - tf.reduce_mean(self.D_real) + tf.reduce_mean(self.D_fake)
    self.G_loss = - tf.reduce_mean(self.D_fake)

    self.D_solver = tf.train.RMSPropOptimizer(learning_rate = 1e - 4).minimize
(self.D_loss, var_list = self.discriminator.vars)
    self.G_solver = tf.train.RMSPropOptimizer(learning_rate = 1e - 4).minimize
(self.G_loss, var_list = self.generator.vars)
#clip
    self.clip_D = [var.assign(tf.clip_by_value(var, -0.01, 0.01)) for var in self.
discriminator.vars]

    gpu_options = tf.GPUOptions(allow_growth = True)
    self.sess = tf.Session(config = tf.ConfigProto(gpu_options = gpu_options))

    deftrain(self, sample_folder, training_epoches = 100000, batch_size = 5):
    i = 0
    self.sess.run(tf.global_variables_initializer())

    for epoch in range(training_epoches):
    # update D
    n_d = 20 if epoch < 250 or (epoch +1) % 500 = = 0 else 10
    for _ in range(n_d):
    #X_b, _ = self.data(batch_size)
    X_b = self.data(batch_size)
    self.sess.run(self.clip_D)
    self.sess.run(
    self.D_solver,
    feed_dict = {self.X: X_b, self.z: sample_z(batch_size, self.z_dim)}
    )
    # update G
    for _ in range(n_d):
    #X_b, _ = self.data(batch_size)
    X_b = self.data(batch_size)
    self.sess.run(self.clip_D)
    self.sess.run(
    self.G_solver,
    feed_dict = {self.z: sample_z(batch_size, self.z_dim)})
```

```
#print loss。save images。
if epoch % 100 = = 0 or epoch < 100:
D_loss_curr = self.sess.run(
self.D_loss,
feed_dict = {self.X: X_b, self.z: sample_z(batch_size, self.z_dim)})
G_loss_curr = self.sess.run(
self.G_loss,
feed_dict = {self.z: sample_z(batch_size, self.z_dim)})
```

```
print('Iter: {}; D loss: {:.4}; G_loss: {:.4}'.format(epoch, D_loss_curr, G_loss_curr))

if epoch % 1000 = = 0:
samples = self.sess.run(self.G_sample, feed_dict = {self.z: sample_z(16, self.z_dim)})
print(samples.shape)
fig = self.data.data2fig(samples)plt.savefig('{}/{}.png'.format(sample_folder, str(i).zfill(3)), bbox_inches = 'tight')
i + = 1
plt.close(fig)
```

7.6.6 训练 WGAN 网络

至此,我们可以进行 GAN 网络生成图像的训练工作。以 MNIST 数据集为例,我们可在 http://yann. lecun. com/exdb/mnist/上获取, MNIST 数据集来自美国国家标准与技术研究所(National Institute of Standards and Technology, NIST)。训练集由来自 250 个不同人手写的数字构成,其中 50% 是高中学生,50% 来自美国人口普查局的工作人员。测试集也是同样比例的手写数字数据。

```
data = mnist()
```

我们通过以上语句自动下载 MNIST 数据集。其 WGAN 训练的结果如图 7 – 26 所示。

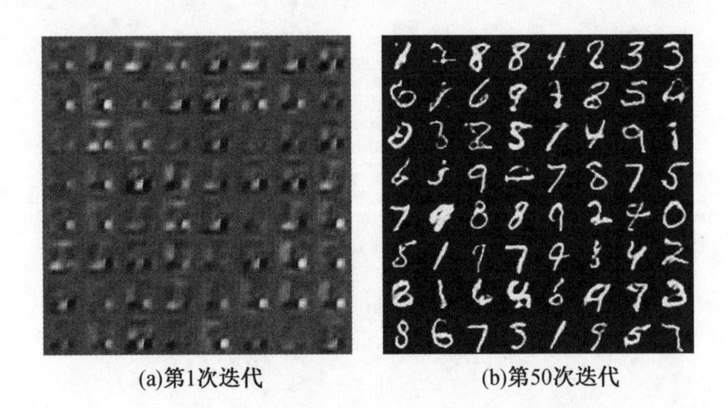

(a)第1次迭代　　(b)第50次迭代

图 7 – 26　WGAN 训练的结果(MNIST)

除了 MNIST 手写数据集,我们还可以采用其他的图像数据集如 Fashion - MINIST 数据集。它包含了 10 个类别的图像,分别是 t - shirt(T 恤)、trouser(牛仔裤)、pullover(套衫)、dress(裙子)、coat(外套)、sandal(凉鞋)、shirt(衬衫)、sneaker(运动鞋)、bag(包)、ankle boot(短靴)。其 WGAN 训练的结果如图 7 - 27 所示。

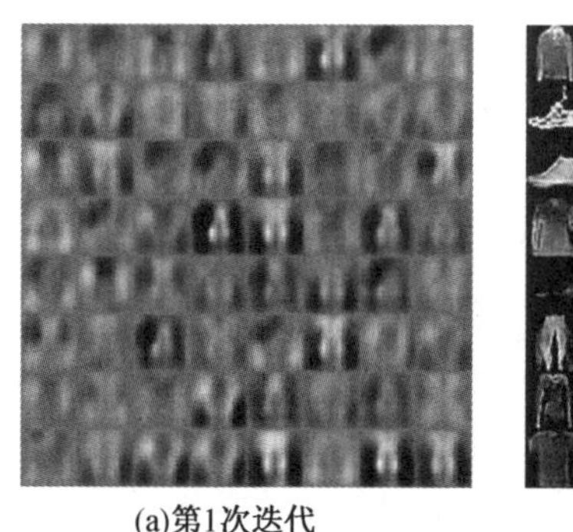

(a)第1次迭代

(b)第50次迭代

图 7 - 27　WGAN 训练的结果(Fashion - MNIST)

由图 7 - 28 可以看到 loss 变化幅度波动很大,原始 GAN 网络训练困难,训练过程要小心平衡生成器和判别器,还有生成器和判别器的 loss 无法指示训练进程。从 WGAN 训练结果来看 D_loss 与 G_loss 随着迭代次数的增加,两者相互靠近,达到了纳什均衡的效果。

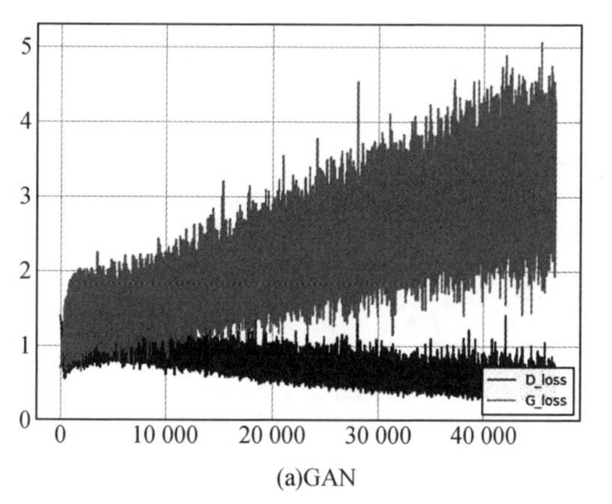

(a)GAN

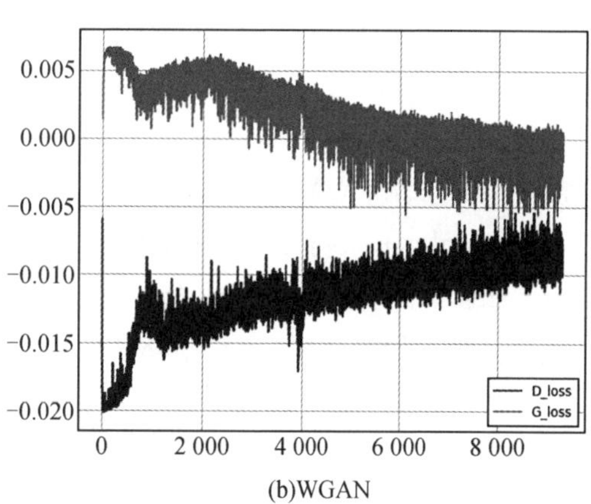

(b)WGAN

图 7 - 28　GAN 和 WGAN 训练的 loss

参考文献

[1] 机器视觉最新技术动态[J]. 中国光学,2013,6(1):123.

[2] 杨贞. 图像特征处理技术及应用[M]. 北京:科学技术文献出版社,2020.

[3] 张燕平,张玲. 机器学习理论与算法[M]. 北京:科学出版社,2012.

[4] 工控帮教研组. 机器视觉原理与案例详解[M]. 北京:电子工业出版社,2020.

[5] 宋丽梅,朱新军. 机器视觉与机器学习:算法原理、框架应用与代码实现[M]. 北京:机械工业出版社,2020.

[6] 宋丽梅,王红一. 数字图像处理基础及工程应用[M]. 北京:机械工业出版社,2018.

[7] 韩九强. 机器视觉技术及应用[M]. 北京:高等教育出版社,2009.

[8] 张培珍. 数字图像处理及应用[M]. 北京:北京大学出版社,2015.

[9] 周志华. 机器学习[M]. 北京:清华大学出版社,2016.

[10] 赵启. 图像匹配算法研究[D]. 西安:西安电子科技大学,2013.

[11] SONKA M,HLAVAAC V. 图像处理、分析与机器视觉[M]. 4 版. 兴军亮,艾海舟,译. 北京:清华大学出版社,2021.

[12] MAJUMDER A,GOPI M. 视觉计算基础[M]. 赵启军,涂欢,梁洁,译. 北京:机械工业出版社,2019.

[13] 曹其新,庄春刚. 机器视觉与应用[M]. 北京:机械工业出版社,2021.

[14] KRIZHEVSKY A, SUTSKEVER I, HINTON G. Imagenet classification with deep convolutional neural networks[J]. Comminucations of the ACM, 2017, 60(6):84-90.

[15] 张蕊, 孟晓曼, 曾志远,等. 图卷积神经网络在点云语义分割中的研究综述[J]. 计算机工程与应用, 2022, 58(24):29-46.

[16] 徐云, 杨承翰, 高磊. 利用机器视觉的手写数字识别系统设计研究[J]. 自动化仪表, 2022,43(9):10-13.

[17] 周丽芳, 刘俊林, 李伟生,等. 深度二值卷积网络的人脸表情识别方法[J]. 计算机辅助设计与图形学学报, 2022,34(3):425-436.

[18] SRIVASTAVA N , HINTON G , KRIZHEVSKY A , et al. Dropout: a simple way to prevent neural networks from overfitting[J]. Journal of Machine Learning Research, 2014, 15(1):1929-1958.

[19] ABADI M , BARHAM P , CHEN J , et al. TensorFlow: a system for large-scale machine learning[J]. USENIX Association, 2016(11):265-283.

[20] RAMPASEK L , GOLDENBERG A . TensorFlow: biology's gateway to deep learning?[J]. Cell Systems, 2016, 2(1):12-14.

[21] LECUN Y , BOTTOU L . Gradient-based learning applied to document recognition[J].

Proceedings of the IEEE, 1998, 86(11):2278-2324.

[22] SZEGEDY C , LIU W , JIA Y , et al. Going deeper with convolutions[C]. IEEE Conference on Computer Vision and Pattern Recognition, 2015:1-9.

[23] SRIVASTAVA R K , GREFF K , SCHMIDHUBER J . Training very deep networks[J]. Computer Science, 2015(2): 2377-2385.

[24] ZOU Z , SHI Z , GUO Y , et al. Object detection in 20 years: a survey[J]. Proceedings of the IEEE . 2023,111(3):257-276.

[25] WU X ,SAHOO D ,HOI S . Recent advances in deep learning for object detection[J]. Neurocomputing, 2020, 396(7):39-64.

[26] HE K ,ZHANG X ,REN S , et al. Deep residual learning for image recognition[C]. IEEE Conference on Computer Vision and Pattern Recognition, 2016:770-778.

[27] GIRSHICK R ,DONAHUE J ,DARRELL T , et al. Rich feature hierarchies for accurate object detection and semantic segmentation[C]. IEEE Conference on Computer Vision and Pattern Recognition, 2014:580-587.

[28] HE K ,GKIOXARI G ,DOLLAR P , et al. Mask R-CNN[C]. Proceedings of the IEEE International Conference on Computer Vision, 2017:2961-2969.

[29] CHEN L C ,PAPANDREOUS G ,KOKKINOS I , et al. Semantic image segmentation with deep convolutional nets and fully connected CRFs[J]. Computer Science, 2014(4):357-361.

[30] LECUN Y ,BENGIO Y ,HINTON G . Deep learning[J]. Nature, 2015, 521(7553): 436.

[31] VIOLA P,JONES M J . Rapid object detection using a boosted cascade of simple features [C]. Proceedings of the 2001 IEEE Computer Society Conference on Computer Vision and Pattern, 2001:511-518.

[32] VIOLA P,JONES M J. Robust real-time face detection[J]. International Journal of Computer Vision, 2004, 57(2):137-154.

[33] PAPAGERGIOUS C, POGGIO T . A trainable system for object detection [J]. International Journal of Computer Vision, 2000, 38(1):15-33.

[34] DALAL N,TRIGGS B . Histograms of oriented gradients for human detection[C]. IEEE Computer Society Conference on Computer Vision and Pattern Recognition, 2005(1): 886-893.

[35] FELZENSWALB P F, MCALLESTER D , RAMANAN D . A discriminatively trained, multiscale, deformable part model[C]. IEEE Conference on Computer Vision and Pattern Recognition , 2008:1-8.

[36] FELZENSWALB P F , GIRSHICK R B, MCALLESTER D . Cascade object detection with deformable part models[C]. IEEE Computer Society Conference on Computer Vision and Pattern Recognition, 2010:2241-2248.

[37] FELZENSWALB P F,GIRSHICK R B, MCALLESTER D, et al. Object detection with

discriminatively trained part-based models[J]. IEEE Transactions on Pattern Analysis and Machine Intelligence, 2010,32(9):1627-1645.

[38] KRIZHEVSKY A , SUTSKEVER I , HINTON G . ImageNet classification with deep convolutional neural networks[C]. Advances in Neural Information Processing Systems, 2012:1097-1105.

[39] GIRSHICK R, DONAHUE J, DARRELL T , et al. Region-based convolutional networks for accurate object detection and segmentation[J]. IEEE Transactions on Pattern Analysis & Machine Intelligence, 2015, 38(1):142-158.

[40] HE K, ZHANG X, REN S , et al. Spatial pyramid pooling in deep convolutional networks for visual recognition[J]. IEEE Transactions on Pattern Analysis & Machine Intelligence, 2014, 37(9):1904-16.

[41] GIRSHICK R . Fast R-CNN[C]. IEEE International Conference on Computer Vision, 2015:1440-1448.

[42] REN S ,HE K ,GIRSHICK R , et al. Faster R-CNN: towards real-time object detection with region proposal networks[J]. IEEE Transactions on Pattern Analysis & Machine Intelligence, 2017, 39(6):1137-1149.

[43] LIN T Y, DOLLAR P, GIRSHUCK R , et al. Feature pyramid networks for object detection[C]. Proceedings of The IEEE Conference on Computer Vision and Pattern Recognition, 2017:2117-2125.

[44] BERG A C, FU C Y, SZEGEDY C , et al. SSD: single shot multibox detector[C]. Computer Vision and Pattern Recognition,2016: 21-37.

[45] LIN T Y ,GOYAL P, GIRSHICK R , et al. Focal loss for dense object detection[J]. IEEE Transactions on Pattern Analysis & Machine Intelligence, 2017(99):2999-3007.

[46] KRIZHEVSKY A, SUTSKEVER I , HINTON G . ImageNet classification with deep convolutional neural networks[J]. Advances in Neural Information Processing Systems, 2012, 25(2):1097-1105.

[47] VISHWAKARMA S, AGRAWAL A . A survey on activity recognition and behavior understanding in video surveillance[J]. The Visual Computer, 2013,29(10):983-1009.

[48] LOWE D G . Distinctive image features from scale-invariant keypoints[J]. International Journal of Computer Vision, 2004, 60(2):91-110.

[49] DALAL N ,TRIGGS B . Histograms of oriented gradients for human detection[C]. IEEE Computer Society Conference on Computer Vision and Pattern Recognition, 2005: 886-893.

[50] LIU W. SSD: single shot multibox detector [C]. Computer Vision and Pattern Recognition, 2016:21-37.

[51] REDMON J, DIVVALA S, GIRSHICK R, et al. You only look once: unified, real-time object detection[C]. IEEE Conference on Computer Vision and Pattern Recognition, 2016:779-788.

[52] GIRSHICK R ,DONAHUE J ,DARRELL T , et al. Rich feature hierarchies for accurate object detection and semantic segmentation[C]. IEEE Conference on Computer Vision and Pattern Recognition, 2014:580-587.

[53] CAI Z ,VASCONCELOS N . Cascade R-CNN: delving into high quality object detection [C]. IEEE Transactions on Pattern Analysis and Machine Intelligence, 2017:6154-6162.

[54] DAI J ,LI Y ,HE K , et al. R-FCN: object detection via region-based fully convolutional networks[C]. Advnces in Neural Information Processing Systems. 2016:379-387.

[55] BODLA N ,SINGH B ,CHELLAPPA R , et al. Soft-NMS:improving object detection with one line of code[C]. IEEE International Conference on Computer Vision, 2017:5561-5569.

[56] JIANG B ,LUO R ,MAO J , et al. Acquisition of localization confidence for accurate object detection[C]. European Conference on Computer,2018:816-832.

[57] LONG J ,SHELHAMER E ,DARRELL T . Fully convolutional networks for semantic segmentation[J]. IEEE Transactions on Pattern Analysis and Machine Intelligence, 2015, 39(4):640-651.

[58] RONNEBERGER O, FISCHER P, BRROX T. U-net: convolutional networks for biomedical image segmentation [C]. International Conference on Medical Image Computing and Computer-Assisted Intervention. Springer,cham, 2015:234-241.

[59] KIRILLOV A, HE K, GIRSHICK R, et al. Panoptic segmentation[C]. Proceedings of the IEEE/CVF Conference on Computer Vision and Pattern Recognition,2019: 9404-9413.

[60] MEYER F. Color image segmentation[C]. International Conference on Image Processing and Its Applications, 1992:303-306.

[61] ROTHER C, KOLMOGOROV V, BLAKE A. " GrabCut" interactive foreground extraction using iterated graph cuts[J]. ACM Transactions on Graphics, 2004, 23(3): 309-314.